案例学

Photoshop电商美工设计

凤凰高新教育◎编著

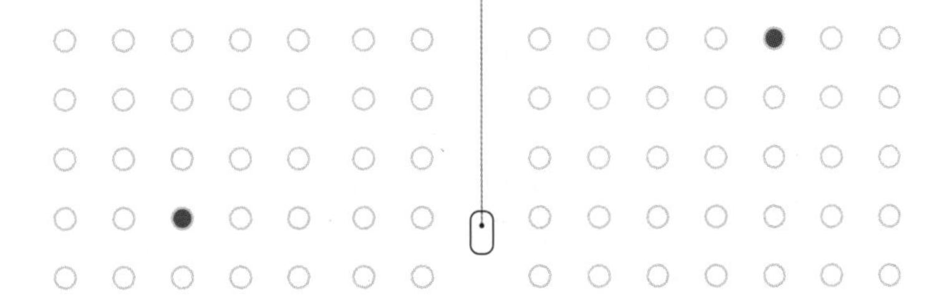

北京大学出版社
PEKING UNIVERSITY PRESS

内 容 提 要

本书打破了传统脱离实际的单一软件技能操作的讲解模式，完全从“学以致用、经验总结”的角度出发，首先给读者讲解了Photoshop电商美工设计的相关行业知识、设计美学基础、电商美工设计流程与规范等内容，然后精选了Photoshop在电商美工设计中的七大典型应用领域案例，系统并全面地讲解了Photoshop电商美工设计的实战应用和设计经验。

全书分两部分共10个章节，第1部分为设计知识（第1~3章），本部分内容主要介绍了电商美工设计的相关要素及设计的美学知识，让你站在新的起点和高度去实现设计的想法与创意；第2部分为设计实战（第4~10章），本部分主要针对Photoshop电商美工设计应用领域及分类（包括网店的店标设计、网店的店招设计、首页其他模块设计、网店的详情页设计、网店的海报设计、网店的主图及推广图设计、移动端网店装修设计），剖析了大量设计案例的设计思路、方法与流程，让读者不仅能学会如何设计操作，还能知道设计理念与缘由，真正快速掌握Photoshop电商美工设计的相关经验与实战技能。

本书内容全面，讲解清晰，图文直观，既适合Photoshop初、中级读者学习使用，也适合从事电商美工设计行业而又缺乏设计经验与实战经验的读者学习参考，同时还可以作为大、中专职业院校和各类电商培训班的学习教材与参考用书。

图书在版编目(CIP)数据

案例学：Photoshop电商美工设计 / 凤凰高新教育编著. — 北京：北京大学出版社，2023.4
ISBN 978-7-301-33758-5

Ⅰ.①案… Ⅱ.①凤… Ⅲ.①图像处理软件 Ⅳ.①TP391.413

中国国家版本馆CIP数据核字（2023）第027537号

书　　名 案例学：Photoshop电商美工设计
ANLIXUE: PHOTOSHOP DIANSHANG MEIGONG SHEJI
著作责任者 凤凰高新教育　编著
责任编辑 王继伟
标准书号 ISBN 978-7-301-33758-5
出版发行 北京大学出版社
地　　址 北京市海淀区成府路205号　100871
网　　址 http://www.pup.cn　新浪微博：@北京大学出版社
电子信箱 pup7@pup.cn
电　　话 邮购部 010-62752015　发行部 010-62750672　编辑部 010-62570390
印 刷 者 北京宏伟双华印刷有限公司
经 销 者 新华书店
787毫米×1092毫米　16开本　13.25印张　399千字
2023年4月第1版　2023年4月第1次印刷
印　　数 1–4000册
定　　价 89.00元

前言

为什么？？？

你的网店装修与设计方案老板总不满意？

你从事电商美工设计工作多年，但总是感觉很累，在公司天天加班，下班后还要想方案，找灵感？

原来是！！！

你的设计基础不够扎实！（不是软件操作，而是设计必备的美学知识）

你的实战经验不够丰富！（缺少行业设计总结，不能举一反三，经验积累不够）

◎ 为什么写这本书？

随着我国电子商务产业的蓬勃发展，互联网商家之间的竞争越发激烈。商家的店铺装修、商品展示直接影响消费者对产品的第一印象，关系到顾客到店成交的概率。网店展示是商品和用户之间的一座桥梁，产品的图片带给用户最直观的视觉感受，是一种最有效的营销手段。

作为电商美工从业者，在店铺装修设计与产品优化处理工作中用得最多的软件就是Photoshop（PS）。如何利用PS提升网店的视觉营销效果，从而赢得消费者的关注和信赖，提升网店产品的成交率，是当下电商美工岗位必须掌握的一项关键技能。于是我们策划并编写了这本《案例学：Photoshop电商美工设计》。

◎ 本书有哪些特点？

（1）行业经验，学以致用。本书拒绝脱离实际应用的单纯软件讲解，以实用案例贯穿全书，让读者在学会软件的同时迅速掌握实际应用能力。首先给读者讲解了电商美工设计相关的行业知识、美学基础、设计流程与规范等内容，然后精选了Photoshop在电商美工领域相关的商业案例，系统并全面地讲解了Photoshop电商美工设计的实战应用和技能知识。让读者从“菜鸟”快速提升到设计“达人”的水平。

（2）案例丰富，讲解细致。作者从工作实践中精选了行业内的典型案例，包括网店的店标设计、网店的店招设计、首页其他模块设计、网店的详情页设计、网店的海报设计、网店的主图及推广图设计、移动端网店装修设计等，剖析了大量设计案例的设计思路、方法与流程，让读者不仅能学会如何设计操作，还能知道设计理念与缘由，真正快速掌握Photoshop电商美工设计的相关经验与实战技能。

（3）配套资源，轻松易学。本书配送了书中所有实例的素材文件和结果文件，方便读者学习时同步练习。并且还配送了全书案例的视频教学录像，方便读者看视频学习。另外，本书还配有PPT课件，以方便教师教学使用。

（4）赠送资料，实用超值。读者购买本书，除了本书及相关资源，还可免费获得以下7本电子资料，通过学习，可以精进读者的PS设计技能。

①《色彩构成宝典》电子书。

②《色彩搭配宝典》电子书。

③《网店美工必备配色手册》电子书。

④《PS抠图技法一点通》电子书。

⑤《PS修图技法宝典》电子书。

⑥《PS图像合成与特效技法宝典》电子书。

⑦《PS图像调色润色技法宝典》电子书。

温馨提示：

以上相关资源，可用手机微信扫描下方任意二维码关注微信公众号，输入图书77页的资源下载码，获取下载地址及密码。

资源下载

官方微信公众号

◎ 本书适合哪些人学习?

- 即将走向电商美工岗位，但缺乏行业经验和实战经验的读者。
- 想提高电商美工设计修养和设计水平的读者。
- 广大Photoshop电商美工设计爱好者。
- 大、中专职业院校电商专业的学生和电商职业培训的相关学生（选用教材）。

◎ 创作者说

在本书的编写过程中，我们尽力为您呈现最好、最实用的功能，但仍难免有疏漏和不妥之处，敬请广大读者及专家指正。

目录

第1章 美工必知的色彩设计

第2章 美工必会的字体设计

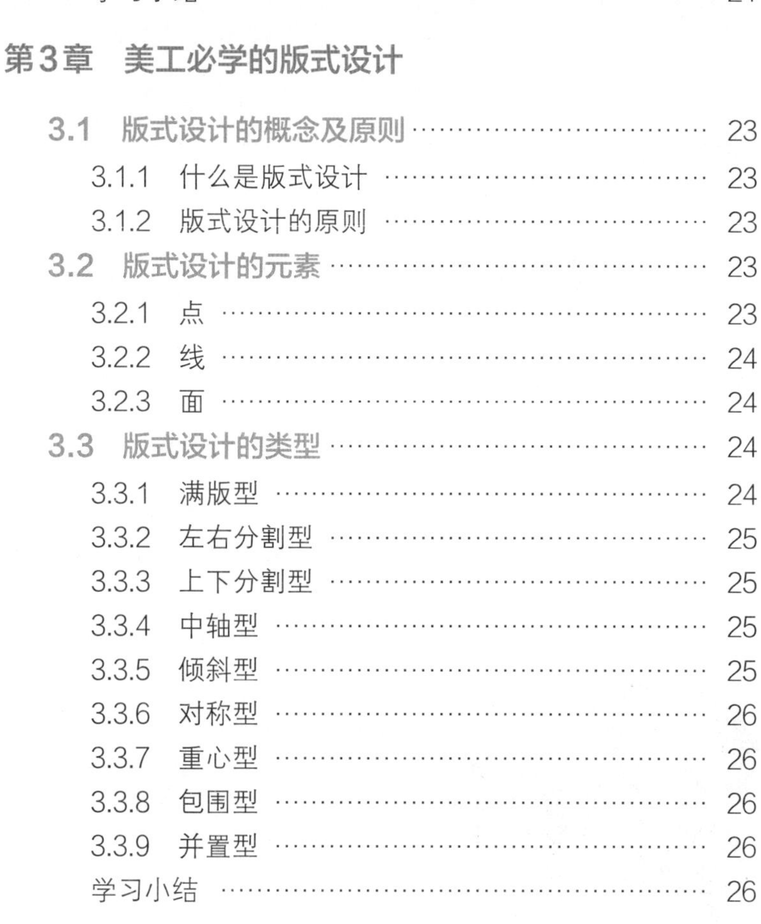

第3章 美工必学的版式设计

第4章 网店的店标设计

第5章 网店的店招设计

第6章 首页其他模块设计

第7章 网店的详情页设计

第8章 网店的海报设计

第9章 网店的主图及推广图设计

第10章 移动端网店装修设计

附录A Photoshop中宝贝图片构图与画面优化实战

附录B Photoshop中宝贝图片光影与色彩优化实战

第1章　美工必知的色彩设计

本章导读

色彩对网店的影响至关重要，进入店铺页面后，首先给买家带来视觉冲击的是店铺的色彩，好的配色不但可以打动人心，而且可以大大提升顾客的购买欲望。店铺使用一个固定的色彩搭配，在一定程度上更能使其变成店铺的品牌标识。

知识要点

- 色彩的三要素
- 色彩的混合
- 色彩的联想
- 色彩的心理学
- 店铺色彩的搭配技巧
- 色彩与装修风格的关联
- 色彩心理学在网店设计中的运用

1.1 色彩应用知多少

对于网店美工设计来说，在设计中有效地使用色彩至关重要。对色彩探索得越多，越能培养设计师良好的色彩组合直觉和鉴赏力。本节将介绍色彩的三要素、色彩的混合、色彩的联想、色彩的心理学等色彩的相关知识。

1.1.1 色彩的三要素

色彩三要素是指色彩的色相、纯度和明度。人眼看到的任一彩色光都是这三个特性的综合效果。

1. 色相

色相指的是色彩的特征和相互区别。因波长不同的光波作用于人的视网膜，人便产生了不同的颜色感受，形成色彩。色相具体指的是红、橙、黄、绿、青、蓝、紫等。

光和物体的色相千差万别，为了便于归纳组织色彩，我们将具有共性因素的色彩归类，并形成了一定的秩序，如大红、深红、玫瑰红、朱红及不同明度、纯度的红色，都归入红色系中。色相秩序的确定是根据太阳光谱的波长顺序排列的，即红、橙、黄、绿、青、蓝、紫等，它们是所有色彩中最突出的，纯度最高的典型色相，图1-1所示为常见的12色相环。

图1-1 常见的12色相环

2. 纯度

纯度指的是色彩的鲜艳程度，也称为色彩的饱和度、彩度、鲜度、含灰度等。决定色彩纯度的因素是多方面的。从光的角度来说，光波波长越单一，色彩越纯；光波波长越混杂，色彩越不纯。比如，当各色彩光波波长比例均衡时，各单色光的色性消失，纯度为零。任何一个标准的纯色，一旦混入黑、白、灰色，色性纯度都会降低，混入越多，色彩越灰。同一高纯度色彩在强光或弱光的照射下，色彩的纯度也相应降低。图1-2所示为不同纯度的颜色效果。

图1-2 不同纯度的颜色效果

3. 明度

明度是指色彩的深浅和明暗所显示出的程度。物体受光量越大，反光越多。黑色是反光率最低的色，而白色是反光率最高的色。将黑色和白色列在色彩明度的两极，黑色作为零度色标，白色作为10度色标，它们之间的色分为9个明度色标，形成了一个明度色阶序列，图1-3所示为各色彩的明度变化。

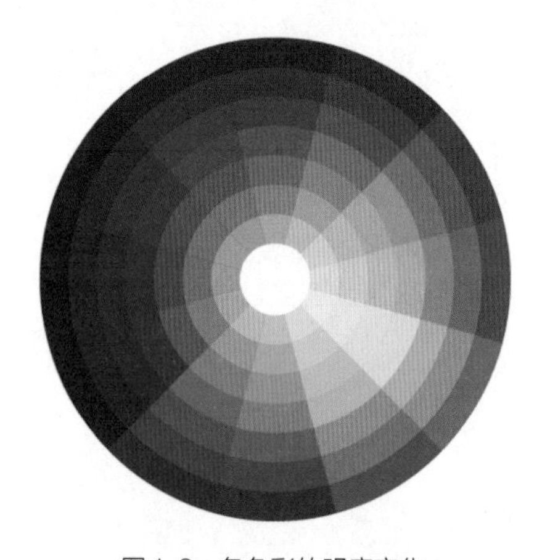

图1-3 各色彩的明度变化

设计师点拨
——颜色的明度高低

各色相的明度中，柠檬黄明度高，常见的警示色大多用黄色。蓝紫色的明度低，橙色和绿色属于中明度，红色和蓝色属于中低明度。

1.1.2 色彩的混合

本小节将介绍三原色及色彩的加色混合和减色混合，学习之后能掌握色彩混合的原理，可以任意地混合颜色。

1. 三原色

三原色是指色彩中不能再分解的三种基本颜色。利用三原色，可以混合出人类视觉可以感知的任意颜色。三原色分为色光三原色和颜料三原色。色光三原色是红、绿、蓝；颜料三原色是红（品红）、黄（柠檬黄）、青（湖蓝），如图1-4所示。

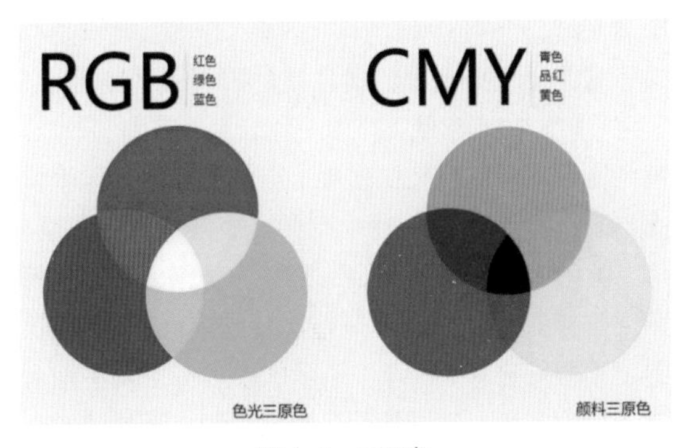

图1-4 三原色

2. 色彩混合

色彩混合是指某一色彩中混入另一种色彩。两种不同的色彩混合，可获得第三种色彩。在颜料混合中，加入的色彩越多，颜色越暗，最终变为黑色。反之，色光三原色能综合产生白色光。

（1）加色混合。色光混合变亮，称为加色混合。红、绿、蓝三光叠加为白，是电脑、电视、手机的发光配色原理，称为加色混合，如图1-5所示。

图1-5 加色混合

- 红光+绿光=黄光
- 红光+蓝紫光=品红光
- 蓝紫光+绿光=青光
- 红光+绿光+蓝紫光=白光
- 红光+绿光（不同比例）=橙、黄、黄绿
- 红光+蓝紫光（不同比例）=品红、红紫、紫红蓝
- 紫光+绿光（不同比例）=绿蓝、青、青绿
- 红光（不同比例）+绿光（不同比例）+蓝紫光（不同比例）=更多的颜色

（2）减色混合。颜料混合变暗，称为减色混合。有色物体（包括颜料）能够显色，是因为物体对光谱中的色光选择吸收和反射的结果。两种以上的色料混合在一起，部分光谱色光被吸收，光亮度被降低。印染染料、绘画颜料、印刷油墨等各色的混合或重叠，都属于减色混合。品红、黄、青三种颜料原色加在一起，混合成黑色，称为减色混合，如图1-6所示。

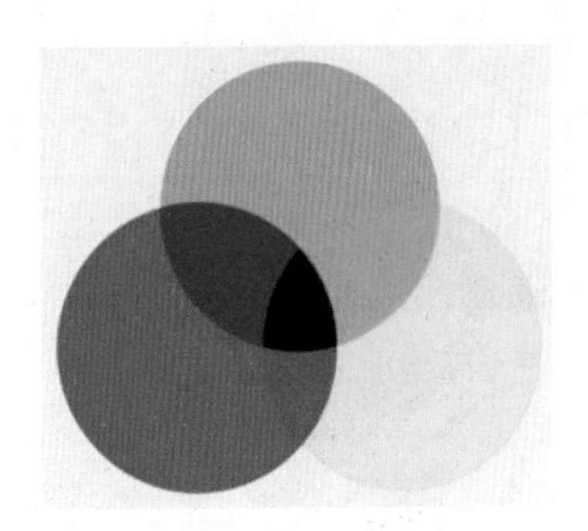

图1-6 减色混合

- 品红+黄=红
- 青+黄=绿

● 青＋品红＝蓝
● 品红＋青＋黄＝黑

设计师点拨——不同颜色的概念

在色彩学中，品红、黄、青三原色称为一次色；两种不同的原色相混合所得的色称为二次色，又称为间色，红、绿、蓝即为间色；两种不同的间色相混合所得的色称为三次色，又称为复色。

1.1.3　色彩的联想

色彩联想分为具体联想和抽象联想。具体联想是由看到的色彩联想到具体的事物，如看到红色，联想到太阳、火焰、红旗等；抽象联想是由看到的色彩联想到某种抽象概念，比如红色联想到温暖、危机、喜庆等。下面介绍不同色彩产生的不同联想。

1. 红色

红色在原色相中纯度最高，对人的视觉刺激最强，在视觉上产生一种临近感和扩张感。红色的效果富有刺激性，包含着一种热情的力量，象征着希望、幸福、生命。

红色让人联想到火焰、太阳、鲜血、花卉，给人温暖、兴奋、热烈、希望、忠诚、健康、充实、饱满、幸福之感。图1-7所示的拼多多主图的红色页面，带有强烈的视觉冲突。

图1-7　红色的联想

2. 橙色

高纯度、高明度的橙色是一种富足、快乐而温暖的色彩。橙色的明度高，在工业安全用色中是警戒色。

橙色让人联想到橘子、火焰、灯光、霞光、水果、秋叶、夕阳，给人活泼、华丽、辉煌、跃动、炽热、温暖、甜蜜、健康、欢喜、幸福之感。图1-8所示的淘宝推广图大面积使用橙色，给人以青春活泼、跳跃明亮的感觉。

图1-8　橙色的联想

3. 黄色

高纯度、高明度的黄色是色彩中最亮的颜色，黄色是辉煌的，常使人产生一种欣喜、喧闹的效果。黄色能带来尖锐感和扩张感，但缺乏深度，用于食品类设计能引起人的食欲。

黄色让人联想到黄金、阳光、麦田、土地、香蕉、柠檬，给人光明、辉煌、轻快、纯净、快乐、希望、智慧之感。图1-9所示的拼多多玩具主图大面积使用黄色，带给我们可爱、活泼、天真的童心童趣。

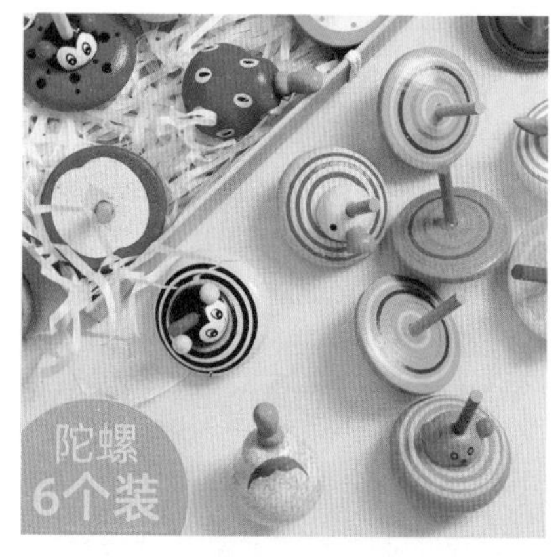

图1-9　黄色的联想

4. 绿色

绿色是稳定的，起到缓解疲劳的作用。在明度低（墨绿色）时或某种特定条件下，绿色也会带有消极意义，有时可营造出阴森、晦暗、沉重、悲哀的气氛。绿色大多数情况下会带来积极的心理感受，也是人的视觉最容易接受的颜色。

绿色让人联想到大地、草原、庄稼、森林、蔬菜、青山，给人自然、健康、成长、新鲜、安静、安详、和平、生命、青春、凉爽、清新之感。图1-10所示的京东床上用品首页图的绿色页面，带给人们安全、健康、环保的感觉。

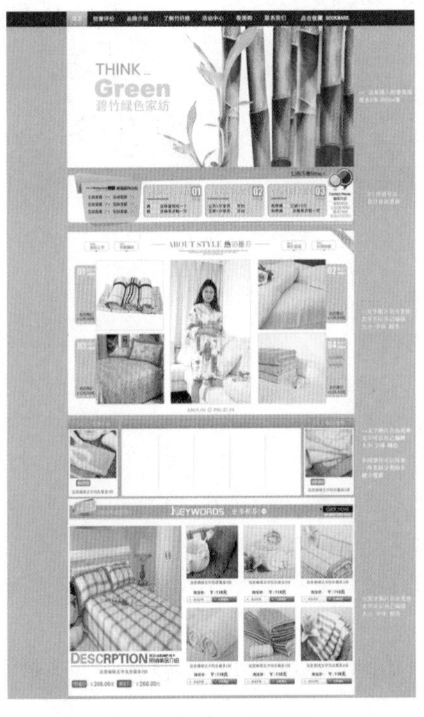

图1-10　绿色的联想

5. 蓝色

蓝色代表着广阔的天空色，同时又使人联想到深不可测的海洋，可表现人的沉静、冷淡、理智、博爱、透明等性格特征；蓝色也是一种体现消极、收缩、内在的色彩。

蓝色是最冷的色，表现出冷静、理智、透明、广博等特性，与积极火热的红橙色相比，是一种内敛、收缩、学习的色彩，是永恒的象征。由于蓝色具有沉稳理智、准确的意象特征，所以在强调科技、效率的商品或企业形象的网店设计中，大多选用蓝色。

蓝色让人联想到天空、海洋、水、太空、宇宙，给人平静、冷淡、理智、速度、诚实、真实、可信、深远、崇高之感，常用来表现未来、高科技、思维等信息。图1-11所示的两张拼多多主图，作为夏季产品，背景都选用蓝色的大海，给人清凉、舒适的感觉。

图1-11　蓝色的联想

6. 紫色

紫色是纯度最低的色，同时又是明度最低的色，在可见光谱中，紫色的光波最短，眼睛对紫色的感知度最低，它可用于表现孤独、高贵、奢华、优雅而神秘的情感。在网店设计用色中，紫色多用于与女性有关的商品。

紫色让人联想到薰衣草、葡萄、夜空、丁香花、紫藤，给人神秘、优雅、高贵、庄重、奢华、细腻之感。图1-12所示的淘宝七夕节的紫色页面，给人以浪漫、高雅的感觉。

图1-12　紫色的联想

7. 白色

白色是最干净纯粹的颜色，给人清洁、神圣、洁白、纯洁、柔软之感。白色让画面空间干净、整洁，是百搭的颜色，与任何颜色都很好搭配，黑、白、红是最为经典的搭配。

白色让人联想到雪、云、白纸、天鹅、婚纱，给人纯洁、清白、纯粹、清静、明快、空白、高尚、整洁之感。图1-13所示的抖音床上用品主图的白色页面，给人以干净、舒适的感觉。

图1-13　白色的联想

8. 黑色

黑色是无色相、无纯度的，是最暗的颜色，常让人联想到一些消极的事物。黑色表达着一种向周围的压抑和桎梏反抗的情绪，同时也表现出敏锐与锋芒。在网店设计用色中，黑色多用于与男性有关的商品或企业形象。

黑色让人联想到黑夜、黑发、魔法、死亡、黑板，给人沉静、神秘、严肃、庄重、含蓄、高贵之感，常用于表现重量、坚硬等。图1-14所示的天猫钻展图的黑色页面，给人以稳重、严谨的感觉。

图1-14　黑色的联想

9. 灰色

白到黑之间构成了灰，从浅灰到暗灰有若干种灰色，它给人宁静、高雅的印象。灰色与黑色、白色都属于无色彩，象征洗练、高贵、不卑不亢。

灰色让人联想到阴天、灰尘、烟雾、石材、乌云、水泥、烟雾，给人柔和、细致、平稳、朴素、颓废、大方、平凡、谦和、中庸之感。图1-15所示的拼多多主图的灰色页面，给人以稳重、高级的感觉。

图1-15　灰色的联想

1.1.4　色彩的心理学

日常生活中观察的颜色在很大程度上受心理因素的影响，即形成心理颜色视觉感。不同的色彩会给人的感官带来不同的感受。

1. 色彩的冷暖

色彩的冷暖是指色彩心理上的冷热感觉。心理学上根据心理感觉，把颜色分为暖色调（红、橙、黄、棕）、冷色调（绿、蓝、紫）和中性色调（黑、灰、白）。暖色调会给人热闹、鲜艳、愉快、动感等感觉，冷色调给人沉稳、冷峻、寒冷、凉爽、整齐等感觉。

冷暖是具有相对性的，即便是同一色调的色彩，也会因为是更趋向温暖的橙色、黄色还是更趋向寒冷的蓝色而呈现不同的冷暖感觉。例如，同样是绿色，倾向黄色的黄绿色会比倾向蓝色的蓝绿色要感觉温暖一些。图1-16所示为蓝色与黄色的冷暖对比。

图1-16　色彩的冷暖对比

2. 色彩的轻重

轻的色彩明度越高，感觉越轻快；重的色彩明度越低，感觉越沉重。轻而明度高的色彩给人一种柔软、安静的感觉；重而黯淡的色彩会让人感觉坚硬、厚重。图1-17所示为色彩的轻重对比。

图1-17　色彩的轻重对比

3. 色彩的软硬

色彩的软硬感取决于明度和纯度。明度越高的色彩越软，明度越低的色彩越硬。纯度越高的色彩越硬，纯度越低的色彩越软。图1-18所示为低纯度与高纯度的软硬对比。

图1-18　色彩的软硬对比

4. 色彩的强弱

高纯度色彩有强感，低纯度色彩有弱感。有彩色系比无彩色系有强感，有彩色系以红色为最强。对比度大的有强感，对比度小的有弱感。图1-19所示为无彩色与有彩色的强弱对比。

图1-19　色彩的强弱对比

设计师点拨
——无彩色搭配技巧

无彩色之间可以进行搭配，白底黑字或黑底白字都非常明晰。灰色是中性色，可以和任何色彩搭配，也可以帮助两种对立的色彩实现和谐过渡。

5. 色彩的空间

色彩的空间感是色相、明度、纯度等多种对比造成的错觉现象。亮色、暖色、纯色有逼近之感，称为“前进色”。暗色、冷色、灰色有推远之感，称为“后退色”。进退效果在画面上可以造成空间感觉。如图1-20所示，产品为暖色黄色，具有前进感，背景为冷色蓝色，具有后退感，更能突出产品。

图1-20　色彩的空间对比

1.2　色彩在网店设计中的应用

设计精良的网店离不开合理而统一的色彩设计，对于优秀的美工来说，色彩的理论知识最终要运用到实践中，本节将介绍色彩在网店设计中的相关应用。

1.2.1　店铺色彩的搭配技巧

店铺色彩的搭配要符合整个店铺的主题，要能够体现出店铺的品牌文化及正面形象，达到加深顾客记忆的目的。在店铺设计中，大多时候需要颜色相互搭配，凸显层次感。

色彩搭配方式有很多种，常见的搭配方式有同类色搭配、近似色搭配、对比色搭配、互补色搭配等。

1. 同类色

同类色是指色相性质相同，但色度有深浅之分（是色相环中15°夹角内的颜色），如图1-21所示。图1-22所示的同类色配色中，产品主色是粉红色，背景用了更浅的粉色。

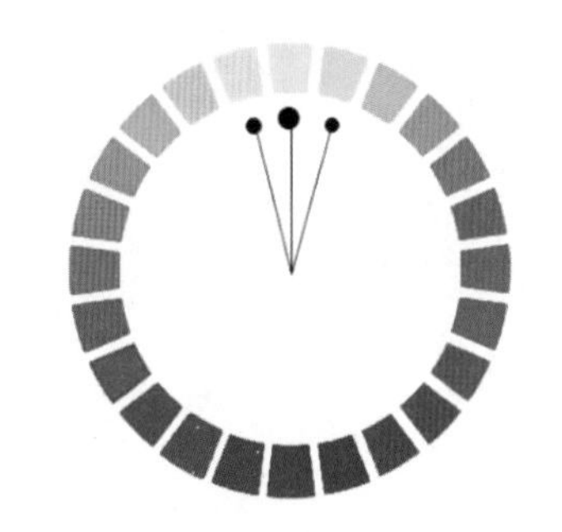

图1-21　同类色

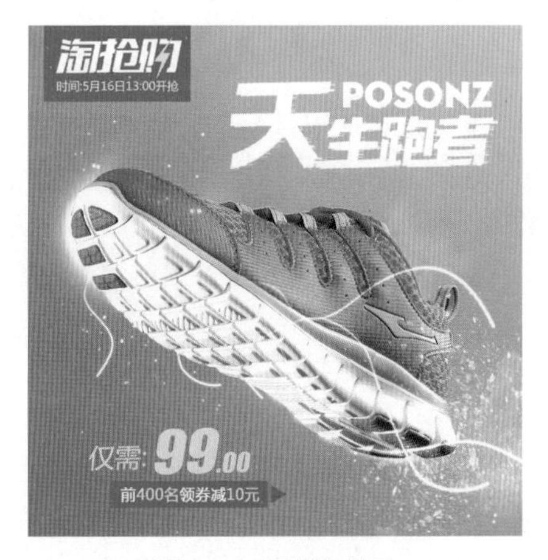

图1-22　同类色效果

温馨提示——同类色搭配的优缺点

同类色的设计能使画面颜色协调一致，不突兀。但因同类色颜色相近，在进行搭配时，对比不够强烈，主体不够突出。因此，需要根据实际情况，选择同类色的搭配。

2. 近似色

所谓近似色，就是在色带上相邻近的颜色。在色相环中，凡在15°~60°角范围内的颜色都属于邻近色，例如，绿色与蓝色、红色与黄色就互为近似色，如图1-23所示。

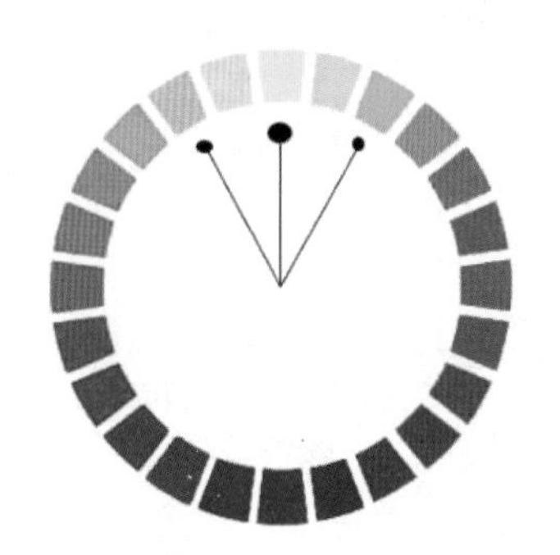

图1-23　近似色

近似色往往是你中有我，我中有你。比如，朱红与橘黄，朱红以红为主，里面略有少量黄色；橘黄以黄为主，里面有少许红色，虽然它们在色相上有很大差别，但在视觉上却比较接近。图1-24用了近似色红色与黄色。

图1-24　近似色效果

3. 对比色

在色相环中，120°~170°角内相邻接的色统称为对比色，如图1-25所示。色彩对比效果鲜明、强烈，具有饱和、华丽、欢乐、活跃的感情特点，容易使人激动和兴奋，但是也容易产生不协调感。图1-26用了蓝色与绿色的对比色。

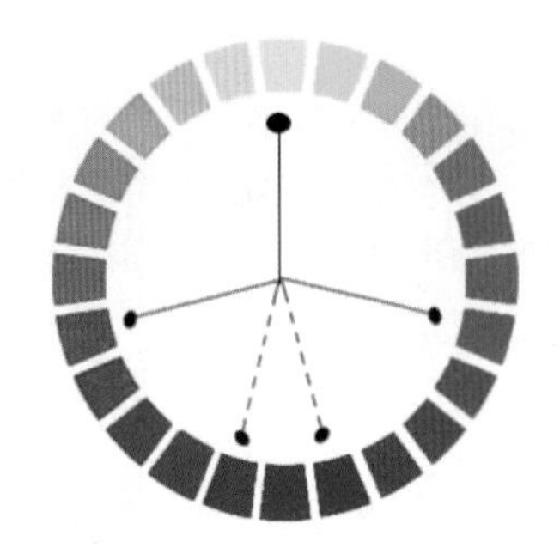

图1-25　对比色

图1-26　对比色效果

4. 互补色

在色相环中，每一个颜色与对面（180°对角）的颜色，称为互补色。把互补色放在一起，会给人强烈的排斥感。若混合在一起，会调出浑浊的颜色。如红与绿、蓝与橙、黄与紫互为补色，如图1-27所示。

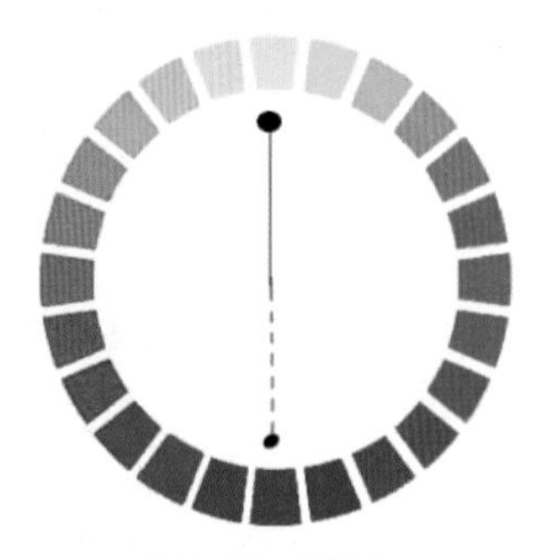

图1-27　互补色

由于互补色有强烈的分离性，故在商业广告设计中，在适当的位置恰当地运用互补色，不仅能加强色彩的对比，拉开距离感，而且能表现出特殊的视觉对比与平衡效果。图1-28用了蓝色与黄色的互补色。

图1-28　互补色效果

1.2.2　色彩与装修风格的关联

网店的装修从一定程度上可以影响店铺的运营。对于店铺装修来说，确定装修的风格是至关重要的。定位准确、美观大方的店铺装修，可以提升网店的品位，从而吸引目标人群，提高潜在消费者的浏览概率，延长其停留时间，最终提升店铺的销量。

店铺装修风格体现在对店铺的整体色彩、色调及图片的拍摄风格上，不同的色彩会带来不一样的装修风格。不同店铺的风格应使用不同的色彩，如果是走文艺青年路线的店铺，那就抓住文艺青年的特质，细节设计得小资一点，装修色调上多用素色和浅色。如果是温馨浪漫的风格，则店铺装修上可以多用暖色调。

图1-29所示为一家女装店的夏季装修，清爽的浅蓝色让人联想到大海。图1-30所示为美妆产品“双11”的装修，节庆时宜用红色，渲染喜庆的气氛。图1-31所示为一家淘宝男裤店的装修，产品以黑色为主，装修用暗黑酷炫的色彩，体现成熟男性的庄重感。

图1-29　蓝色装修风格

图1-30　红色装修风格

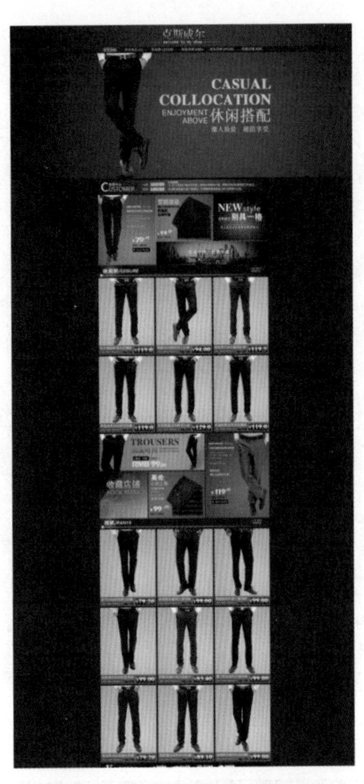

图1-31　黑色装修风格

1.2.3　色彩心理学在网店设计中的运用

面对不同的颜色，人们就会产生冷暖、明暗、轻重、强弱、远近、膨胀、快慢等不同的心理反应。店铺的色彩不能随意选择，需要系统分析店铺品牌受众人群的心理特征，找到这部分群体更易于接受的色彩。结合人们的心理反应，在网店设计中选择用色时，需要注意以下几点。

1. 确定店铺的冷暖主色调

提到色彩，就会提到主色调、辅色调。在整个画面中色彩占用最多的颜色可以确定为主色调，辅色调是整个画面中点缀对比的一个颜色。

主色调的冷暖选择要与产品相结合，如食品、儿童类产品宜用暖色调，科技产品、男士相关产品宜用冷色调。比如，男装店铺的群体大多是男性，因此店铺装修色调更倾向于黑、灰、白等冷色调。

图1-32所示的冷色调给人以科技感，与产品特征相符。图1-33所示的暖色调与节庆的气氛相符，同时能让人在寒冷的冬季感觉到温暖。

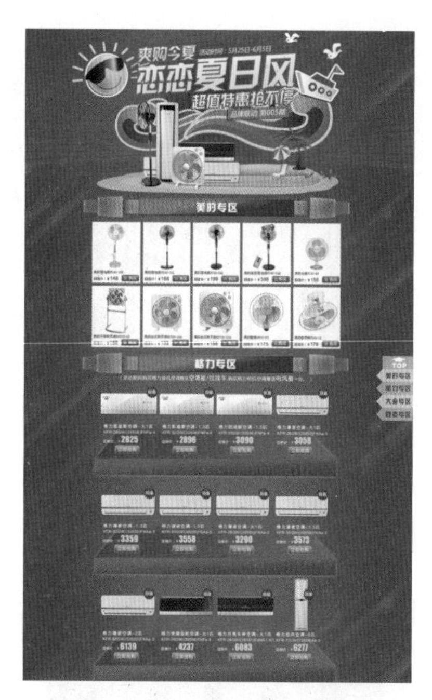

图1-32　冷色调

图1-33　暖色调

2. 遵循对比的原则

颜色的搭配同样要遵循对比的原则。一般来说，颜色从色相、纯度、明度上进行对比，有明暗对比、深浅对比、冷暖对比等。颜色的对比很容易激发视觉上的冲击。图1-34所示为红色与蓝色的冷暖对比。

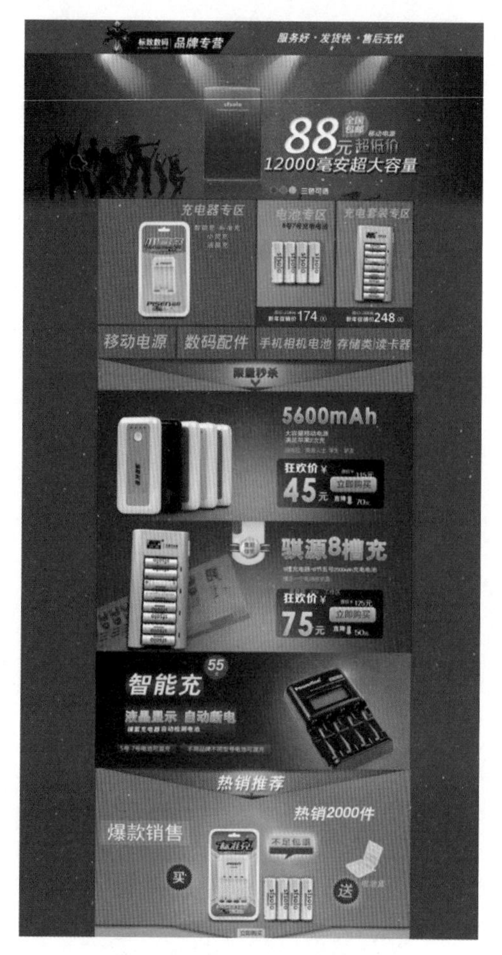

图1-34　冷暖对比

3. 纯度的选择技巧

整体色彩是低纯度还是高纯度，一旦确定了就要统一，如果在低纯度的店铺里出现一张高纯度的图片，就很突兀。纯度的选择要考虑购买者的年龄层，如儿童喜欢高纯度，老年人喜欢低纯度。

图1-35所示为一个低纯度的页面设计，给人清爽、干净的感觉。图1-36使用的高纯度与所售卖的产品茶叶的颜色相似，能让人联想到茶的香浓。

设计师点拨——色彩的综合形态

色相对比、纯度对比、明度对比是最基本、最重要的色彩对比形式，在实际生活中很少有单一对比的形式，绝大部分是以色相、纯度、明度综合对比的形态出现。

图1-35　低纯度的页面设计

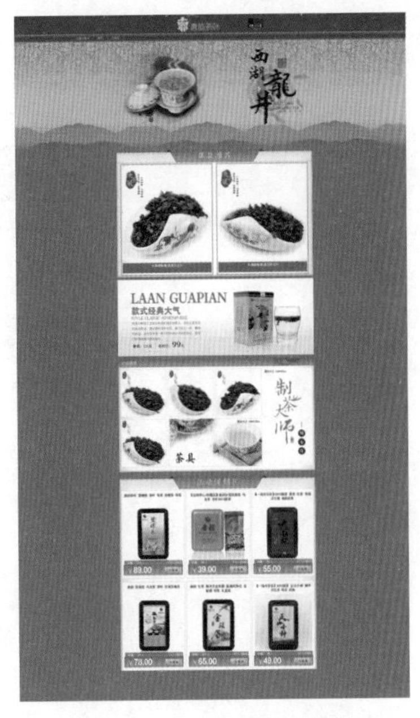

图1-36　高纯度的页面设计

4. 颜色不宜过多，多则乱

单张图中的色彩，最好不要超过三种，颜色过多显得杂乱无章。选择图中已有的颜色即可，让同一颜色或其纯度、明度稍做变化后的颜色多次重复出现。图1-37所示的京东推广图，背景和文字都用了产品颜色的同类色，在纯度、明度上做变化，并用了小面积的黄色作对比，在视觉上给人以舒适感。

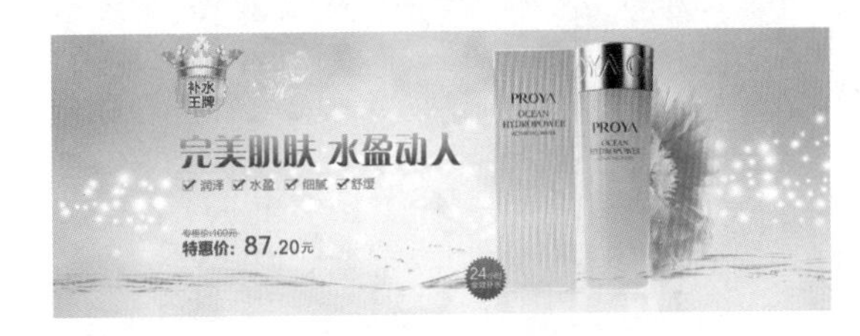

图1-37　简洁的用色

学习小结

在网店盛行的时代，好的色彩设计能凸显出网店的个性，使店铺在众多的竞争者中脱颖而出。本章详细地介绍了美工设计必备的色彩知识，除了理论上的知识，还介绍了网店色彩设计的实操知识。在实际运用中，设计师一定要对店铺的色彩具有整体的构思，运用色彩这一元素，让人们的视觉产生冲击，以提升店铺销量。

第2章　美工必会的字体设计

本章导读

文字是电商视觉设计的关键环节，也是传递信息最直接的方式。电商视觉设计中的文字信息是最基础的交互元素。好的电商视觉设计，文字不仅能准确地传达信息，还能提升设计美感和视觉传达效果。

知识要点

- 电商字体的风格
- 字体设计的原则
- 文字的排版原则
- 文字的创意设计

2.1 电商字体的风格

字体风格是指文字的外形样式，在进行字体设计时，整体风格的统一化是很有必要的。只有做到文字整体风格的统一，才能在视觉传达上实现字体设计的识别性与独创性。根据文字字体的特性和使用类型，文字的设计风格可以分为下列几种。

2.1.1 秀丽柔美

字体优美清新，线条流畅，给人以华丽柔美之感，此种类型的字体适用于女用化妆品、饰品、日常生活用品、服务业等主题。如图2-1所示，标题文字“盛夏发布会”将秀美的行书与纤细的宋体结合在一起，与女装主题相得益彰。

图2-1 秀丽柔美的文字

2.1.2 稳重挺拔

字体造型规整，富有力度，给人以简洁爽朗的现代感，有较强的视觉冲击力，这种个性的字体适用于男士相关产品的设计。如图2-2所示，大字号的文字选用稳重、敦实的黑体，与男装的卖点相吻合。

图2-2 稳重挺拔的文字

2.1.3 活泼有趣

字体造型生动活泼，有鲜明的节奏韵律感，色彩丰富明快，给人以生机盎然的感受，这种个性的字体适用于儿童用品、运动休闲、时尚产品等主题。图2-3所示的运动休闲的产品选用的字体较为活泼。

图2-3 活泼有趣的文字

2.1.4 年轻时尚

时尚、个性、年轻的产品，设计风格普遍都是色彩艳丽，表现形式新颖，动感较强。文字应选择有设计感、有张力的字体，太规矩的字体会显得有点呆板，图2-4所示的文字充满了张力，很好地体现了年轻人的张扬、时尚。

图2-4 年轻时尚的文字

2.1.5 苍劲古朴

字体朴素无华，饱含古时之风韵，能带给人们一种怀旧感觉，这种个性的字体适用于传统产品、民间艺术品等主题。图2-5所示的文字“辞旧迎新年”用流畅、古朴的行书很好地诠释了主题。

图2-5　苍劲古朴的文字

2.1.6　文艺清新

文艺清新风是年轻女性很喜欢的一种风格，护肤品、服装的设计就很喜欢使用这种风格。为了统一协调，选择的字体当然也要清新脱俗，硬笔书法字体、细长的宋体、等线体都具有这一特色，如图2-6所示。

图2-6　文艺清新的文字

温馨提示
——字体风格如何选择

字体的风格是由店铺的整体装修风格决定的，设计方案的确立决定了整个项目的设计风格。不同的字体有着不同的特点，设计师选择的字体需要和整体设计风格相吻合。

2.2　字体设计的原则与排版

2.2.1　字体设计的原则

在进行网店字体设计时，除了风格统一、勿使用生僻字体、不宜同时选用过多字体，还应遵循以下四大原则。

1. 准确性

文字最基本的功能是传播信息，字体设计所要遵循的第一个原则就是准确性。如果文字不能准确传达信息，设计便无从谈起。文字传达的准确性要求其表述的主题要与其内容一致，不能相互脱离，更不能相互冲突，破坏了文字的诉求效果。图2-7上图所示的主图，杂乱的文字让买家找不到重点；图2-7下图所示的主图，用简练的文字，准确地表达了产品的卖点。

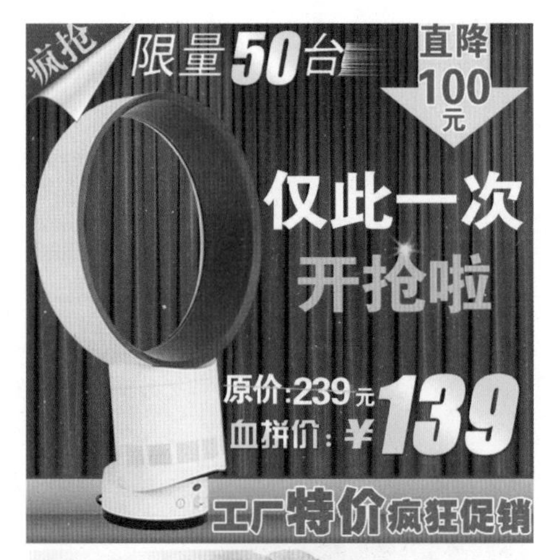

图2-7　准确性与非准确性文字的对比

2. 可识别性

文字的可识别性要求文字的整体诉求给人以清晰的视觉印象。毕竟无论字形多么地富有美感，如果失去了文字的可识性，设计无疑是失败的。在字体设计过程中要避免繁杂凌乱，减去不必要的装饰变化，使其易于识别。图2-8上图所示的文字，简洁易于识别；图2-8下图所示的文字，由于内容太过繁杂，铺满了版面，反而破坏了文字的可识别性。

图2-8　可识别性好与可识别性差的文字的对比

3. 视觉化

字体设计在满足准确性与可识别性的基础上要讲究美感，要给人以美的感受。文字在网店设计中，作为画面的形象要素之一，具有传达感情的功能，如图2-9所示。能满足人们的审美需求，提高美的品位，是一位优秀的设计师需要具备的基本能力。

图2-9　视觉化文字

4. 个性化

根据主题的要求，突出文字设计的个性色彩，创造与众不同的字体，给人以别开生面的视觉感受，有利于促进网店的销售，如图2-10所示。在设计特定字体时，一定要从字的形态特征与组合编排上进行探求，不断修改，反复琢磨，这样才能创造富有个性的文字，使其外部形态和设计格调都能唤起人们的审美愉悦感受。

图2-10　个性化文字

2.2.2　文字的排版原则

在网店设计中，文字排版的好坏，直接影响着版面的视觉传达效果。本小节将介绍如何进行文字的排版。

1. 合适的字体

在视觉媒体中，文字的编排直接影响了版面的视觉传达效果。合适的字体必须满足整个版面的设计需求和整体风格的搭配，容易辨别的字体能有效地传达主题理念。图2-11所示的拼多多主图，字体的选择与产品的风格相符。

图2-11　合适的字体

温馨提示
——丰富的字体种类

字体种类非常丰富，每种类别都可以细分为多种字体，如宋体包括报宋、标宋、中宋、长宋等。各种宋体之间有一些类同，但又有各自的特点。

2. 字号的设置

设计师会采用不同的字号来区分活动主题、时间和详情等，字号的设置能清楚地表现版面的信息层级，利于阅读者第一时间获取重要信息。图2-12所示的京东主图，突出价格的文字在字号上做了放大变化。

图2-12　字号的设置

3. 文字字间距

文字字间距是指文字内容中，文字与文字、文字与字母或字母与字母之间的间隔。不同字间距呈现的效果是不同的。

所以，文字设计必须考虑视觉舒适度，要注意控制文字字间距，字间距过大会显得版面稀疏，但是字间距过小，识别起来会非常困难。图2-13所示的文字字间距较为适中，让人赏心悦目。

图2-13　文字字间距

4. 文字行间距

当版面中的文字数量达到一定的量时，“行间距”的概念就出现了，行间距是指多行文字中行与行之间的距离。为了保证读者的顺利阅读，保持适当的行间距是文字编排的重点，通常行间距要大于字间距。图2-14中左上角的文字行间距较小，显得较为拥挤。

图2-14　文字行间距

5. 字体之间的搭配

一个版面中，可能会用到多种字体，各式各样的字体不仅能促使版面排列更加丰富，而且能增加层次关系的清晰度。合适的字体搭配是版面设计成功的重要因素之一，图2-15中不仅用了黑体、宋体、细黑等多种字体搭配，还将部分文字倾斜，使画面十分丰富。

图2-15　字体之间的搭配

6. 合理的位置

在视觉传达的过程中，文字作为画面的形象要素之一，具有传达感情的功能，因而它必须具有视觉上的美感和合理性。文案的编排是将文字的多种信息组织成一个整体的形，其目的是使其层次清晰、有条理、富有整体感。

将文字编排于不同的位置，会使整体的设计有不同的效果。在排版时，为了避免文字杂乱无章，可以将文字排列成规整的形状，如长方形、三角形等，如图2-16所示。文字编排前，要考虑到整个版面的排版，要符合整体设计要求，不能有视觉上的冲突或容易引起视觉混乱的编排。

图2-16　呈长方形排列的文字

2.3　文字的创意设计

文字的创意设计，可以使文字更生动形象，更具感染力，为画面带来更强的视觉冲击力。文字的创意设计有以下几种。

2.3.1　基础变形

基础变形，是指字体变粗、变细、变长、变宽、倾斜、扭曲及笔画加长或收缩等。图2-17所示的天猫推广图中的最下面一行是文字的倾斜效果。

图2-17　文字的基础变形

2.3.2　夸张

夸张是为了达到某种表达效果，对文字的大小、特征等进行夸大，使用夸张手法可以有效提升设计的吸引力、视觉冲击力。图2-18所示的淘宝推广图中数字2的夸张设计，突出了折扣的优惠力度。

图2-18　夸张的文字

2.3.3　拉长

拉长就是强行延伸字体的笔画，使字体看起来具有艺术感。可以用在女性相关主题的设计中，使字体更有韵味，也可以用在一些具有动感的字体上，体现一种力量感。图2-19所示的京东推广图中的标题文字使用了拉长的设计方法，使文字更具艺术感。

图2-19　拉长文字

2.3.4 替换

笔画替换法，是在原有字体的基础上，删掉某些笔画之后，再用其他形式进行代替。所谓其他形式，可以是另一种字体画笔的嫁接，也可以是图形创意的添加。图2-20所示的拼多多推广图中的“主”，用一朵玫瑰花替代了文字的一部分。

图2-20 替换文字

2.3.5 连笔

连笔法也可以叫作共用法，就是指找到字与字之间可以连接起来的地方。可以是字的“横”相连，也可以是字的“撇”和“捺”相连。使用时不能生搬硬套，要让笔画自然地衔接。图2-21所示的天猫推广图中的“轻”“柔”，使用了笔画的连笔手法。

图2-21 连笔

2.3.6 错位

错位是指把两个字或多个字上下左右、错落有致地排列，让文字排版设计多变的同时，还能增加字体的韵律感。图2-22中第一行的文字运用了错位的方法，增加了韵律感。

图2-22 错位

2.3.7 结合图形

把一个字或多个字的一个笔画或多个笔画换成某个图形，图形可以是圆形、星形、曲线，或者是象征图形等。图2-23所示的淘宝推广图中的“结婚”两字，用了两个心形图形，给人以新颖的感觉。

图2-23 结合图形

设计师点拨——印刷字体与设计字体

字体分为印刷字体与设计字体，印刷字体是在软件中可直接使用的字体，设计字体是自由设计的字体，可以在印刷字体的基础上做局部变化，也可以抛开印刷字体进行设计。在进行文字创意设计时，一般是在印刷字体上进行变化。

学习小结

电商设计以营销为主，这就要求设计师要通过文案传达利益点给客户，通过文案告诉买家产品的卖点。因此，文字的设计至关重要。本章详细地介绍了电商字体的风格、字体设计的原则与排版、文字的创意设计等知识。希望读者学习后，能在工作中灵活运用。

第3章　美工必学的版式设计

本章导读

版式设计是现代设计艺术的重要组成部分，是视觉传达的重要手段。表面上看，它是一种关于编排的学问；实际上，它不仅是一种技能，更实现了技术与艺术的高度统一，是现代网店美工设计者所必备的基本功之一。

知识要点

- 版式设计的概念
- 版式设计的元素
- 版式设计的原则
- 版式设计的类型

3.1 版式设计的概念及原则

版式设计是网店设计中一个十分重要的组成部分，是视觉传达三要素之一，本节将介绍版式设计的概念及原则。

3.1.1 什么是版式设计

版式设计是指设计人员根据设计主题和视觉需求，在预先设定的有限版面内，运用造型要素和形式原则，根据特定主题与内容的需要，将文字、图形及色彩等视觉传达信息要素进行有组织、有目的的组合排列，设计出美观实用的版面。

3.1.2 版式设计的原则

版式设计应当根据版式本身的功能性需求，依照版式设计的原则来设计。艺术化的创造应当以符合基本原则为前提，下面介绍版式设计的几个原则。

1. 主题鲜明突出

版式设计的最终目的是使版面产生清晰的条理性，用悦目的组织来更好地突出主题，达到最佳诉求效果，同时需要针对文字信息的排版，增强文字可读性，如图3-1所示。

图3-1 主题鲜明的版式

2. 简明易读

版式设计切忌过分繁杂凌乱，要以传达的内容为主，不可本末倒置。能在轻松愉悦的状态中获得信息是人人都很乐意的事情，因而简明易读就显得尤为重要。优秀的版式设计不能在一张图上堆砌太多的信息，而是力求删繁就简，精练图文，如图3-2所示。

图3-2 简明易读的版式

3. 彰显个性

版式设计作为一种设计，本身就说明了它的与众不同。网店设计最忌讳的是“千人一面”，但彰显个性不是追求形式上的标新立异，而在于与消费者沟通，设计出消费者认同、喜爱的版式，以感染并吸引消费者，如图3-3所示。

图3-3 彰显个性的版式

设计师点拨

——版式的留白

文字排版要求画面整洁、有序、不杂乱。杂乱无章，舍不得浪费一丁点的空间，给人的感觉就是混乱、分不清主次。因此，文字排版一定要有序，要懂得留白，给版面留出呼吸的空间。

3.2 版式设计的元素

在版式布局中，点、线、面三者组合的方式不同，就能产生不同的版式效果。优秀的版式布局是通过各元素的组合来简化版面内容，最后建立鲜明的秩序感。

3.2.1 点

点作为最基础的构成元素，构成形式既有不规则的自由排列，也有按一定规律的秩序排列，无论采取怎样的排列方式，都需按照形式美法则来进行设计。

在网店设计中，点是相对而言的，页面中任何相对小面积的元素都可以视作一个点。这些元素既可以单独存在于页面之中，也可以组合成线或面。它们的存在不仅能让页面布局显得合理舒适，更能使页面灵动具有冲击力。

点不一定就是小圆点，单个点的特征是聚焦，多个点就是辐射，会有一种扩散感，点的大小、疏密、色彩的不同都会影响到画面的效果。

图3-4所示的天猫推广图，三角形的点分散在画面背景中，使背景看起来更加活跃的同时，还渲染了气氛。

图3-4　点的分散

3.2.2　线

线的性质是运动的，代表着一种有目的的引导。点有聚集的功能，而线有分割空间和联系元素的功能，同时也具有一种节奏感。线的不同组合方式、粗细和疏密都会影响到画面的效果，波形的曲线可以打造出流动感，强化画面中的动势。

图3-5所示的京东推广图中加入的线条产生了空间感，在视觉上具有冲击感，让人印象深刻并更有吸引力。

图3-5　线条的空间感

温馨提示
——版式设计中图形与文字的空间关系

版式设计中图形与文字的位置关系，有前后叠压和疏密两种，这两种关系均可产生空间感。图3-5中文字位于线条产生的空间里，退后于模特，产生了前后的空间感。

3.2.3　面

当点大到了一定的程度，它的轮廓就会形成一个面，面积越大，点的性质就越不明显。面的形状可以是多种多样的，圆形、方形、三角形、多边形等，当这些形状通过合理的方式组合在一起，又会形成不同的效果。

面的应用使主题内容更加突出和明显，并使画面简洁干净。图3-6所示的天猫推广图，圆面作为背景，很好地衬托了主体。

图3-6　圆面作背景

3.3　版式设计的类型

3.3.1　满版型

版面以图像充满整版，主要以图像为诉求，视觉传达直观而强烈。文字的配置压制在上下、左右或中部的图像上。满版型给人以大方、舒展的感觉，是商品广告常用的形式。图3-7所示为满版型版式。

图3-7　满版型版式

设计师点拨——满版型版式设计的优势

满版设计的主要特征是可根据内容和构图的需要自由地发挥，强调设计的个性化。其编排形式灵活多变，新颖奇妙，能最大程度地体现设计师的设计意图，具有较强的时代气息。

3.3.2　左右分割型

把整个版面分割为左右两个部分，分别在左或右配置文案。当左右两个部分形成强弱对比时，则造成视觉心理的不平衡。这仅仅是视觉习惯上的问题，不如上下分割型的视觉流程自然。不过，倘若将分割线虚化处理，或者用文字进行左右重复或穿插，左右图文则变得自然和谐。图3-8所示为左右分割型版式。

图3-8　左右分割型版式

3.3.3　上下分割型

把整个版面分为上下两个部分，在上半部或下半部配置图片，另一部分则配置文案。配置有图片的部分感性而有活力，文案部分则理性而静止。上下部分配置的图片可以是一幅或多幅。图3-9所示为上下分割型版式。

图3-9　上下分割型版式

3.3.4　中轴型

中轴型版式设计图片居中，文字偏于上下或左右配置。版面能给人稳定的感觉，具有强烈的视觉冲击力，如图3-10所示。

图3-10　中轴型版式

3.3.5　倾斜型

版面主体形象或多幅图像作倾斜编排，使版面产生强烈的动感和不稳定感，引人注目。图3-11所示为倾斜型版式。

图3-11　倾斜型版式

3.3.6 对称型

对称型版式以镜像原理进行设计，对称有绝对对称和相对对称两种。一般在设计时使用相对对称，图3-12所示为对称型版式，模特在版面两端呈对称排列。

图3-12 对称型版式

3.3.7 重心型

重心型有三种形式，一是设计主体直接占领版面中心，二是视觉元素向版面中心靠拢的向心运动，三是视觉元素向版面四周靠拢的离心运动产生视觉焦点，使主体强烈而突出。图3-13所示为以中心为重心的版式设计。

图3-13 重心型版式

3.3.8 包围型

用图案或图形将四周围起来，使画面产生喧闹热烈的气氛，从而加深主题，起到烘托的作用。围起来使空间有了约束，限定了范围，同时也强调了保护作用，增加了稳定感。图3-14所示为包围型版式。

图3-14 包围型版式

3.3.9 并置型

将相同或不同的图片进行大小相同而位置不同的反复排列。并置构成的版面有比拟的意味，给予本来复杂喧嚣的版面以次序、安静、调和与节拍感。图3-15所示的天猫推广图中的并置排列具有节奏、韵律的美感。

图3-15 并置型版式

学习小结

一个设计师的版式设计能力直接体现了他的设计层级。版式的布局能影响店铺的销售，一个好的页面布局，一定是能让消费者看得轻松、愿意看的版式。本章详细地介绍了版式设计的概念及原则、版式设计的元素、版式设计的类型等知识。希望读者学习后，可以设计出能满足消费者审美需求的作品。

第4章　网店的店标设计

本章导读

网店标志是传递网店综合信息的媒介，在形象传递的过程中，是应用最广泛、出现频率最高的元素，它将店铺的定位、模式、产品类别和服务特点涵盖其中。本章将详细介绍标志的设计与制作，使读者能够快速掌握标志设计的方法与技巧。

知识要点

- 店标的概念
- 店标设计的原则
- 店标的设计规范
- 店标设计案例

行业知识链接

主题1：什么是店标

标志以单纯、显著、易识别的物象、图形或文字符号为直观语言，除了表示和代替物体，还具有表达意义、情感和指令行动等作用。

标志主要有以下三种形式。

（1）字体标志：基于文字变形而设计的店标标志。

（2）具象标志：使用直接与公司类型相关的图形，图4-1所示为使用茶的形象作为设计的基本元素的店标。

图4-1　具象标志

（3）抽象标志：图形与店铺类型并无明显联系，更多的是基于一种感觉或情绪。

主题2：店标的设计规范

无论是淘宝、京东、拼多多、抖音还是其他平台，对店标的设计在格式与大小上都有一致的要求。

1. 格式

店铺的店标上传的文件格式只能为GIF、PNG、JPG这几种，可以通过制作工具修改文件格式以后再进行上传。

2. 大小

店标的大小需要在80kb以内，官方建议尺寸为80×80像素。需要注意的是，标志文件在设计时，如果文件太小，不便于修改，可以把文件做大一些，后期再根据需要修改。

主题3：店标设计的原则

好的店标是有力的，无论它是包含了图形还是纯文字，都有它特定的力量，能够引人注目。店标设计时要遵循以下几大原则。

1. 简洁

标志要足够简单大气、容易辨认，适当利用图形来提高辨识度。简单的设计并不会降低其品牌识别度，反而会增强易传播性。店标的设计过犹不及，切忌繁杂。图4-2所示为简洁且易识别的店标设计。

图4-2　简洁标志

2. 配色美观

灵活性能很好地让标志设计流行起来，呆板的标志设计意味着没有改进或创新的余地。当然，标志也不能太依赖于配色方案，一个标志无论是彩色还是黑白色，都应该是美观的，如图4-3所示。

图4-3　配色灵活

3. 独特、有意义

如何让标志成为品牌的身份标识？就是具有唯一识别性。

每个标志都在诉说一个故事，如果单纯地把标志当作艺术品或由线条、文字组成的图案，就无法解开标志背后更深层次的含义。理想情况下，一个好的标志会讲两个故事：一个表面的故事，一个隐藏的故事。

实战训练

标志虽然制作方法简单，但是蕴含的内容却是非常丰富的。下面介绍一些标志案例的设计思路与具体方法，希望读者能跟着我们的讲解，一步一步地做出与书同步的效果。

案例1：拼多多静态店标设计

案例展示

在Photoshop中制作拼多多静态店标的效果如图4-4所示。

图4-4 案例效果

设计分析

1. 所用工具及知识点

椭圆选框工具、椭圆工具、钢笔工具、文字工具、“收缩”命令等。

2. 制作思路与流程

在Photoshop中制作拼多多静态店标的思路与流程如下所示。

①绘制主体图形：制作底图时，首先需要创建出LOGO的主体图形。本例的主体图形是脸及花瓣。

②制作文字内容：根据需要添加文字，旋转复制文字后，改变文字的内容。

③旋转图形与文字：根据整体画面进行调整，使花瓣及文字左右对称。

素材文件：无

结果文件：\结果文件\第4章\拼多多静态店标.psd

教学文件：教学文件\第4章\拼多多静态店标.mp4

步骤详解

第01步：新建文件。打开Photoshop，按【Ctrl+N】快捷键新建一个图像文件，在“新建”对话框中设置页面的宽度为800像素，高度为800像素，分辨率为72像素/英寸。按【Ctrl+R】快捷键显示标尺，拖出一条水平辅助线和一条垂直辅助线，如图4-5所示。

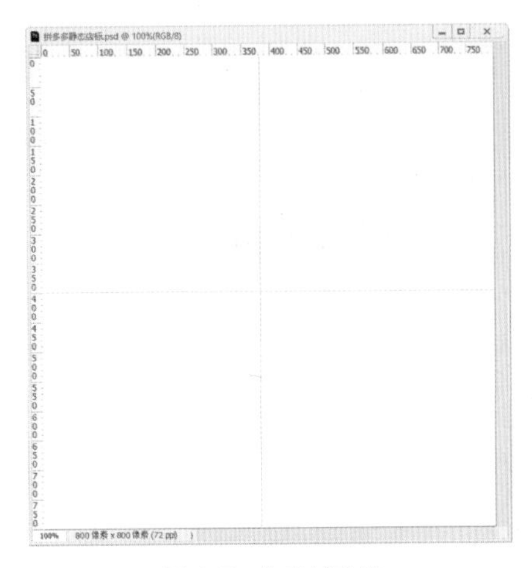

图4-5 拖出辅助线

第02步：画正圆。选择“椭圆选框工具”，按住【Alt+Shift】快捷键，将光标放在辅助线的交点处，绘制一个正圆的选框，如图4-6所示。设置前景色RGB值为246、173、59，新建图层，按【Alt+Delete】快捷键填充前景色，如图4-7所示。

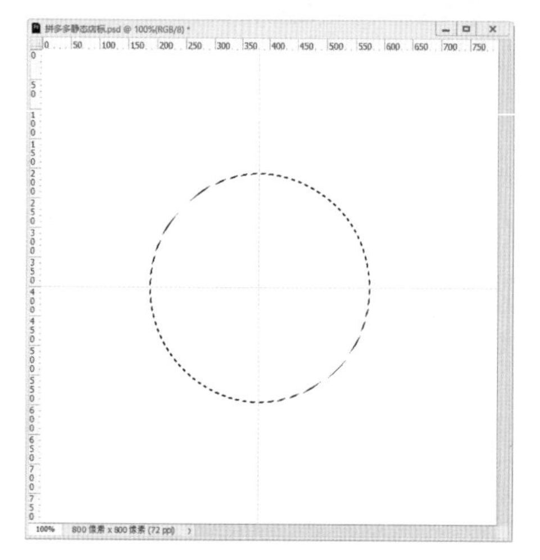

图4-6　绘制正圆的选框

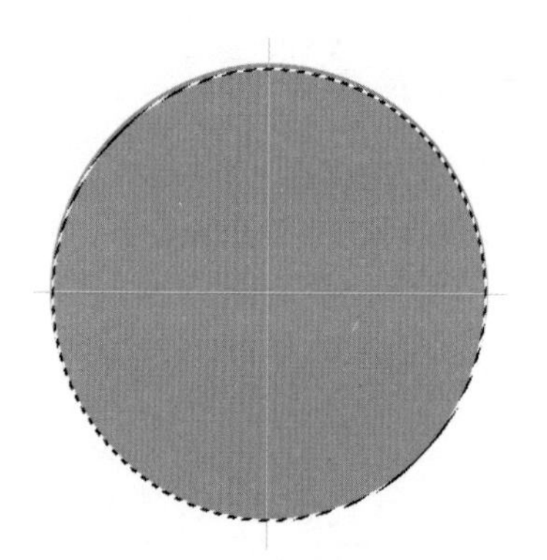

图4-7　填充前景色

技能拓展——填充颜色的快捷方式

按【Alt+Delete】快捷键可以为选区或图层直接填充前景色；按【Ctrl+Delete】快捷键可以直接填充背景色。

第03步：制作同心圆。执行“选择→修改→收缩”命令，打开“收缩选区”对话框，设置参数如图4-8所示，单击“确定”按钮。设置前景色RGB值为235、85、5，新建图层，按【Alt+Delete】快捷键填充前景色，如图4-9所示。

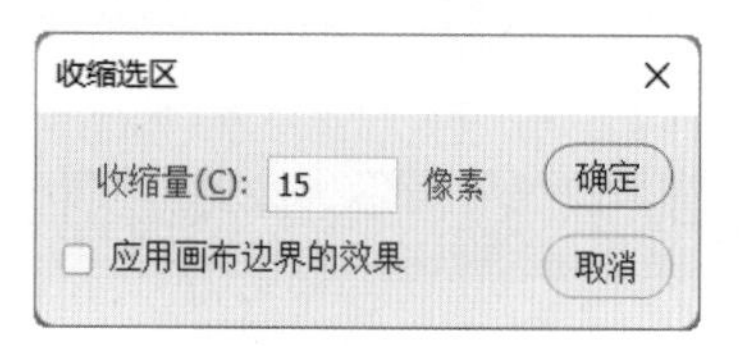

图4-8　设置参数

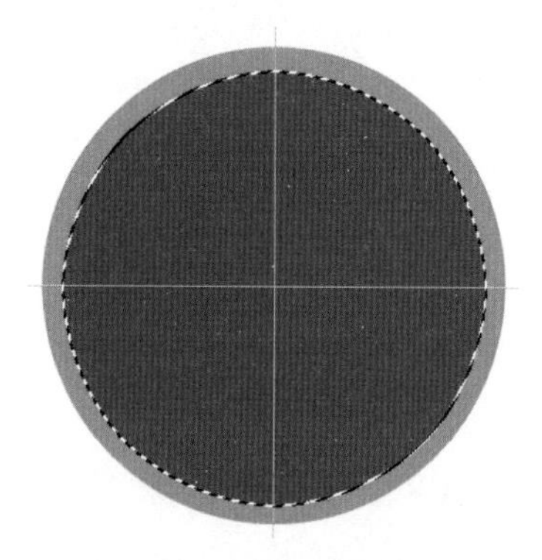

图4-9　填充前景色

第04步：制作同心圆。执行“选择→修改→收缩”命令，打开“收缩选区”对话框，设置“收缩量”为25像素，单击“确定”按钮。设置前景色为白色，新建图层，按【Alt+Delete】快捷键填充前景色，如图4-10所示。

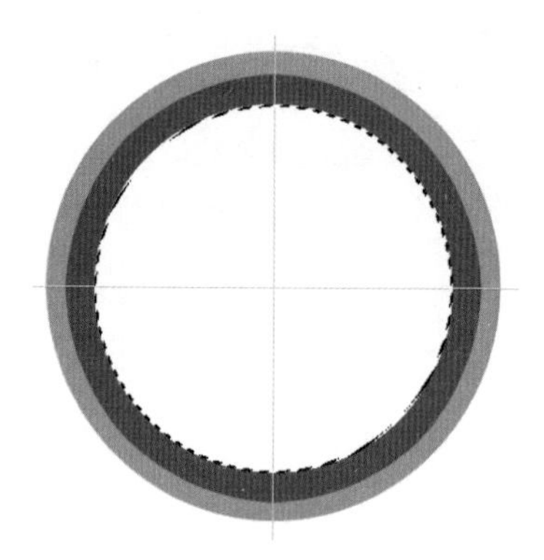

图4-10　填充前景色

第05步：绘制眼睛和嘴巴。选择“椭圆工具”，在选项栏中选择“像素”，设置前景色RGB值为246、173、59，按住【Shift】键绘制正圆，作为眼睛。选择“钢笔工具”，在选项栏中选择“像素”，绘制嘴巴，如图4-11所示。

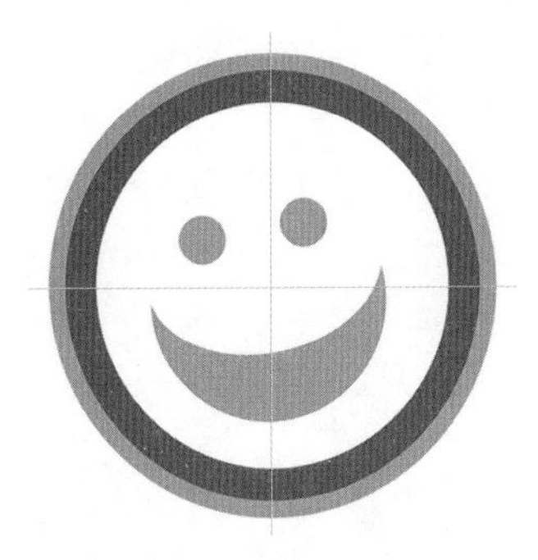

图4-11　绘制眼睛和嘴巴

第06步：绘制图形。选择“钢笔工具”，在选项栏中选择“路径”，绘制图4-12所示的路径。

第07步：填充路径。新建图层，设置前景色RGB值为28、47、22，单击“路径”面板下方的“用前景色填充路径”按钮●，得到图4-13所示的效果。

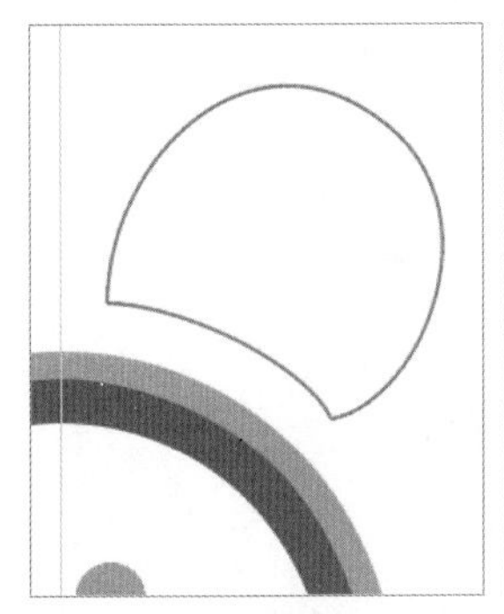

图4-12　绘制路径

图4-13　填色

第08步：载入选区。在“路径”面板中选中工作路径，单击“路径”面板下方的“将路径作为选区载入”按钮，如图4-14所示，此时选区被载入，如图4-15所示。

图4-14　单击按钮

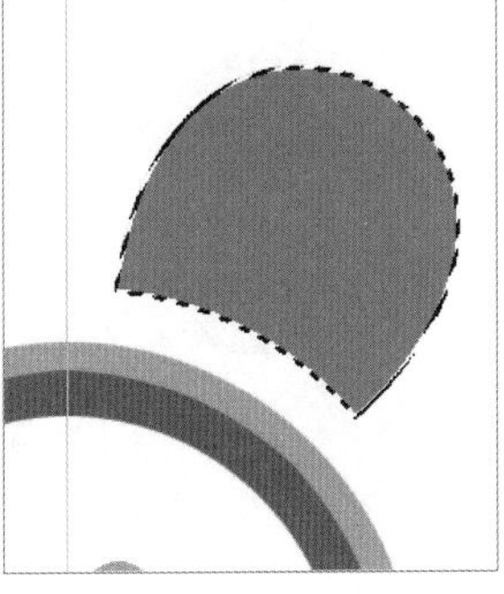

图4-15　载入选区

第09步：缩小并填充图形。执行“选择→修改→收缩”命令，打开“收缩选区”对话框，设置“收缩量”为15像素，单击“确定”按钮，收缩选区。设置前景色RGB值为246、173、59，按【Alt+Delete】快捷键填充前景色。按【Ctrl+D】快捷键取消选区，如图4-16所示。

第10步：移动旋转的中心点。按【Ctrl+T】快捷键显示调节框，将中心点移到两条辅助线的交点处，如图4-17所示。

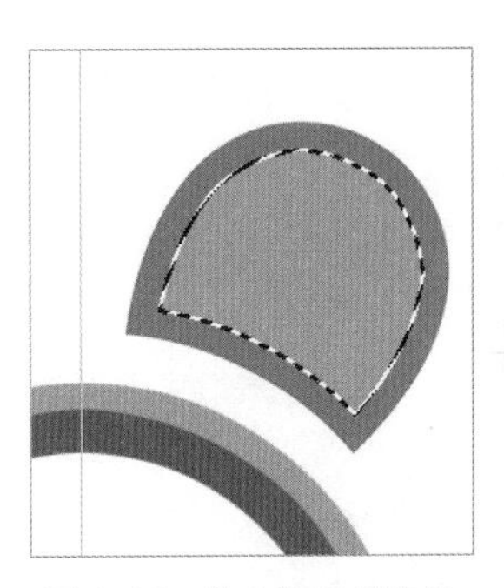

图4-16　缩小选区并填色

图4-17　移动中心点

技能拓展

——中心点未显示的设置方法

如果按【Ctrl+T】快捷键后没有显示出中心点，可以在“首选项”对话框中进行设置。执行“编辑→首选项→工具”命令，打开“首选项”对话框，选中最下面的“在使用‘变换’时显示参考点”复选框，如图4-18所示。

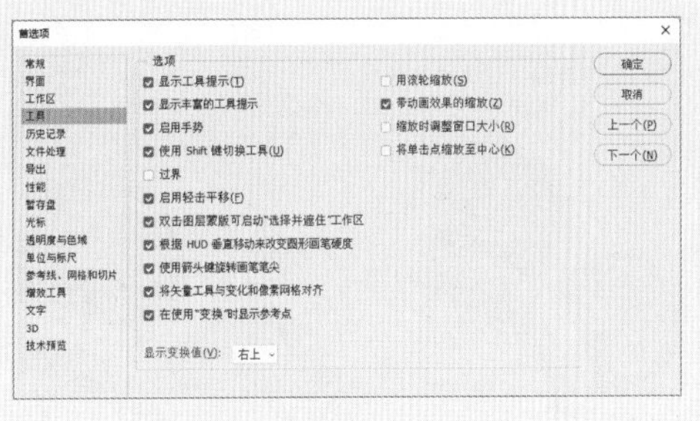

图4-18　“首选项”对话框

第11步：重复复制并旋转图形。在选项栏中设置旋转角度为45度，按【Enter】键确认，图像如图4-19所示。按【Ctrl+Shift+Alt+T】快捷键，重复复制并旋转图形，如图4-20所示。

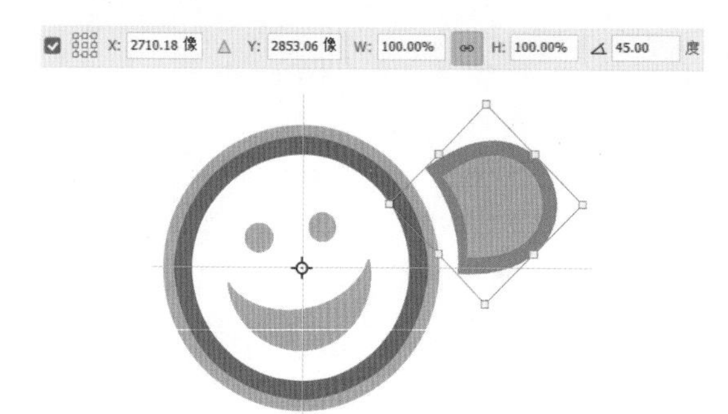

图4-19　旋转图形

图4-20　重复复制并旋转图形

第12步：输入文字。选择“横排文字工具” **T**，在选项栏中选择字体为“黑体”，大小为100点，设置文字颜色为白色，在图像上输入文字“花”，按【Ctrl+Enter】快捷键完成文字的输入，如图4-21所示。

第13步：移动中心点。按【Ctrl+T】快捷键显示调节框，将中心点移到两条辅助线的交点处，如图4-22所示。

图4-21　输入文字

图4-22　旋转文字

第14步：制作其余文字。在选项栏中设置旋转角度为45度，按【Enter】键确认。按【Ctrl+Shift+Alt+T】快捷键，重复复制并旋转文字，如图4-23所示。选择“横排文字工具” **T**，改变文字的内容，如图4-24所示。

图4-23　重复复制并旋转文字

图4-24　修改文字

第15步：旋转花瓣和文字。按住【Ctrl】键，单击花瓣和文字所在的图层，将它们选中。按【Ctrl+T】快捷键，旋转花瓣和文字，如图4-25所示。按【Enter】键确认，最终效果如图4-26所示。

图4-25　旋转花瓣和文字

图4-26　最终效果

案例2：京东静态店标设计

案例展示

在Photoshop中制作京东静态店标的效果如图4-27所示。

图4-27　案例效果

设计分析

1. 所用工具及知识点

路径选择工具、椭圆工具、横排文字工具、画笔工具、钢笔工具、橡皮擦工具等。

2. 制作思路与流程

在Photoshop中制作京东静态店标的思路与流程如下所示。

①绘制牛头主体：制作底图时，首先需要创建出LOGO的主体图形。绘制好图形后使用前景色填充，使用画笔描边。

▼

②绘制细节：在“描边路径”对话框中设置“模拟压力”，绘制细节图形，使用橡皮擦工具擦去多余图形。

▼

③绘制手：使用钢笔工具绘制路径，载入选区、移动路径后修剪路径，得到阴影选区后填色。

素材文件：无

结果文件：结果文件\第4章\京东静态店标.psd

教学文件：教学文件\第4章\京东静态店标.mp4

步骤详解

第01步：新建文件。打开Photoshop，按【Ctrl+N】快捷键新建一个图像文件，在“新建”对话框中设置页面的宽度为1500像素，高度为2000像素，分辨率为72像素/英寸。

第02步：绘制牛头。选择“钢笔工具”，新建路径，在选项栏中选择“路径”，绘制图4-28所示的路径。新建图层，设置前景色RGB值为179、88、5，切换到“路径”面板，单击“路径”面板下方的“用前景色填充路径”按钮●，得到图4-29所示的效果。

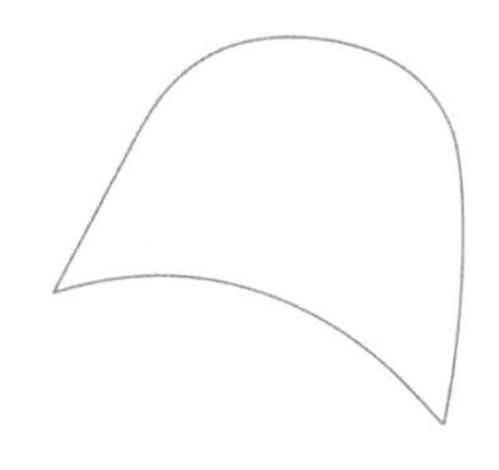

图4-28　绘制路径

图4-29　填色

第03步：绘制牛嘴。选择“钢笔工具”，新建路径，在选项栏中选择“路径”，绘制图4-30所示的路径。新建图层，设置前景色RGB值为213、149、52，切换到“路径”面板，单击“路径”面板下方的“用前景色填充路径”按钮●，得到图4-31

所示的效果。

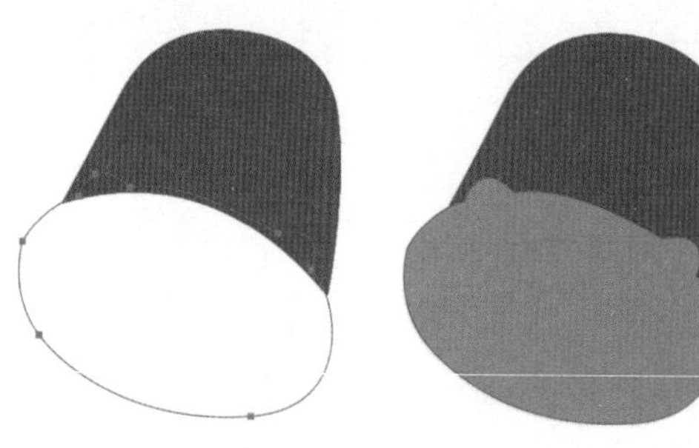

图4-30　绘制路径　　　　图4-31　填色

第04步：绘制牛角。选择“钢笔工具”，新建路径，在选项栏中选择“路径”，绘制图4-32所示的路径。新建图层，设置前景色RGB值为160、82、0，切换到“路径”面板，单击“路径”面板下方的“用前景色填充路径”按钮●，得到图4-33所示的效果。

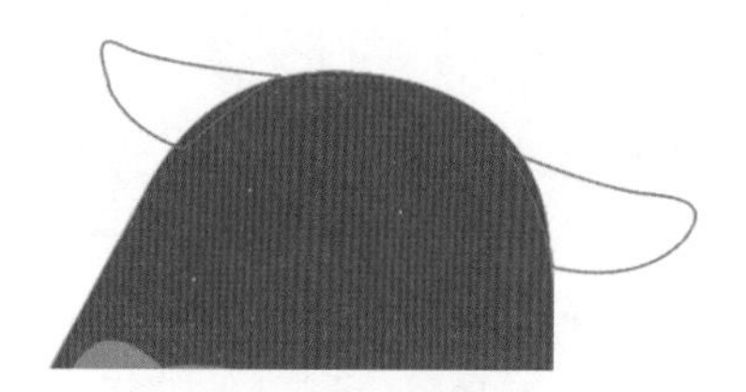

图4-32　绘制路径

图4-33　填色

第05步：调整顺序。按【Ctrl+PageDown】快捷键，将牛角调整到最下面一层，如图4-34所示。

图4-34　调整牛角的顺序

第06步：绘制头发。选择“钢笔工具”，新建路径，在选项栏中选择“路径”，绘制图4-35所示的路径。新建图层，设置前景色RGB值为107、49、3，切换到“路径”面板，单击“路径”面板下方的“用前景色填充路径”按钮●，得到图4-36所示的效果。

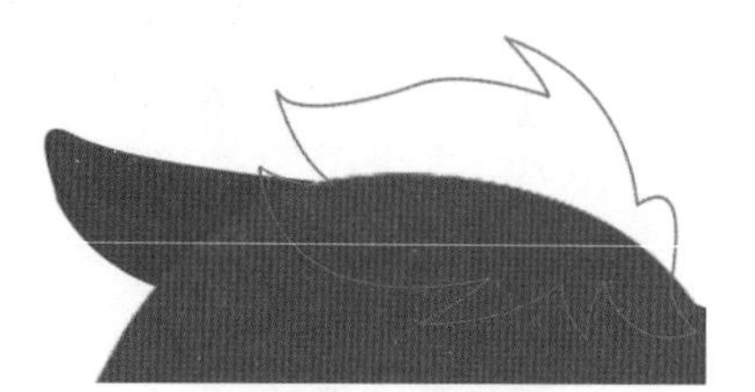

图4-35　绘制路径

图4-36　填色

第07步：绘制牛角。选择“钢笔工具”，新建路径，在选项栏中选择“路径”，绘制图4-37所示的路径。新建图层，设置前景色RGB值为240、201、137，切换到“路径”面板，单击“路径”面板下方的“用前景色填充路径”按钮●，得到图4-38所示的效果。

图4-37　绘制路径

图4-38　填色

第08步：设置“模拟压力”。单击“路径”面板右上角的≡按钮，在弹出的快捷菜单中选择“描边路径”命令，如图4-39所示。在弹出的“描边路径”对话框中选中“模拟压力”复选框，如图4-40所示。

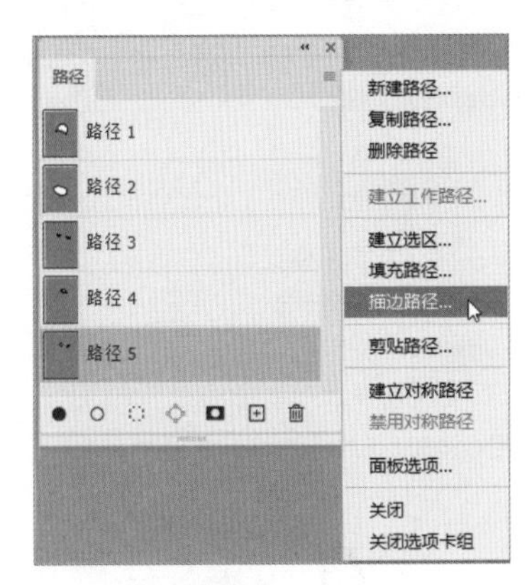

图4-39　选择“描边路径”命令

图4-40　选中“模拟压力”复选框

第09步：描边牛角。设置前景色RGB值为70、8、7，选择“画笔工具”，设置画笔大小为15像素。切换到“路径”面板，单击“路径”面板下方的“用画笔描边路径”按钮○，描边路径如图4-41所示。

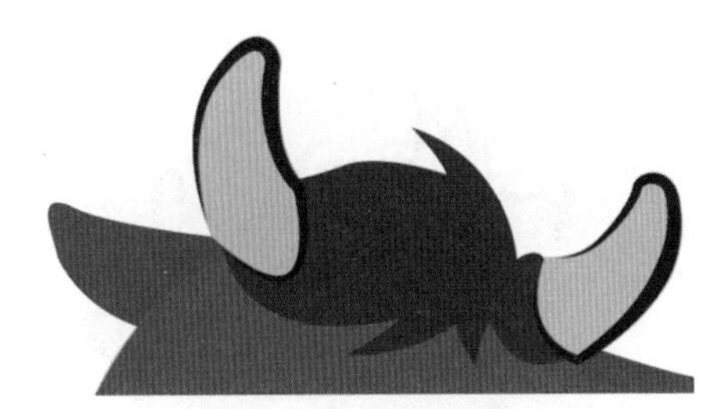

图4-41　描边牛角

第10步：描边牛角。用相同的方法给另一对牛角描边。单击“路径”面板右上角的≡按钮，在弹出的快捷菜单中选择“描边路径”命令。在弹出的“描边路径”对话框中取消选中“模拟压力”复选框，如图4-42所示。

图4-42　取消选中“模拟压力”复选框

第11步：描边牛头。选中牛头所在的图层，再选中牛头所在的路径，单击“路径”面板下方的“用画笔描边路径”按钮○，描边路径如图4-43所示。

图4-43　描边牛头

第12步：描边牛嘴。选中牛嘴所在的图层，再选中牛嘴所在的路径，单击“路径”面板下方的“用画笔描边路径”按钮○，描边路径如图4-44所示。

图4-44　描边牛嘴

第13步：载入选区。选中牛头所在的路径，单击“路径”面板下方的“将路径作为选区载入”按钮，载入选区，如图4-45所示。

图4-45　载入选区

第14步：调整路径。选择“路径选择工具”，将牛头路径移到图4-46所示的位置。选择“直接选择工具”，调整路径如图4-47所示。

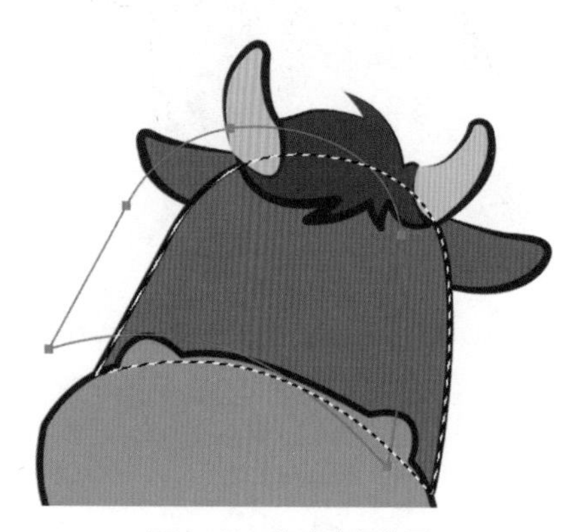

图4-46　移动路径位置

图4-47　调整路径

第15步：交叉选区。按住【Alt】键的同时，单击“将路径作为选区载入”按钮，在弹出的“建立选区”对话框中选中“与选区交叉”单选按钮，如图4-48所示。单击“确定”按钮，交叉后的选区如图4-49所示。

图4-48　选中“与选区交叉”单选按钮

图4-49　交叉选区

第16步：制作阴影图形。选中牛头所在的图层，设置前景色RGB值为217、130、24，按【Alt+Delete】快捷键填充前景色。按【Ctrl+D】快捷键取消选区，如图4-50所示。

图4-50　制作阴影图形

第17步：载入选区并移动路径。选中牛嘴所在的路径，单击“路径”面板下方的“将路径作为选区载入”按钮，载入选区。选择“路径选择工具”，将牛嘴路径移到图4-51所示的位置。

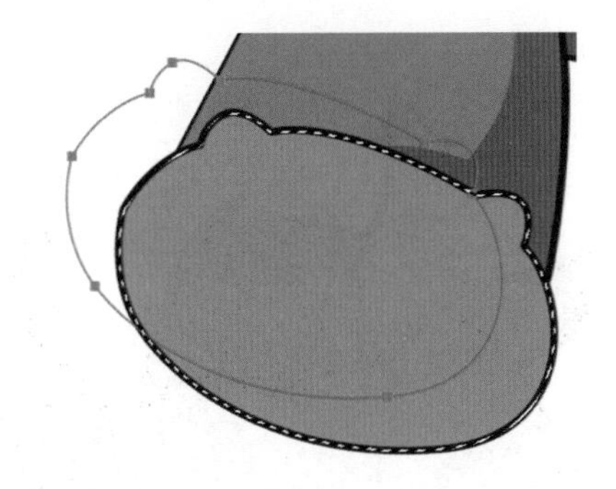

图4-51　移动路径

第18步：交叉选区。选择“直接选择工具”，调整路径如图4-52所示。按住【Alt】键的同时，单击“将路径作为选区载入”按钮，在弹出的“建立选区”对话框中选中“与选区交叉”单选按钮，如图4-53所示。单击“确定”按钮，交叉后的选区如图4-54所示。

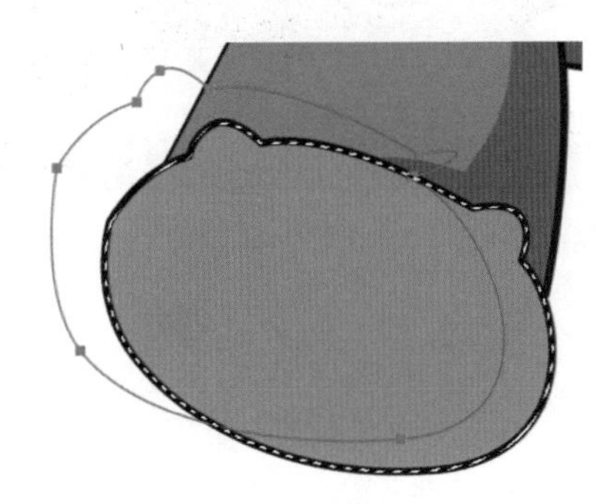

图4-52　调整路径

图4-53　选中“与选区交叉”单选按钮

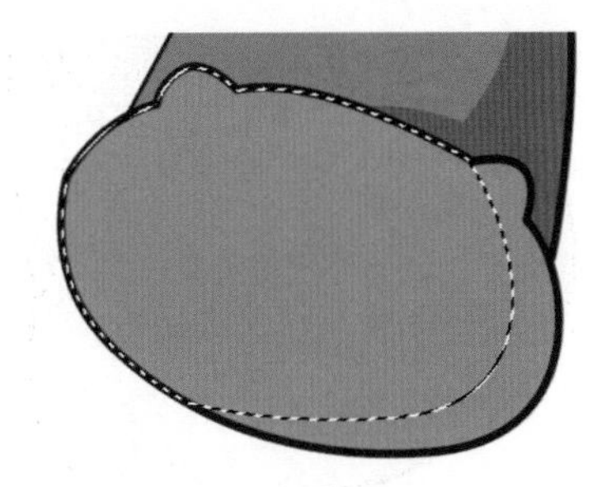

图4-54　交叉选区

第19步：设置渐变色。选中牛嘴所在的图层，选择“渐变工具”，在选项栏中单击“线性渐变”按钮，分别设置两个位置点颜色的RGB值为0（236、161、68）、100（238、189、120），如图4-55所示。

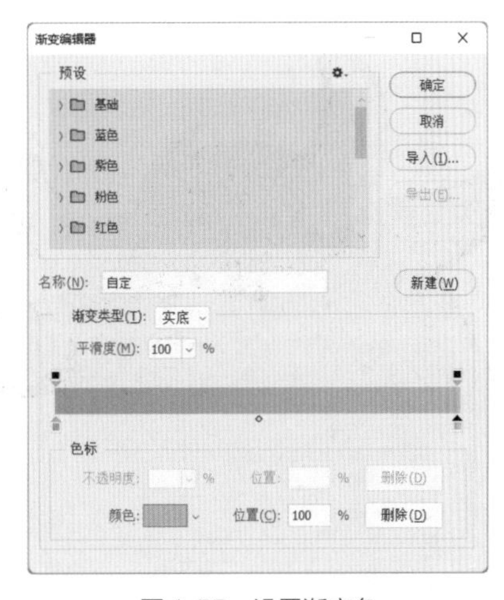

图4-55　设置渐变色

第20步：填充渐变色。从上向下拖动光标，填充渐变色，如图4-56所示。按【Ctrl+D】快捷键取消选区，如图4-57所示。

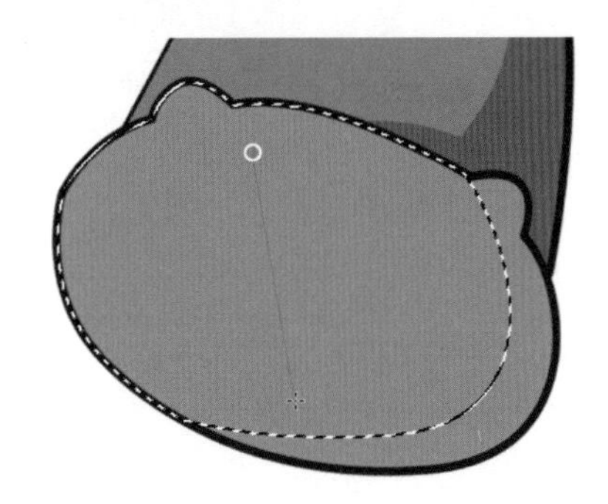

图4-56　填充渐变色

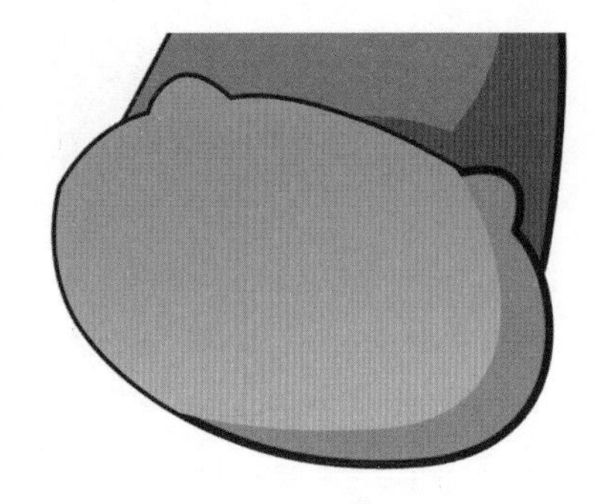

图4-57　取消选区

第21步：载入选区并移动路径。选中牛角所在的路径，单击“路径”面板下方的“将路径作为选区载入”按钮，载入选区。选择“路径选择工具”，将牛角路径移到图4-58所示的位置。

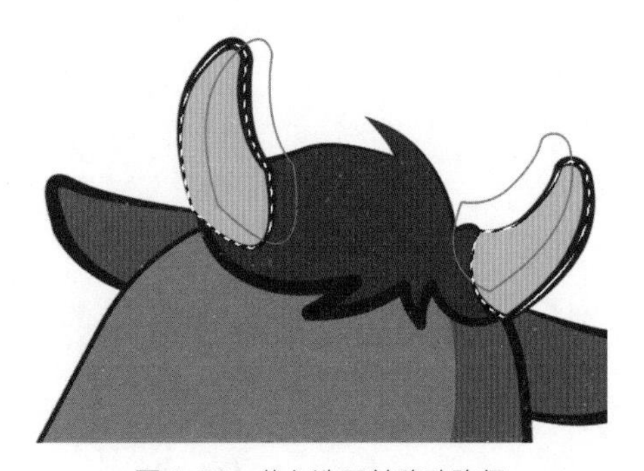

图4-58　载入选区并移动路径

第22步：从选区中减去。按住【Alt】键的同时，单击“将路径作为选区载入”按钮，在弹出的“建立选区”对话框中选中“从选区中减去”单选按钮，如图4-59所示。

图4-59　选中“从选区中减去”单选按钮

第23步：制作阴影。单击“确定”按钮，修剪后的选区如图4-60所示。选中牛角所在的图层，设置前景色RGB值为205、137、62，按【Alt+Delete】快捷键填充前景色。按【Ctrl+D】快捷键取消选区，如图4-61所示。

图4-60　修剪选区

图4-61　填色

第24步：载入选区并移动路径。按【Ctrl+PageDown】快捷键，将牛角调整到最下面，如图4-62所示。选中另一对牛角所在的路径，单击“路径”面板下方的“将路径作为选区载入”按钮，载入选区。选择“路径选择工具”，将牛角路径移到图4-63所示的位置。

图4-62　将牛角调整到最下面

图4-63　移动牛角路径

第25步：制作阴影。按住【Alt】键的同时，单击“将路径作为选区载入”按钮，在弹出的“建立选区”对话框中选中“从选区中减去”单选按钮。设置前景色RGB值为217、129、18，按【Alt+Delete】快捷键填充前景色。按【Ctrl+D】快捷键取消选区，如图4-64所示。

图4-64　填色

第26步：调整路径。选择“路径选择工具”，选中头发所在的路径，选择“直接选择工具”，调整路径如图4-65所示。

图4-65　调整路径

第27步：填充颜色。选中头发所在的图层，设置前景色RGB值为139、68、2，单击“路径”面板下方的“用前景色填充路径”按钮，得到图4-66所示的效果。

图4-66　填色

第28步：绘制路径。选择“钢笔工具”，新建路径，在选项栏中选择“路径”，绘制图4-67所示的路径。

图4-67　绘制路径

第29步：设置“模拟压力”。单击“路径”面板右上角的按钮，在弹出的快捷菜单中选择“描边路径”命令，在弹出的“描边路径”对话框中选中“模拟压力”复选框，如图4-68所示。

图4-68　选中“模拟压力”复选框

第30步：描边路径。新建图层，设置前景色

RGB值为70、8、7，选择“画笔工具”，设置画笔大小为10像素。切换到“路径”面板，单击“路径”面板下方的“用画笔描边路径”按钮，描边路径如图4-69所示。选择“橡皮擦工具”，擦去多余的线条，如图4-70所示。

图4-69　描边路径

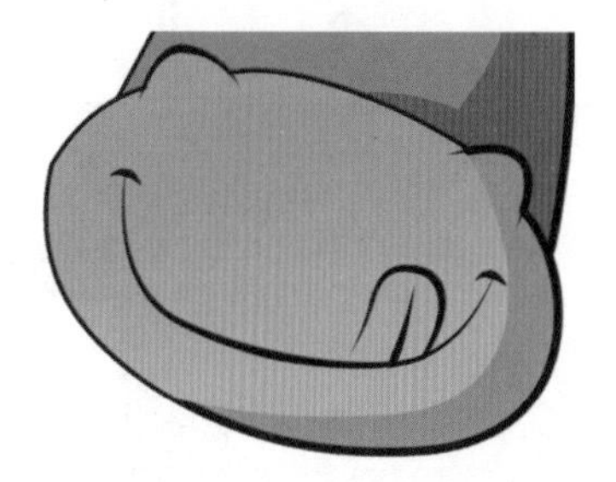

图4-70　擦去多余的线条

第31步：修整局部图形。选择“钢笔工具”，新建路径，在选项栏中选择“路径”，绘制图4-71所示的路径。新建图层，设置前景色RGB值为213、149、52，切换到“路径”面板，单击“路径”面板下方的“用前景色填充路径”按钮，得到图4-72所示的效果。

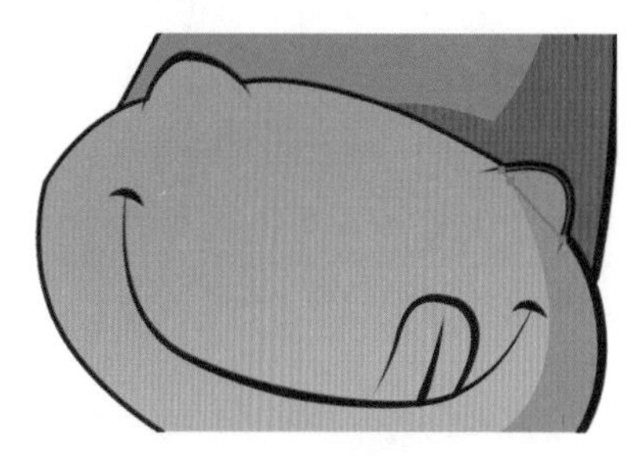

图4-71　绘制路径

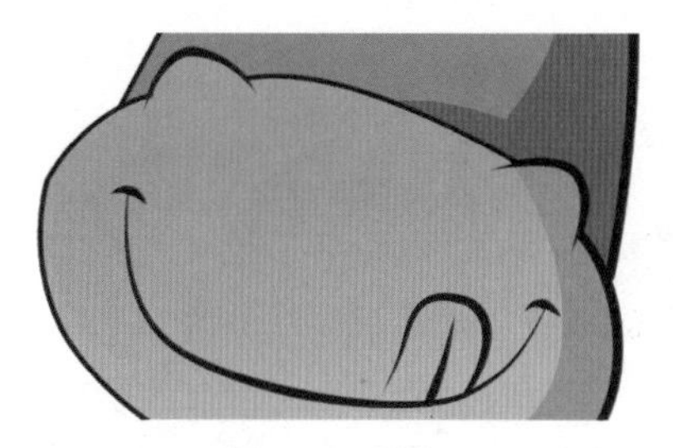

图4-72　填色

第32步：载入选区。在“路径”面板中选中舌头所在的路径，单击“路径”面板下方的“将路径作为选区载入”按钮，载入选区，如图4-73所示。

第33步：填充舌头。在线条图层的下方新建图层，选择“渐变工具”，在选项栏中单击“线性渐变”按钮，分别设置两个位置点颜色的RGB值为0（255、132、126）、100（255、84、98）。从上向下拖动光标，填充渐变色。按【Ctrl+D】快捷键取消选区，如图4-74所示。

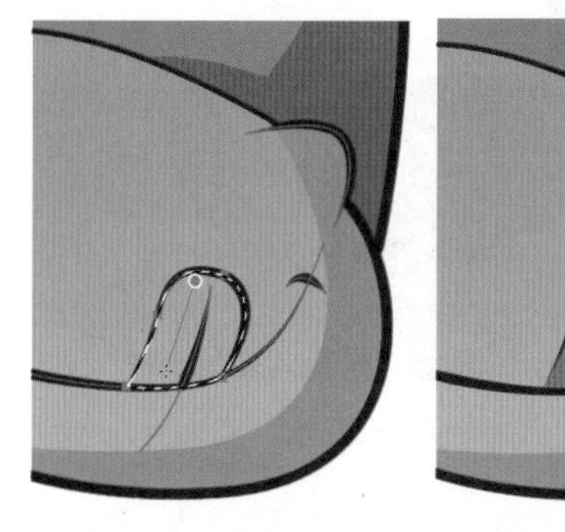

图4-73　载入选区　　　　图4-74　填色

第34步：绘制路径。选择“钢笔工具”，新建路径，在选项栏中选择“路径”，绘制图4-75所示的路径。

图4-75　绘制路径

第35步：填充路径。新建图层，单击“路径”面板下方的“用前景色填充路径”按钮●，得到图4-76所示的效果。

图4-76　填色

第36步：绘制眼睛。选择“椭圆工具”○，在选项栏中选择“像素”，依次设置前景色为灰色、白色、褐色、白色，绘制多个圆，如图4-77所示。

图4-77　绘制眼睛

第37步：复制眼睛。按【Ctrl+J】快捷键复制眼睛，按【Ctrl+T】快捷键，用鼠标右键单击眼睛，在弹出的快捷菜单中选择“水平翻转”命令，旋转一定角度后按【Enter】键确定，将复制的眼睛移到右边，如图4-78所示。

第38步：绘制路径。选择“钢笔工具”，新建路径，在选项栏中选择“路径”，在牛角和眉毛处绘制图4-79所示的路径。

图4-78　复制眼睛

图4-79　在牛角和眉毛处绘制路径

第39步：描边路径。选择“画笔工具”，设置画笔大小为5像素。新建图层，切换到“路径”面板，单击“路径”面板下方的“用画笔描边路径”按钮○，描边路径如图4-80所示。

图4-80　描边路径

第40步：绘制手。选择“钢笔工具”，新建路径，在选项栏中选择“路径”，绘制路径。选择“路径选择工具”，选中图4-81所示的路径。

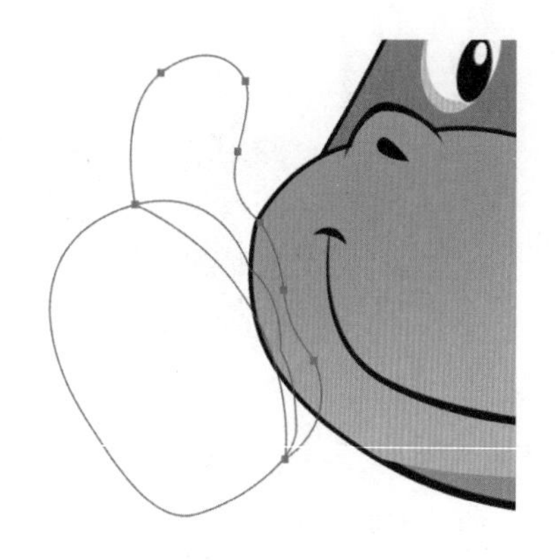

图4-81　绘制路径

第41步：描边路径。单击"路径"面板右上角的☰按钮，在弹出的快捷菜单中选择"描边路径"命令，在弹出的"描边路径"对话框中取消选中"模拟压力"复选框，如图4-82所示。

图4-82　取消选中"模拟压力"复选框

第42步：描边并填充路径。新建图层，设置前景色RGB值为70、8、7，选择"画笔工具"，设置画笔大小为20像素。单击"路径"面板下方的"用画笔描边路径"按钮○，描边路径。再设置前景色为白色，单击"路径"面板下方的"用前景色填充路径"按钮●，如图4-83所示。

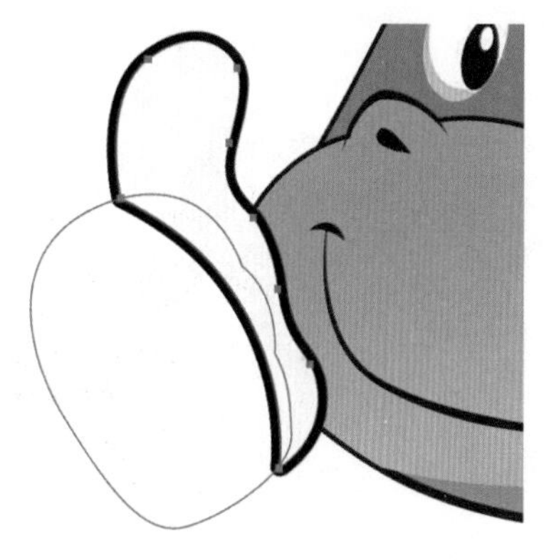

图4-83　描边并填充路径

第43步：描边并填充路径。选择"路径选择工具"，选中另一条路径。新建图层，设置前景色RGB值为70、8、7，选择"画笔工具"，设置画笔大小为20像素。单击"路径"面板下方的"用画笔描边路径"按钮○，描边路径。再设置前景色为白色，单击"路径"面板下方的"用前景色填充路径"按钮●，如图4-84所示。

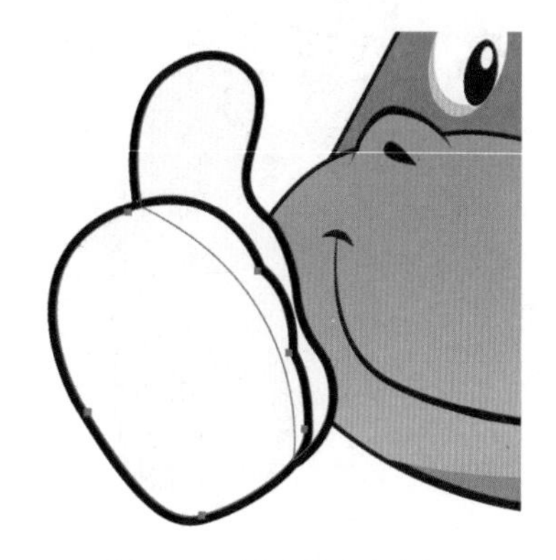

图4-84　描边并填充路径

第44步：绘制路径。选择"钢笔工具"，新建路径，在选项栏中选择"路径"，绘制图4-85所示的路径。

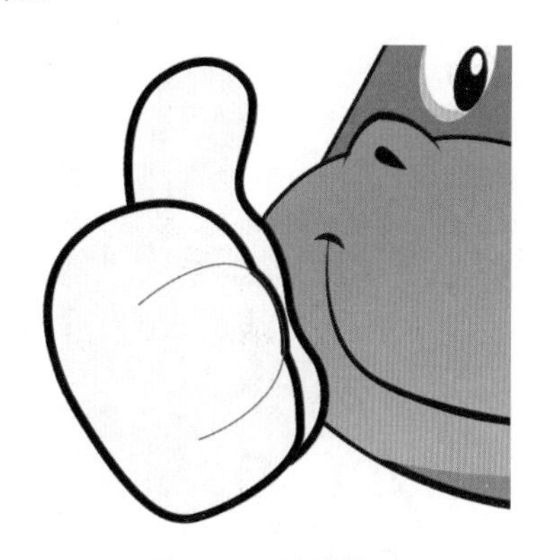

图4-85　绘制路径

第45步：设置"模拟压力"。单击"路径"面板右上角的☰按钮，在弹出的快捷菜单中选择"描边路径"命令，在弹出的"描边路径"对话框中选中"模拟压力"复选框，如图4-86所示。

图4-86　选中"模拟压力"复选框

第46步：描边路径。新建图层，设置前景色RGB值为70、8、7，选择“画笔工具”，设置画笔大小为15像素。单击“路径”面板下方的“用画笔描边路径”按钮，描边路径，如图4-87所示。

图4-87　描边路径

第47步：载入选区并移动路径。选中手的一条路径，单击“路径”面板下方的“将路径作为选区载入”按钮，载入选区。选择“路径选择工具”，将路径移到图4-88所示的位置。按住【Alt】键的同时，单击“将路径作为选区载入”按钮，在弹出的“建立选区”对话框中选中“从选区中减去”单选按钮。

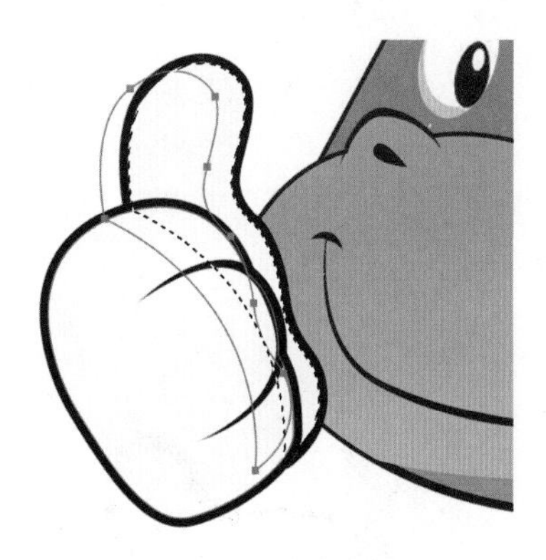

图4-88　移动路径

第48步：填充阴影。选中大拇指所在的图层，设置前景色RGB值为180、180、180，按【Alt+Delete】快捷键填充前景色。按【Ctrl+D】快捷键取消选区，如图4-89所示。

第49步：载入选区并移动路径。选中手的另一条路径，单击“路径”面板下方的“将路径作为选区载入”按钮，载入选区。选择“路径选择工具”，将路径移到图4-90所示的位置。

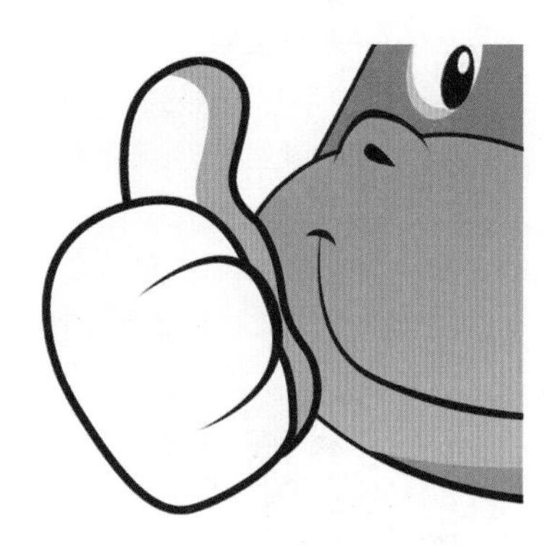

图4-89　填色

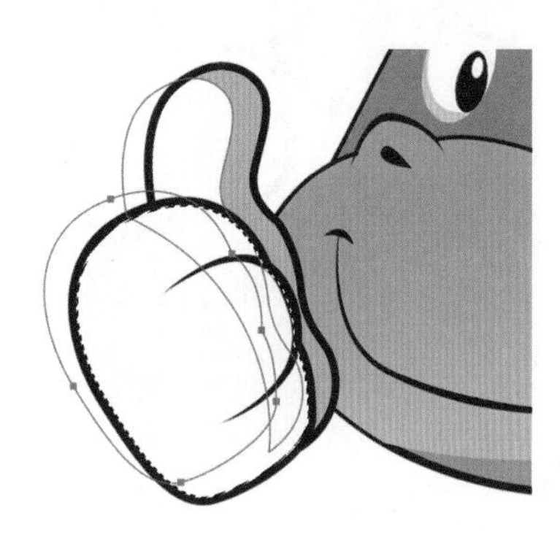

图4-90　移动路径

第50步：填充阴影。按住【Alt】键的同时，单击“将路径作为选区载入”按钮，在弹出的“建立选区”对话框中选中“从选区中减去”单选按钮。选中手上面的图形所在的图层，设置前景色RGB值为180、180、180，按【Alt+Delete】快捷键填充前景色。按【Ctrl+D】快捷键取消选区，如图4-91所示。

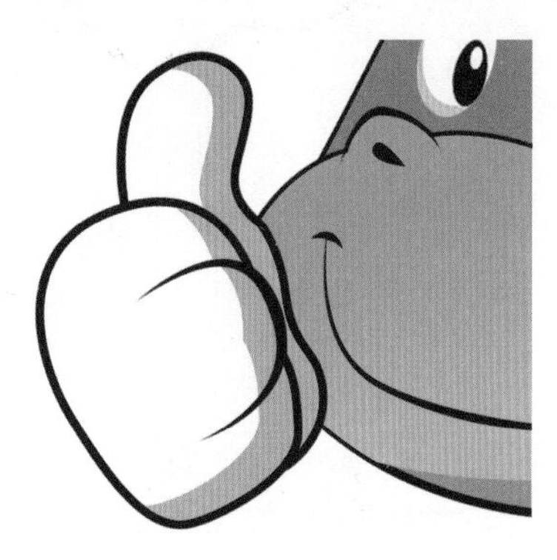

图4-91　填色

第51步：绘制手。选择“钢笔工具”，新建路径，在选项栏中选择“路径”，绘制另一只手。在“描边路径”对话框中取消选中“模拟压力”复选框。新建图层，设置前景色RGB值为70、8、7，选择“画笔工具”，设置画笔大小为20像素。单击“路径”面板下方的“用画笔描边路径”按钮，描边路径。再设置前景色为白色，单击“路径”面板下方的“用前景色填充路径”按钮，如图4-92所示。

图4-92 描边并填充路径

第52步：绘制路径。选择“钢笔工具”，新建路径，在选项栏中选择“路径”，绘制图4-93所示的路径。

图4-93 绘制路径

第53步：描边路径。在“描边路径”对话框中选中“模拟压力”复选框。新建图层，设置前景色RGB值为70、8、7，选择“画笔工具”，设置画笔大小为5像素。单击“路径”面板下方的“用画笔描边路径”按钮，描边路径，如图4-94所示。

第54步：载入选区并移动路径。选中手的路径，单击“路径”面板下方的“将路径作为选区载入”按钮，载入选区。选择“路径选择工具”，将路径移到图4-95所示的位置。

图4-94 描边路径

图4-95 移动路径

第55步：修剪选区。按住【Alt】键的同时，单击“将路径作为选区载入”按钮，在弹出的“建立选区”对话框中选中“从选区中减去”单选按钮，修剪后的选区如图4-96所示。

图4-96 修剪选区

第56步：填充阴影。选中手所在的图层，设置前景色RGB值为180、180、180，按【Alt+Delete】快捷键填充前景色。按【Ctrl+D】快捷键取消选区，最终效果如图4-97所示。

图4-97　最终效果

案例3：淘宝动态店标设计

案例展示

除了静态店标，还可以制作动态店标。以图4-98所示的LOGO为例，学习动态店标的制作方法。

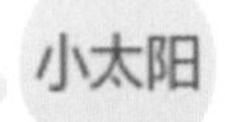

图4-98　案例效果

设计分析

1. 所用工具及知识点

进入可制作动态店标的网站，选择适合的店标进行制作。

2. 制作思路与流程

制作淘宝动态店标的思路与流程如下所示。

①选择动态店标：进入可制作动态店标的网站，选择适合的店标进行制作，在选择的过程中可翻页。

②编辑文字：根据需要编辑文字，调整文字的大小、字体、颜色等。

③下载图片：下载并保存好制作的动态店标。

素材文件：无
结果文件：结果文件\第4章\淘宝动态店标.gif
教学文件：教学文件\第4章\淘宝动态店标.mp4

步骤详解

第01步：进入页面。在浏览器地址栏中输入网址http://old.zhizuotu.com，进入“制作图网”网站页面，如图4-99所示。

图4-99　进入“制作图网”网站页面

第02步：选择店标。单击“淘宝店标”按钮，如图4-100所示。选择一款适合自己店铺的动态店标，单击店标，如图4-101所示。

图4-100　单击“淘宝店标”按钮

图4-101　单击店标

第03步：制作动态店标。输入店铺店名，单击“开始制作”按钮，如图4-102所示，制作好的动态店标如图4-103所示。

图4-102　单击“开始制作”按钮

图4-103　制作好的动态店标

第04步：保存店标。单击“下载图片”按钮，可以将店标图片保存到本地文件夹中，如图4-104所示。

图4-104　将店标图片保存

设计师点拨
——其他的店标制作网站

在网络搜索引擎中输入“淘宝店标在线制作”文字进行搜索，可以找到很多类似的网站，方便卖家制作自己喜欢的动态店标。

学习小结

网店店标设计的要点是简洁醒目，主体要求是简练，颜色要鲜明醒目，并蕴含丰富的内容。本章详细地介绍了店标的设计规范、店标设计的原则等知识。希望读者学习后，可以设计出能满足消费者审美需求的作品。

第5章　网店的店招设计

本章导读

店招即店铺的招牌，一般位于店铺最上方，对店铺形象是至关重要的，它是店铺最“活跃”的导购。无论是通过搜索店铺进入首页，还是搜索商品进入商品详情页，第一时间映入顾客眼帘的就是店招。

知识要点

- 店招的设计元素
- 店招的设计规范
- 店招设计的注意事项
- 店招设计案例

行业知识链接

主题1：店招的设计元素

当顾客进入店铺时首先看到的就是店招，店招中通常包含了店铺商品、品牌信息、价格定位等重要信息。店招是展示店铺品牌的重要传递点，设计中应包含以下三个方面。

1. 品牌信息

品牌信息通过产品名称、店铺名称、品牌色、品牌LOGO等来表现。如图5-1所示，品牌位于店招左侧，最容易被人注意。

图5-1　品牌位于店招左侧

2. 产品定位

通过有代表性的产品进行展示，引起买家注意，如图5-2所示。

图5-2　产品的展示

3. 价格信息

价格与产品定位息息相关，高价位产品通过打造有价值的视觉传递去淡化价格信息，低价位产品以促销手段、强调低价来吸引顾客。图5-3所示为使用优惠券吸引顾客。

图5-3　使用优惠券吸引顾客

主题2：店招的设计规范

店招可采用图片和文字对店铺进行说明，其作用就是标识店铺的名称、产品和服务等信息，同时传递店铺的特价活动及促销方式等，让进店客户一眼就能明确店铺销售的产品或优势。不同平台店招的设计规范不同，可以通过平台设计要求进行设计，如淘宝店铺的店招的宽度为950像素，天猫店铺的店招的宽度为990像素，高度不能超过150像素。店招仅支持JPG、GIF、PNG图片格式。

主题3：店招设计的注意事项

返回首页的按钮对于店招至关重要，直接影响到页面的跳失率。在做店招时，店招中的LOGO占据最重要、最显眼的位置，如果加上返回首页的链接，就会降低跳失率。顾客通过店招的链接地址可以从内页直达首页，所以不容怠慢。

LOGO是一家店铺的标识，品牌专营店一般都会使用商品原有的LOGO，或者专门为网店重新设计一个与品牌LOGO相符的标识，以达到延续利用品牌效应的效果。在店招中使用LOGO是必需的，LOGO一般放在首页店招左上方最显著的位置。

实战训练

案例1：淘宝卡通风格店招设计

案例展示

在Photoshop中制作淘宝卡通风格店招的效果如图5-4所示。

图5-4　案例效果

设计分析

1. 所用工具及知识点

横排文字工具、文字属性的调整、矩形选框工具、对象的填充等。

2. 制作思路与流程

在Photoshop中制作淘宝卡通风格店招的思路与流程如下所示。

①新建文件并导入背景：新建一个宽度为1920像素，高度为150像素的文件。打开木纹背景素材，拖到新建的文件中。

②绘制矩形并输入文字：使用矩形工具在店招下方绘制蓝色矩形，再使用文字工具输入文字。

③输入文字并导入素材：使用文字工具输入文字，改变文字的大小、颜色、字体等属性。导入标志、小熊等素材。

素材文件：素材文件\第5章\背景1.jpg，标志1.png，小熊.png

结果文件：结果文件\第5章\淘宝卡通风格店招设计.psd

教学文件：教学文件\第5章\淘宝卡通风格店招设计.mp4

步骤详解

第01步：新建文件。打开Photoshop，按【Ctrl+N】快捷键新建一个图像文件，在“新建”对话框中设置页面的宽度为1920像素，高度为150像素，分辨率为72像素/英寸。

第02步：添加素材。按【Ctrl+O】快捷键，打开“素材文件\第5章\背景1.jpg”文件。选择“移动工具”✥，将素材拖到新建的文件中，如图5-5所示。

图5-5　添加素材

第03步：绘制矩形。设置前景色RGB值为191、239、255，选择“矩形选框工具”⬚，在下方绘制选区，新建图层，按【Alt+Delete】快捷键填充前景色。按【Ctrl+D】快捷键取消选区，如图5-6所示。

图5-6 绘制矩形

第04步：输入文字。选择“横排文字工具”T，设置前景色为白色。在选项栏中选择字体为“黑体”，大小为14点，设置文字颜色为黑色，在矩形上输入文字。再选中文字“今日”，将文字颜色改为红色，如图5-7所示。

图5-7 输入文字

第05步：添加素材。按【Ctrl+O】快捷键，打开“素材文件\第5章\标志1.png”文件。选择“移动工具”✥，将素材拖到新建的文件中，如图5-8所示。

图5-8 添加素材

第06步：输入文字。选择“横排文字工具”T，在选项栏中选择字体为“方正舒体”，大小为22点，设置文字颜色RGB值为122、43、0，在图像上输入文字。再选中文字“100%”，改变文字大小为30点，如图5-9所示。

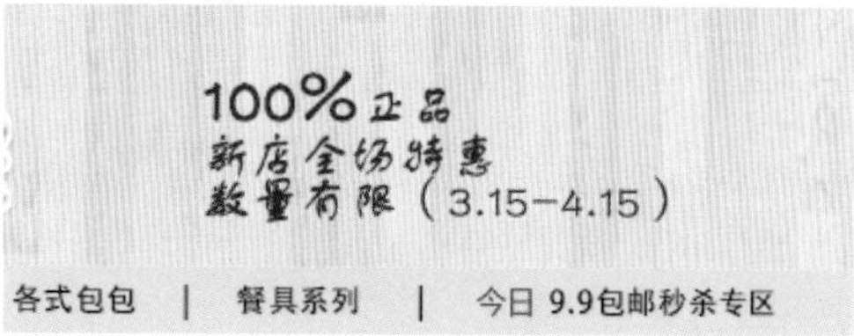

图5-9 输入文字

第07步：添加素材。按【Ctrl+O】快捷键，打开“素材文件\第5章\小熊.png”文件。选择“移动工具”✥，将素材拖到新建的文件中，最终效果如图5-10所示。

图5-10 最终效果

设计师点拨
——店招字体的选择

设计师在进行店招设计时，字体的选择是至关重要的，不同风格的店招应选用不同的字体。每种字体都可以细分为多种字体，如宋体包括报宋、标宋、中宋、长宋等。它们之间有一些类同，但又有各自的特点，设计师在设计时，可根据需要选择不同的字体。

案例2：京东简约风格店招设计

案例展示

在Photoshop中制作京东简约风格店招的效果如图5-11所示。

图5-11　案例效果

设计分析

1. 所用工具及知识点

横排文字工具、文字属性的调整、文字的倾斜、椭圆选框工具、矩形选框工具等。

2. 制作思路与流程

在Photoshop中制作京东简约风格店招的思路与流程如下所示。

①新建文件：新建一个宽度为1920像素，高度为150像素的文件。

②绘制矩形并输入文字：使用矩形工具在店招下方绘制深蓝色矩形，再使用文字工具输入文字，在三组文字下面绘制不同颜色的矩形。

③绘制圆并输入文字：使用椭圆选框工具绘制几个不同大小的圆，使用文字工具输入文字，改变文字的大小、颜色、字体等属性。

素材文件：素材文件\第5章\标志2.png

结果文件：结果文件\第5章\京东简约风格店招设计.psd

教学文件：教学文件\第5章\京东简约风格店招设计.mp4

步骤详解

第01步：新建文件。打开Photoshop，按【Ctrl+N】快捷键新建一个图像文件，在“新建”对话框中设置页面的宽度为1920像素，高度为150像素，分辨率为72像素/英寸。

第02步：绘制矩形。设置前景色RGB值为0、52、102，选择“矩形选框工具”，在下方绘制选区，新建图层，按【Alt+Delete】快捷键填充前景色。按【Ctrl+D】快捷键取消选区，如图5-12所示。

图5-12　绘制矩形

第03步：输入文字。选择“横排文字工具”T，在选项栏中选择字体为“微软雅黑”，大小为8点，在矩形上输入文字，改变后三组文字字体为“方正兰亭特黑简体”，如图5-13所示。

图5-13　输入文字

第04步：绘制矩形。在文字图层下面新建图层，选择“矩形选框工具”，在后三组文字下面绘制矩形，设置颜色RGB值分别为47、184、164，245、82、107，197、158、52，如图5-14所示。

图5-14　绘制矩形

第05步：添加素材。按【Ctrl+O】快捷键，打开“素材文件\第5章\标志2.png”文件。选择“移动工具”，将素材拖到新建的文件中，如图5-15所示。

图5-15　添加素材

第06步：绘制圆。新建图层，选择“椭圆选框工具”，按住【Shift】键，绘制正圆的选框，设置前景色RGB值为215、226、241，按【Alt+Delete】快捷键填充前景色。按【Ctrl+D】快捷键取消选区。用相同的方法分别绘制粉色、蓝色、绿色的圆，如图5-16所示。

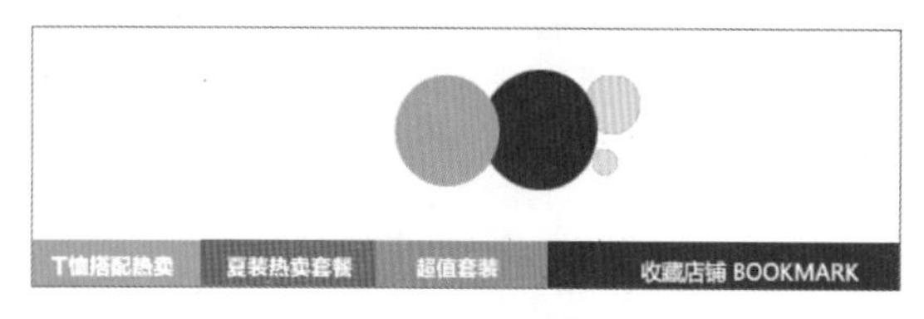

图5-16　绘制圆

第07步：输入文字。选择“横排文字工具”T，在选项栏中选择字体为“方正兰亭特黑简体”，大小为30点，在绿色圆上输入文字“爱”，再选择字体为“幼圆”，大小为14点，在绿色圆上输入文字“休闲”。用相同的方法在蓝色圆上输入文字，如图5-17所示。

第08步：输入文字。选择“横排文字工具”T，在选项栏中选择字体为“等线”，大小为16点，设置文字颜色RGB值为215、226、241，在图像上输入文字“就在自由呼吸”。再在选项栏中选择字体为“方正兰亭特黑简体”，大小为6点，在图像上输入一行英文，如图5-18所示。

图5-17　输入文字

图5-18　输入文字

第09步：制作粗体斜体字。选中文字“就在自由呼吸”，在选项栏中单击“切换字符和段落面板”按钮，在打开的“字符”面板中单击“仿粗体”和“仿斜体”按钮，如图5-19所示。

第10步：改变文字属性。再选中下面的一行英文，在“字符”面板中单击“仿斜体”和“全部大写字母”按钮，如图5-20所示，最终效果如图5-21所示。

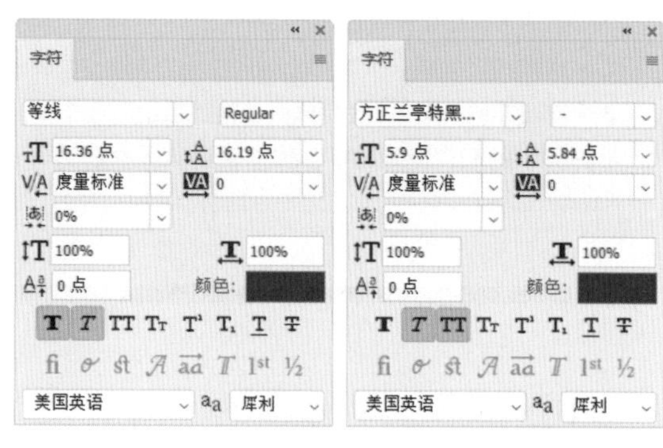

图5-19　单击“仿粗体”和“仿斜体”按钮

图5-20　单击“仿斜体”和“全部大写字母”按钮

图5-21　最终效果

案例3：天猫古典风格店招设计

案例展示

在Photoshop中制作天猫古典风格店招的效果如图5-22所示。

图5-22　案例效果

设计分析

1. 所用工具及知识点

横排文字工具、文字属性的调整、矩形选框工具、椭圆选框工具、路径的描边等。

2. 制作思路与流程

在Photoshop中制作天猫古典风格店招的思路与流程如下所示。

①新建文件并导入背景：新建一个宽度为1920像素，高度为150像素的文件，导入古风背景素材。

▼

②绘制矩形并输入文字：使用矩形工具在店招下方绘制黑色矩形，再使用文字工具输入文字，改变文字为不同的颜色。

▼

③绘制圆并输入文字：使用椭圆选框工具及“描边”命令绘制圆，使用文字工具输入文字，改变文字的大小、颜色、字体等属性。

素材文件：素材文件\第5章\背景2.jpg，标志3.png

结果文件：结果文件\第5章\天猫古典风格店招设计.psd

教学文件：教学文件\第5章\天猫古典风格店招设计.mp4

步骤详解

第01步：新建文件。打开Photoshop，按【Ctrl+N】快捷键新建一个图像文件，在“新建”对话框中设置页面的宽度为1920像素，高度为150像素，分辨率为72像素/英寸。

第02步：添加素材。按【Ctrl+O】快捷键，打开“素材文件\第5章\背景2.jpg”文件。选择“移动工具”✥，将素材拖到新建的文件中，如图5-23所示。

图5-23　添加素材

第03步：绘制矩形。设置前景色RGB值为73、69、67，选择“矩形选框工具”⬚，在下方绘制选区，新建图层，按【Alt+Delete】快捷键填充前景色。按【Ctrl+D】快捷键取消选区，如图5-24所示。

图5-24　绘制矩形

第04步：输入文字。选择“横排文字工具”T，设置前景色为白色。在选项栏中选择字体为“楷体”，大小为18点，在矩形上输入文字，改变三组文字颜色RGB值为238、190、161，如图5-25所示。

图5-25　输入文字

第05步：添加素材。按【Ctrl+O】快捷键，打开“素材文件\第5章\标志3.png”文件。选择“移动工具”✥，将素材拖到新建的文件中，如图5-26所示。

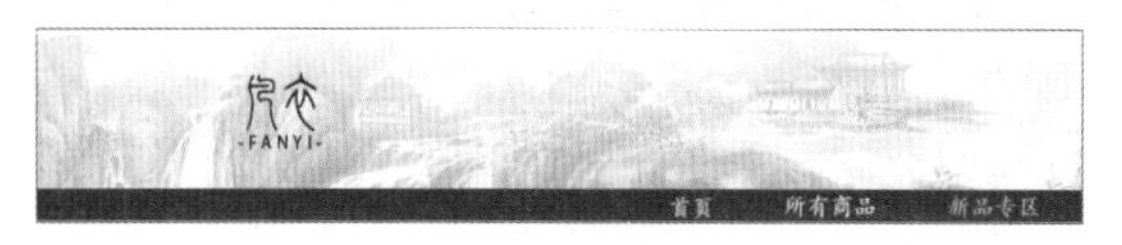

图5-26　添加素材

第06步：输入文字。选择“横排文字工具”T，在选项栏中选择字体为“新宋体”，大小为14点，在图像上输入文字，如图5-27所示。

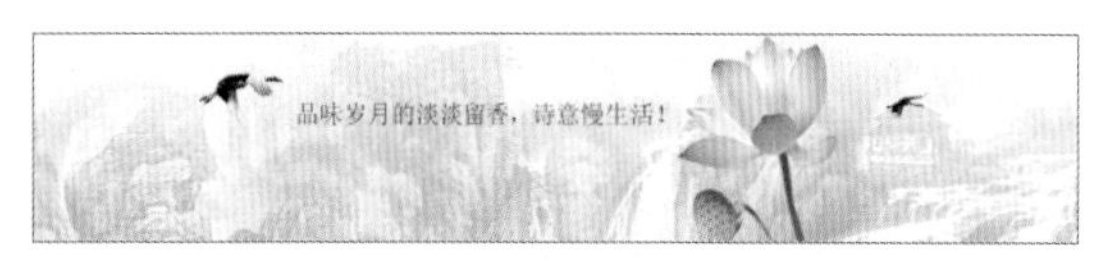

图5-27　输入文字

第07步：输入文字。选择“横排文字工具”T，设置前景色为黑色。在选项栏中选择字体为“CTLiShuSF”，大小为44点，在图像上输入文字“藏”，如图5-28所示。

图5-28　输入文字

第08步：绘制圆形选框。选择“椭圆选框工具”◌，按住【Shift】键，在文字外面绘制一个正圆的选框，如图5-29所示。

第09步：描边圆。新建图层，执行“编辑→描边”命令，打开“描边”对话框，设置参数如图5-30所示，单击“确定”按钮。按【Ctrl+D】快捷键取消选区，描边效果如图5-31所示。

图5-29　绘制圆形选框

图5-30　设置参数

图5-31　描边圆

第10步：输入文字。选择“横排文字工具”T，设置前景色为黑色。在选项栏中选择字体为“楷体”，大小为14点，在图像上输入文字“< 收藏我们 >”，如图5-32所示，最终效果如图5-33所示。

图5-32　输入文字

图5-33　最终效果

学习小结

虽然店招占用位置不多，但包含了店铺名、LOGO、店铺收藏、优惠券、导航栏等内容，其重要性不言而喻。除此之外，店招还能体现商品风格、色调、定位等信息。希望读者学习后，可以设计出能满足店铺需求的店招。

第6章　首页其他模块设计

| 本章导读 |

首页装修内容繁杂，在店铺装修之前需要了解整个首页的布局方式，先要了解首页上出现的所有图像和文字及其作用和联系。在设计店铺首页前，需要先规划好设计要求、思路及模块，根据受众人群、产品特点等搜集相关资料，综合起来确定最佳方案，才能呈现最好的装修效果。

| 知识要点 |

- 公告栏设计的要点
- 导航条设计的要点
- 客服区的设计元素
- 宝贝分类模块设计的基本要求
- 首页其他模块设计案例

行业知识链接

主题1：公告栏设计的要点

由于网店竞争异常激烈，为了让客户走进店铺并主动下单购买，卖家纷纷想出各种方案，以激发客户的购买欲望。其中，最好的方式就是宣传。宣传一方面是站外推广，另一方面是店内宣传。

基于这一点，公告就应运而生了。店铺公告是宣传店铺最重要的地方，也是顾客了解、信任店铺的窗口，一般放在店铺的显眼位置。通过公告，客户能迅速了解店铺活动或实时动态，所以，写好店铺公告对一个店铺而言很重要。

店铺公告没有具体的大小限制，可根据各店铺版本的默认装修尺寸进行设计。店铺公告的内容多变，可根据具体情况设计公告内容，图6-1所示为店铺开业公告。

图6-1　店铺开业公告

主题2：导航条设计的要点

导航条设置并不是越多越好，而是需要结合店铺的运营，选取对店铺经营有帮助、有优势的内容及独有的文化等。导航在首页布局所占的比例并不大，但是其所附带的传播信息对于塑造店铺的个性化形象至关重要。导航一般位于店铺店招的下方，与店招同宽。

主题3：客服区的设计元素

客服模块的宽度是固定的，高度可根据店铺客服人数及需求而定，客服图标设计好之后，需要通过代码链接到客服旺旺投放后才能生效。

大部分店铺装修针对客服模块都是简单化处理，没有重视其点击率带来的影响，但好的客服模块设计或许就是顾客询单的理由。顾客与网店客服通常是非面对面交流，因此会不由自主地去联想和猜测客服的年龄、样貌等信息。有客服照片的客服区设计可以增加顾客的信任度，促进顾客购买商品。

主题4：宝贝分类模块设计的基本要求

对于商品SKU多的店铺，合理的分类非常重要，它将直接影响到顾客能否快速地找到满意的商品。店铺的宝贝分类有文字和图片两种链接方式。使用文字分类，其按钮的颜色和大小都是不能改变的。如果想要让店铺类目与众不同，可以将店铺的类目制作成图片展示。图片中的文字需要清晰、明了，风格以与店铺的其他模块统一为宜，降低因风格凌乱给顾客带来的视觉疲劳。图6-2所示为店铺的分类区和客服区。

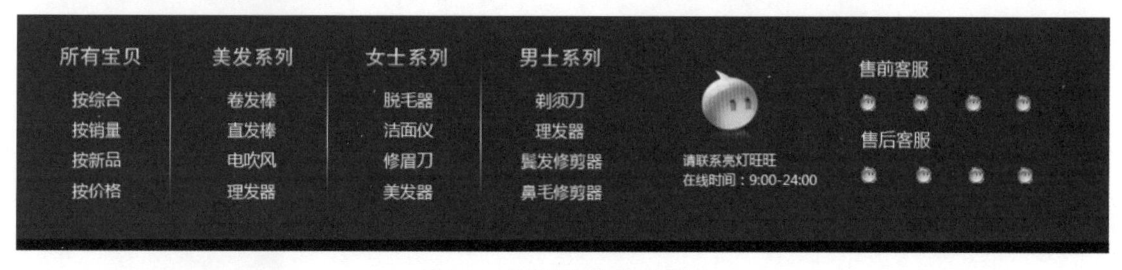

图6-2　店铺的分类区和客服区

实战训练

案例1：视频号收藏栏设计

素材文件：无
结果文件：结果文件\第6章\视频号收藏栏设计.psd
教学文件：教学文件\第6章\视频号收藏栏设计.mp4

案例展示

在Photoshop中制作视频号收藏栏的效果如图6-3所示。

图6-3 案例效果

设计分析

1. 所用工具及知识点

横排文字工具、文字属性的调整、蒙版图层的使用、矩形选框工具、多边形套索工具等。

2. 制作思路与流程

在Photoshop中制作视频号收藏栏的思路与流程如下所示。

①绘制背景：使用矩形选框工具绘制一大一小的两个矩形，为小矩形填充渐变色，制作出带边框的效果。

②制作透明分界效果：使用多边形选框工具绘制多边形，填充为白色。添加蒙版后，制作渐隐效果，再改变图形的不透明度。

③输入文字：使用文字工具输入文字，改变文字的大小、颜色、字体等属性。

步骤详解

第01步：新建文件并填色。打开Photoshop，按【Ctrl+N】快捷键新建一个图像文件，在“新建”对话框中设置页面的宽度为600像素，高度为400像素，分辨率为72像素/英寸。设置前景色RGB值为150、94、0，按【Alt+Delete】快捷键填充前景色，如图6-4所示。

图6-4 新建文件并填色

第02步：绘制矩形并设置渐变色。选择“矩形选框工具”，绘制矩形选框。新建图层，选择“渐变工具”，在选项栏中单击“径向渐变”按钮，分别设置几个位置点颜色的RGB值为0（26、126、112）、100（0、59、48），如图6-5所示。

图6-5 设置渐变色

第03步：填充渐变色并绘制多边形选区。从中心向外拖动光标，填充渐变色，按【Ctrl+D】快捷键取消选区，效果如图6-6所示。选择“多边形套索工具”，绘制图6-7所示的选区。

图6-6 填充渐变色

图6-7 绘制选区

第04步：为选区填色。设置前景色为白色，新建图层，按【Alt+Delete】快捷键填充前景色。按【Ctrl+D】快捷键取消选区，如图6-8所示。

图6-8 填色

第05步：添加蒙版并设置渐变色。单击“图层”面板下方的“添加蒙版”按钮，选择“渐变工具”，设置颜色为白色到黑色的渐变色，如图6-9所示。

图6-9 设置渐变色

第06步：制作渐隐效果。再在选项栏中单击“线性渐变”按钮，从上向下垂直拖动光标，如图6-10所示，释放鼠标后得到图6-11所示的效果。

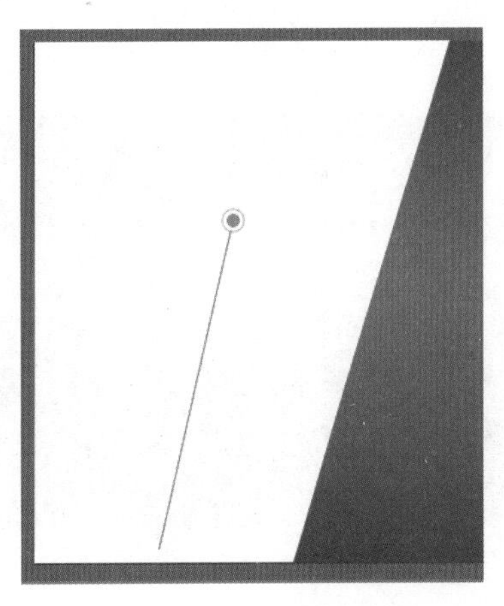

图6-10 拖动光标

图6-11 制作渐隐效果

第07步：调整不透明度并输入文字。在“图层”面板中改变蒙版图层的不透明度为6%，效果如图6-12所示。选择“横排文字工具”T，在选项栏中选择字体为“黑体”，大小为110点，设置文字颜色为白色，在图像上输入文字“收藏”。再改变文字大小为60点，在图像上输入文字“店铺”，如图6-13所示。

图6-12　调整不透明度

图6-13　输入文字

第08步：输入文字。选择“横排文字工具”T，在选项栏中选择字体为“黑体”，大小为48点，设置文字颜色RGB值为255、160、0，在图像上输入文字。再设置前景色为白色，在选项栏中选择字体为“等线”，大小为38点，在图像上输入英文，如图6-14所示。

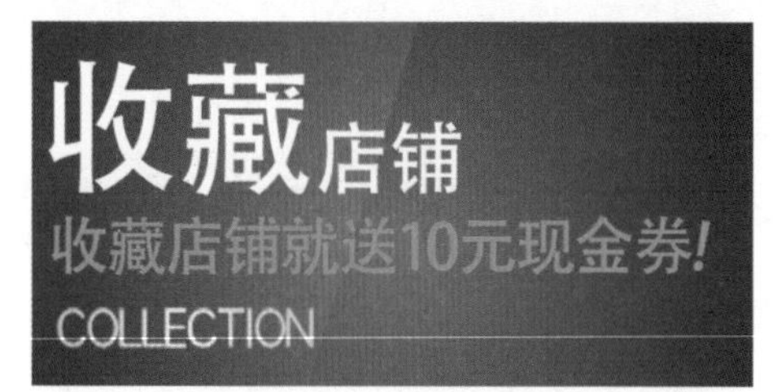

图6-14　输入文字

第09步：输入文字。选择“横排文字工具”T，在选项栏中选择字体为“田英章硬笔楷书简”，大小为55点，在图像上输入文字“盈顺母婴专营店”，最终效果如图6-15所示。

图6-15　最终效果

案例2：京东公告栏设计

案例展示

在Photoshop中制作京东公告栏的效果如图6-16所示。

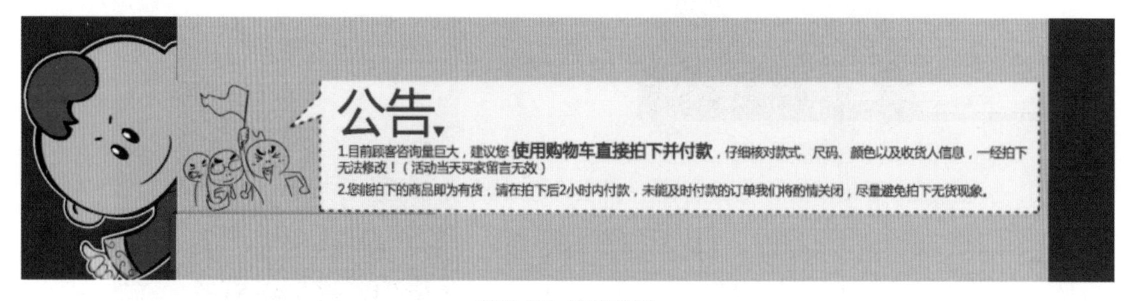

图6-16　案例效果

设计分析

1. 所用工具及知识点

横排文字工具、画笔工具、路径的描边、矩形选框工具、多边形套索工具等。

2. 制作思路与流程

在Photoshop中制作京东公告栏的思路与流程如下所示。

①新建文件并制作背景：新建图像文件，填充背景为暗红色，导入素材后旋转并调整素材的顺序。

②绘制不规则的图形框：使用矩形工具绘制矩形，再使用多边形工具添加多边形选区，设置画笔工具属性后为路径描边，制作虚线边框。

③输入文字：使用文字工具输入文字，改变文字的大小、颜色、字体等属性。

素材文件：素材文件\第6章\布纹.jpg，卡通男娃.png，卡通小人.png

结果文件：结果文件\第6章\京东公告栏设计.psd

教学文件：教学文件\第6章\京东公告栏设计.mp4

步骤详解

第01步：新建文件。打开Photoshop，按【Ctrl+N】快捷键新建一个图像文件，在“新建”对话框中设置页面的宽度为1200像素，高度为300像素，分辨率为72像素/英寸。

第02步：填充背景色。设置前景色RGB值为121、1、9，按【Alt+Delete】快捷键填充前景色。按【Ctrl+D】快捷键取消选区，如图6-17所示。

图6-17　填色

第03步：添加素材。按【Ctrl+O】快捷键，打开“素材文件\第6章\布纹.jpg”文件。选择“移动工具”，将素材拖到新建的文件中，如图6-18所示。

图6-18　添加素材

第04步：添加素材。按【Ctrl+O】快捷键，打开“素材文件\第6章\卡通男娃.png”文件。选择“移动工具”，将素材拖到新建的文件中，并移到“布纹”素材所在图层的下面，按【Ctrl+T】快捷键将素材旋转一定角度，如图6-19所示。

图6-19　添加素材

第05步：绘制选区。选择“矩形选框工具”，绘制图6-20所示的选区。选择“多边形套索工具”，在选项栏中单击“添加到选区”按钮，在矩形的左上方绘制选区，添加后的选区如图6-21所示。

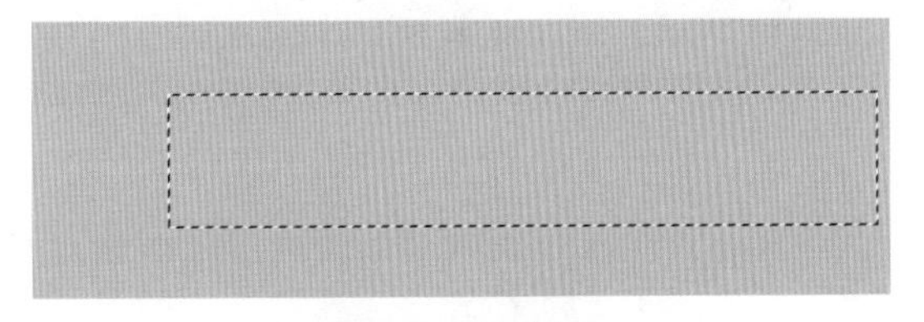

图6-20　绘制选区

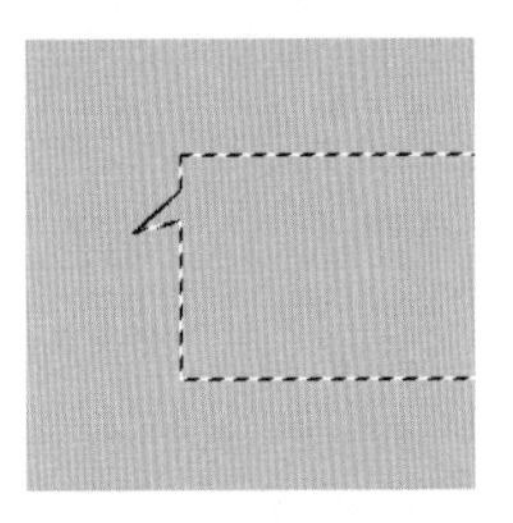

图6-21　添加选区

第06步：为选区填色。设置前景色RGB值为

172、23、223，新建图层，按【Alt+Delete】快捷键填充前景色，如图6-22所示。

图6-22　填色

第07步：转换路径并设置画笔。单击“路径”面板下方的“从选区生成工作路径”按钮，将选区转换为路径，如图6-23所示。选择“画笔工具”，单击选项栏中的“切换画笔设置面板”按钮，在打开的“画笔设置”面板中设置画笔大小为3像素，间距为220%，如图6-24所示。

图6-23　将选区转换为路径

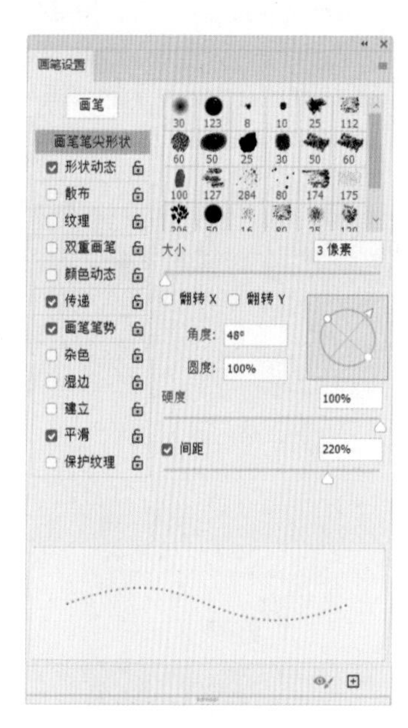

图6-24　设置画笔

第08步：用虚线描边路径。新建图层，设置前景色RGB值为121、1、9，单击“路径”面板下方的“用画笔描边路径”按钮，得到图6-25所示的虚线。

图6-25　描边虚线

第09步：添加素材。按【Ctrl+O】快捷键，打开“素材文件\第6章\卡通小人.png”文件。选择“移动工具”，将素材拖到新建的文件中，如图6-26所示。

第10步：输入文字并绘制三角形。选择“横排文字工具”T，在选项栏中选择字体为“微软雅黑”，大小为16点，设置文字颜色RGB值为161、7、27，输入文字“公告”。选择“多边形工具”，在选项栏中选择“像素”，设置“边”为3。新建图层，按住【Shift】键的同时拖动鼠标，绘制向下的三角形，如图6-27所示。

图6-26　添加素材　　图6-27　输入文字并绘制三角形

第11步：输入文字。选择“横排文字工具”T，在选项栏中选择字体为“微软雅黑”，大小为4点，输入文字，如图6-28所示。

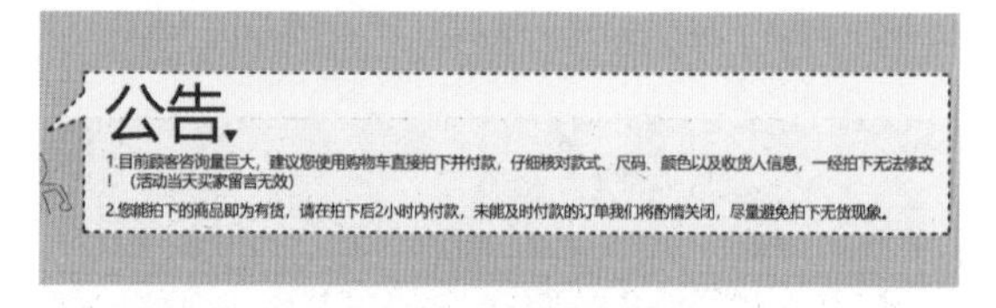

图6-28　输入文字

第12步：突出显示文字。选中文字“使用购物车直接拍下并付款”，在选项栏中将文字大小改为

5点，在选项栏中单击“切换字符和段落面板”按钮，在打开的“字符”面板中单击“仿粗体”按钮，制作粗体字，如图6-29所示，最终效果如图6-30所示。

图6-29 单击“仿粗体”按钮

图6-30 最终效果

案例3：淘宝客服区设计

案例展示

在Photoshop中制作淘宝客服区的效果如图6-31所示。

图6-31 案例效果

设计分析

1. 所用工具及知识点

横排文字工具、图层蒙版的使用、文字属性的调整、矩形选框工具等。

2. 制作思路与流程

在Photoshop中制作淘宝客服区的思路与流程如下所示。

①新建文件并填充背景：新建一个宽度为930像素，高度为175像素的文件。填充文件背景为绿色。

②制作透明分界效果：使用矩形选框工具绘制矩形，填充为白色。添加蒙版后，制作渐隐效果，再改变矩形的不透明度。

③输入文字并导入素材：使用文字工具输入文字，改变文字的大小、颜色、字体等属性。导入图标、电话等素材。

素材文件：素材文件\第6章\图标.png，电话.png

结果文件：结果文件\第6章\淘宝客服区设计.psd

教学文件：教学文件\第6章\淘宝客服区设计.mp4

步骤详解

第01步：新建文件并填色。打开Photoshop，按【Ctrl+N】快捷键新建一个图像文件，在“新建”对话框中设置页面的宽度为930像素，高度为175像素，分辨率为72像素/英寸。设置前景色RGB值为168、169、5，按【Alt+Delete】快捷键填充前景色，如图6-32所示。

图6-32 新建文件并填色

第02步：绘制白色矩形。设置前景色为白色，选择“矩形选框工具”，在文件的上方绘制选区，新建图层，按【Alt+Delete】快捷键填充前景色。按【Ctrl+D】快捷键取消选区，如图6-33所示。

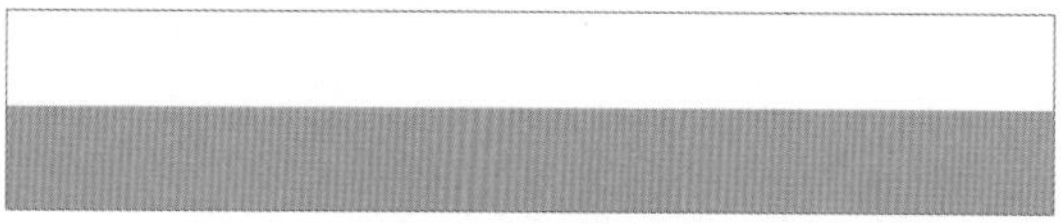

图6-33　绘制矩形

第03步：添加蒙版。单击“图层”面板下方的“添加蒙版”按钮，在选项栏中选择“径向渐变”按钮，设置颜色为白色到黑色的渐变色，从白色矩形的中心向右拖动光标，如图6-34所示，释放鼠标后得到图6-35所示的效果。

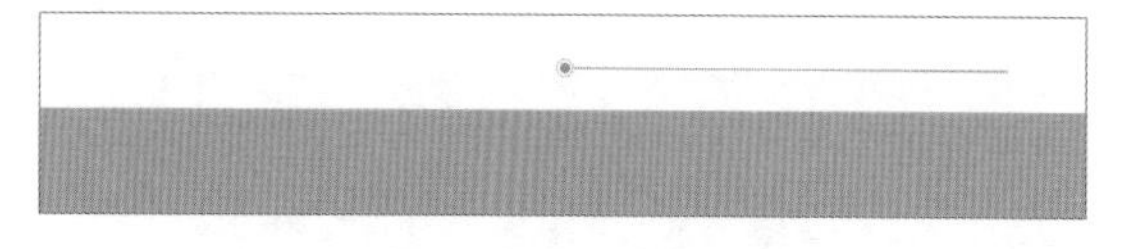

图6-34　拖动光标

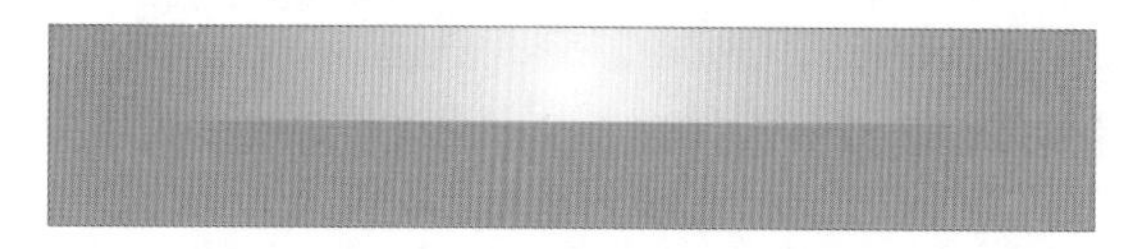

图6-35　制作渐隐效果

第04步：调整不透明度。在“图层”面板中设置图层的不透明度为30%，得到图6-36所示的效果。

图6-36　调整不透明度

第05步：输入文字。选择“横排文字工具”T，在选项栏中选择字体为“等线”，大小为29点，设置文字颜色为白色，输入文字“金牌客服导购团队”。再在选项栏中选择字体为“等线”，大小为20点，输入英文，如图6-37所示。

图6-37　输入文字

第06步：绘制矩形。设置前景色为白色，选择“矩形选框工具”，在文件的下方绘制选区，新建图层，按【Alt+Delete】快捷键填充前景色。按【Ctrl+D】快捷键取消选区，如图6-38所示。

图6-38　绘制矩形

第07步：绘制矩形并输入文字。新建图层，选择“圆角矩形工具”，在选项栏中选择“像素”，设置半径为2像素。设置前景色RGB值为255、6、0，绘制两个不同宽度的圆角矩形，再复制两个圆角矩形。选择“横排文字工具”T，设置前景色为黑色。在选项栏中选择字体为“新宋体”，大小为16点，输入文字，如图6-39所示。

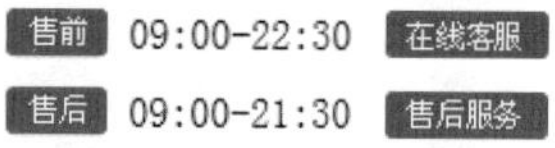

图6-39　绘制矩形并输入文字

第08步：添加素材并输入文字。按【Ctrl+O】快捷键，打开“素材文件\第6章\图标.png”文件。选择“移动工具”，将素材拖到新建的文件中。选择“横排文字工具”T，设置前景色为黑色。在选项栏中选择字体为“新宋体”，大小为12点，输入客服名字，如图6-40所示。

图6-40　添加素材并输入文字

技能拓展
——复制对象的多种方法

除了按【Ctrl+J】快捷键复制图像，也可以使用移动工具复制图像。按住【Alt】键，使用“移动工具”拖动选区图像时，会复制图像，但不会生成新图层；按住【Alt】键，使用“移动工具”拖动不带选区的图像时，会复制图像，并生成新图层。

第09步：添加素材。按【Ctrl+O】快捷键，打开“素材文件\第6章\电话.png”文件。选择“移动工具”，将素材拖到新建的文件中，最终效果如图6-41所示。

图6-41　最终效果

案例4：天猫导航条设计

素材文件：无

结果文件：结果文件\第6章\天猫导航条设计.psd

教学文件：教学文件\第6章\天猫导航条设计.mp4

案例展示

在Photoshop中制作天猫导航条的效果如图6-42所示。

热门产品 HOT					
▸ 凉　鞋	高跟凉鞋	中低跟凉鞋	平跟凉鞋	凉拖	
▸ 单　鞋	鱼嘴鞋	平底鞋	中低跟单鞋	高跟单鞋	
▸ 户外鞋	网面鞋	户外凉鞋	休闲鞋	登山鞋	情侣鞋
▸ 清仓鞋	冬　靴	单　鞋	凉　鞋		

图6-42　案例效果

设计分析

1. 所用工具及知识点

横排文字工具、多边形工具、矩形选框工具、单行选框工具、单列选框工具、多边形套索工具等。

2. 制作思路与流程

在Photoshop中制作天猫导航条的思路与流程如下所示。

①绘制矩形：使用矩形工具绘制几个矩形框，填充为不同颜色，将导航条分割为不同的区域。

▼

②绘制表格：使用单行选框工具制作横向线条，使用单列选框工具制作竖向线条，复制横向和竖向线条。

▼

③输入文字：使用文字工具输入文字，改变文字的大小、颜色、字体等属性。

步骤详解

第01步：新建文件。打开Photoshop，按【Ctrl+N】快捷键新建一个图像文件，在“新建”对话框中设置页面的宽度为680像素，高度为170像素，分辨率为72像素/英寸。

第02步：在上面绘制矩形。设置前景色RGB值为205、189、164，选择“矩形选框工具”，在文件的上方绘制选区，新建图层，按【Alt+Delete】快捷键填充前景色。按【Ctrl+D】快捷键取消选区，如图6-43所示。

图6-43　绘制矩形

第03步：在左边绘制矩形。设置前景色RGB值为249、240、231，选择“矩形选框工具”，绘制选区，新建图层，按【Alt+Delete】快捷键填充前景色。按【Ctrl+D】快捷键取消选区，如图6-44所示。

图6-44　绘制矩形

第04步：绘制横线。选择“单行选框工具”，在图像上单击，得到选框。设置前景色RGB值为205、189、164，按【Alt+Delete】快捷键填充前景色。按【Ctrl+D】快捷键取消选区，线条如图6-45所示。

图6-45　绘制横线

第05步：复制横线。按【Ctrl+J】快捷键数次，复制线条，按向下的方向键，垂直移动复制的线条，如图6-46所示。

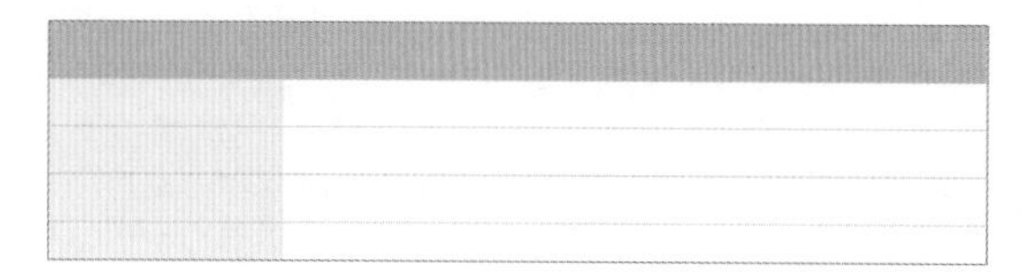

图6-46　复制横线

第06步：绘制竖线。选择“单列选框工具”，在图像上单击，得到选框。按【Alt+Delete】快捷键填充前景色。按【Ctrl+D】快捷键取消选区，线条如图6-47所示。

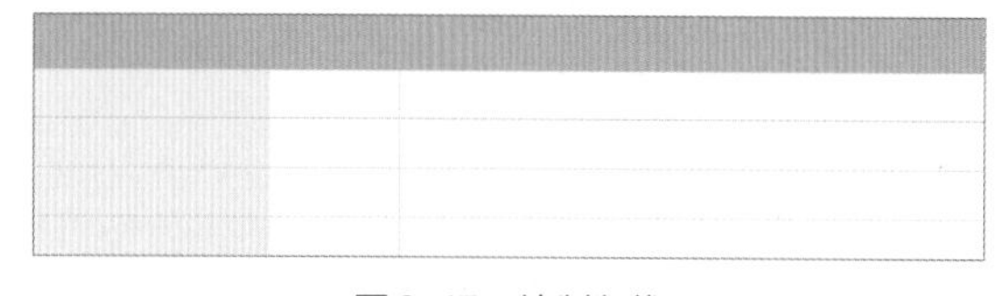

图6-47　绘制竖线

第07步：复制竖线。按【Ctrl+J】快捷键数次，复制线条，按向右的方向键，水平移动复制的线条，如图6-48所示。

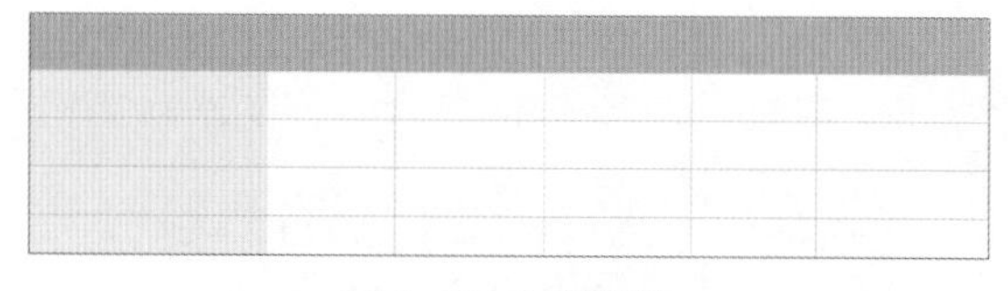

图6-48　复制竖线

第08步：输入文字。选择“横排文字工具”T，在选项栏中选择字体为“等线”，大小为7点，设置文字颜色RGB值为116、88、55，输入文字“热门产品”，如图6-49所示。

第09步：绘制矩形。设置前景色RGB值为255、0、0，选择“矩形选框工具”，绘制选区，新建图层，按【Alt+Delete】快捷键填充前景色。按【Ctrl+D】快捷键取消选区，如图6-50所示。

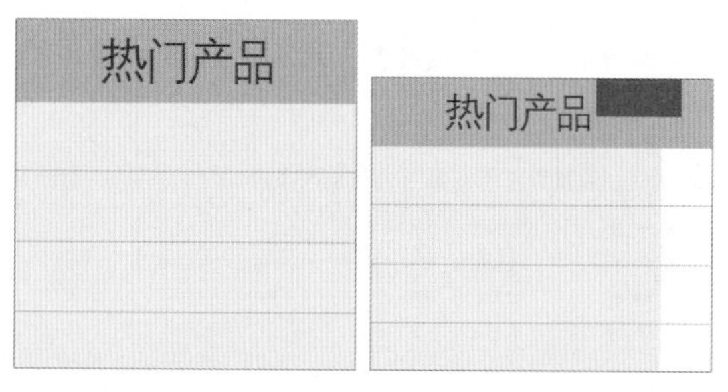

图6-49　输入文字　　图6-50　绘制矩形

第10步：绘制图形。选择“多边形套索工具”，绘制图6-51所示的选区。按【Alt+Delete】快捷键填充前景色。按【Ctrl+D】快捷键取消选区，如图6-52所示。

图6-51　绘制选区 　　图6-52　填色

第11步：输入文字。选择“横排文字工具”T，在选项栏中选择字体为“黑体”，大小为5点，在图像上输入英文“HOT”，如图6-53所示。

第12步：绘制三角形。设置前景色RGB值为93、62、25，选择“多边形工具”，在选项栏中选择“像素”，设置“边”为3。新建图层，按住【Shift】键的同时拖动鼠标，绘制向右的三角形，如图6-54所示。

热门产品 HOT

图6-53 输入文字

图6-54 绘制三角形

第13步：输入文字。选择“横排文字工具”T，在选项栏中选择字体为“黑体”，大小为5点，设置文字颜色RGB值为93、62、25。在图像上输入文字“凉鞋”，如图6-55所示。

图6-55 输入文字

第14步：复制三角形和文字。按【Ctrl+J】快捷键数次，复制三角形和文字，按向下的方向键，垂直移动复制的三角形和文字，如图6-56所示。选择“横排文字工具”T，改变复制的文字的内容，如图6-57所示。

热门产品 HOT

凉 鞋

凉 鞋

凉 鞋

凉 鞋

图6-56 复制三角形和文字

热门产品 HOT

凉 鞋

单 鞋

户外鞋

清仓鞋

图6-57 修改文字

第15步：输入文字。选择“横排文字工具”T，在选项栏中选择字体为“幼圆”，大小为4点，在表格内输入文字，最终效果如图6-58所示。

热门产品 HOT

凉 鞋	高跟凉鞋	中低跟凉鞋	平跟凉鞋	凉拖	
单 鞋	鱼嘴鞋	平底鞋	中低跟单鞋	高跟单鞋	
户外鞋	网面鞋	户外凉鞋	休闲鞋	登山鞋	情侣鞋
清仓鞋	冬 靴	单 鞋	凉 鞋		

图6-58 最终效果

案例5：拼多多宝贝陈列设计

案例展示

在Photoshop中制作拼多多宝贝陈列的效果如图6-59所示。

图6-59 案例效果

设计分析

1. 所用工具及知识点

横排文字工具、图层样式、路径的描边、圆角矩形工具、钢笔工具、椭圆选框工具等。

2. 制作思路与流程

在Photoshop中制作拼多多宝贝陈列的思路与流程如下所示。

①绘制台历效果：使用圆角矩形工具和图层样式制作绿色的圆角矩形框。使用钢笔工具、路径的描边绘制铁圈，使用“动作”面板复制铁圈。

②绘制白色立体圆角矩形：使用圆角矩形工具绘制圆角矩形，为矩形添加“斜面和浮雕”效果，制作出立体的图形效果。

③制作几组小图形后导入素材：使用圆角矩形工具、椭圆选框工具、钢笔工具、文字工具制作一组图形，复制图形后导入素材。

素材文件：素材文件\第6章\鞋.png

结果文件：结果文件\第6章\拼多多宝贝

陈列设计.psd

教学文件：教学文件\第6章\拼多多宝贝陈列设计.mp4

步骤详解

第01步：新建文件。打开Photoshop，按【Ctrl+N】快捷键新建一个图像文件，在“新建”对话框中设置页面的宽度为950像素，高度为950像素，分辨率为72像素/英寸。

第02步：绘制圆角矩形。新建图层，选择“圆角矩形工具”▢，在选项栏中选择“像素”，设置半径为50像素。设置前景色RGB值为197、223、106，绘制一个圆角矩形，如图6-60所示。

图6-60　绘制圆角矩形

第03步：收缩选区。按住【Ctrl】键的同时，单击圆角矩形所在的图层，载入选区。执行“选择→修改→收缩”命令，打开“收缩选区”对话框，设置参数如图6-61所示，单击“确定”按钮。

图6-61　设置参数

第04步：为圆角矩形填色。设置前景色为白色，新建图层，按【Alt+Delete】快捷键填充前景色。按【Ctrl+D】快捷键取消选区，如图6-62所示。

第05步：添加“斜面和浮雕”效果。单击“图层”面板下方的“添加图层样式”按钮 *fx*，在弹出的快捷菜单中选择“斜面和浮雕”命令，在弹出的“图层样式”对话框中设置深度为74%，大小为18像素，软化为2像素，角度为-64度，其余参数设置如图6-63所示。

图6-62　填色

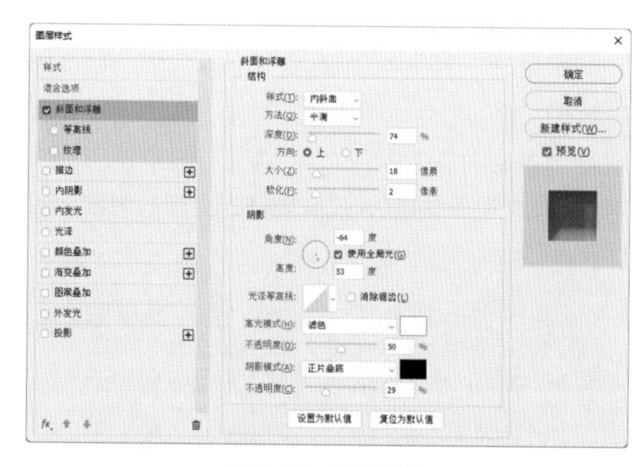

图6-63　设置参数

第06步：添加“描边”效果。再单击“图层样式”对话框左边的“描边”命令，设置描边色RGB值为23、152、20，描边大小为2像素，其余参数设置如图6-64所示。单击“确定”按钮，得到图6-65所示的效果。

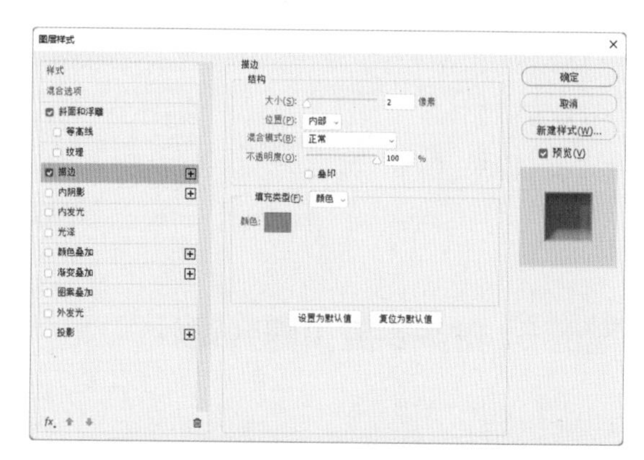

图6-64　设置参数

图6-65　描边

第07步：绘制铁圈。选择“钢笔工具”，在选项栏中选择“路径”，绘制图6-66所示的路径。选择“画笔工具”，设置画笔大小为7像素。新建图层，设置前景色RGB值为101、152、49，单击“路径”面板下方的“用画笔描边路径”按钮，描边路径，效果如图6-67所示。

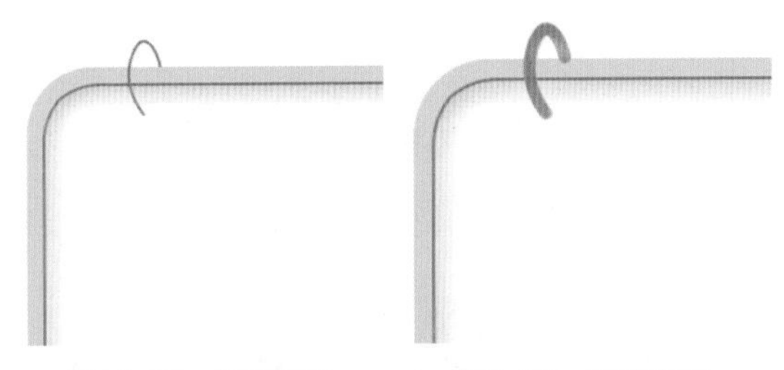

图6-66　绘制路径　　图6-67　描边路径

第08步：制作铁圈立体效果。再设置画笔大小为1像素。新建图层，设置前景色RGB值为197、223、106，单击“路径”面板下方的“用画笔描边路径”按钮，描边路径，效果如图6-68所示。

图6-68　描边路径

第09步：删除多余图形。选择“矩形选框工具”，在多余的图像部分绘制矩形选框，如图6-69所示。按【Delete】键删除选区内的图像，按【Ctrl+D】快捷键取消选区，如图6-70所示。

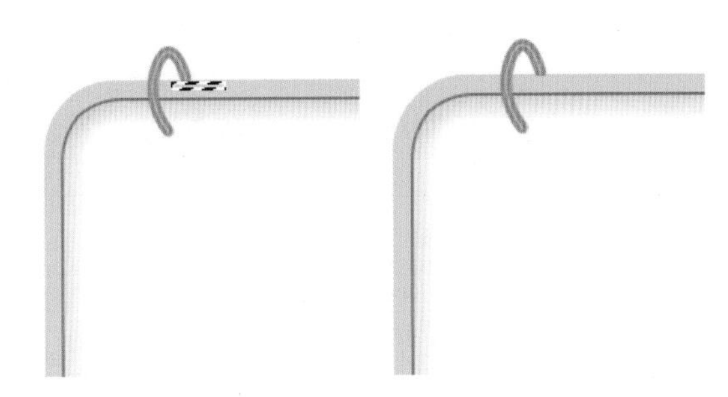

图6-69　绘制矩形选框　　图6-70　删除多余图形

第10步：绘制穿过铁圈的小洞。选择“矩形选框工具”，绘制图6-71所示的小矩形选框。设置前景色RGB值为101、152、49，按【Alt+Delete】快捷键填充前景色。按【Ctrl+D】快捷键取消选区，如图6-72所示。

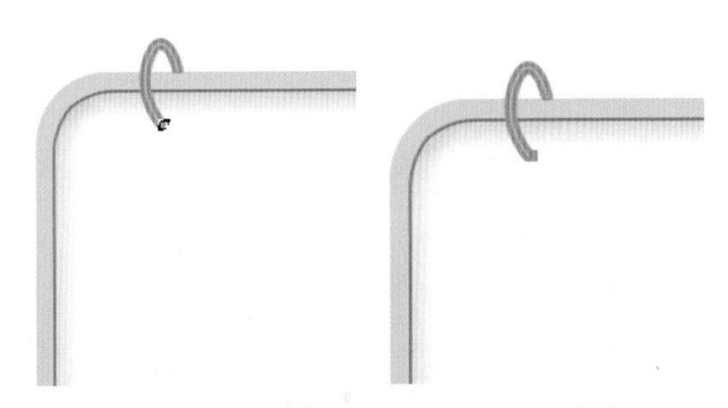

图6-71　绘制矩形选框　　图6-72　填色

第11步：记录动作。执行“窗口→动作”命令，打开“动作”面板。单击“动作”面板下方的“新建”按钮，弹出图6-73所示的“新建动作”对话框，单击“记录”按钮，开始记录动作。

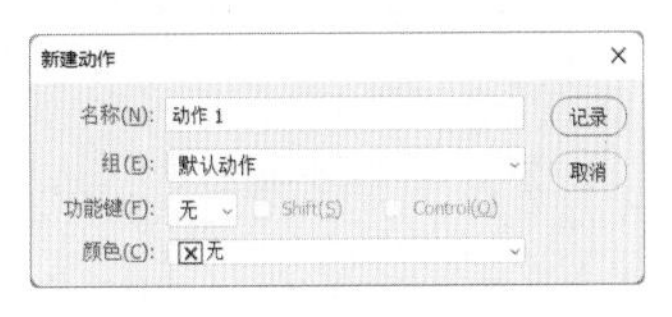

图6-73　“新建动作”对话框

第12步：复制铁圈。按【Ctrl+J】快捷键复制铁圈，按向右的方向键，水平移动复制的铁圈，如图6-74所示。单击“动作”面板下方的“停止”按钮，停止记录，如图6-75所示。

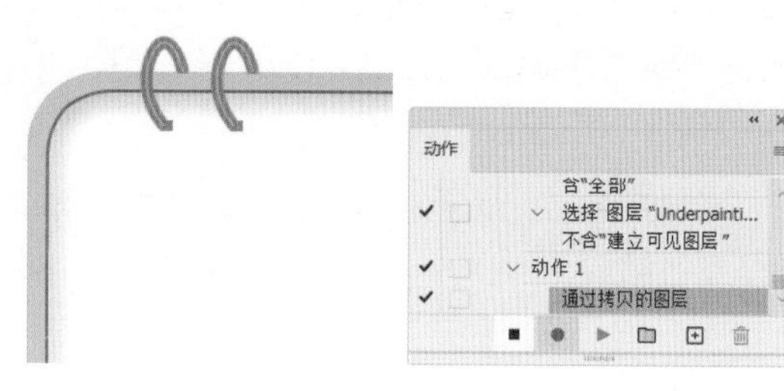

图6-74　复制铁圈

动作
含"全部"
选择 图层 "Underpainti...
不含"建立可见图层"
动作 1
通过拷贝的图层

图6-75　停止记录

第13步：复制铁圈。不断单击“动作”面板下方的“播放选定的动作”按钮▶，重复复制铁圈，如图6-76所示。再单独复制第二个铁圈，如图6-77所示。按【Ctrl+E】快捷键，将所有铁圈合并到一个图层。

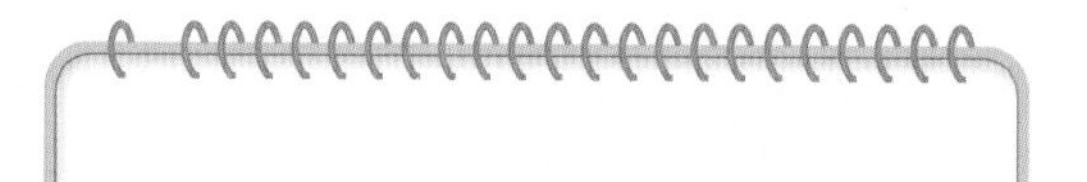

图6-76　重复复制铁圈

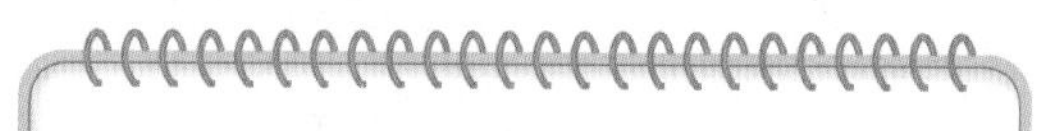

图6-77　单独复制第二个铁圈

第14步：绘制圆角矩形。新建图层，选择“圆角矩形工具”▢，在选项栏中选择“路径”，设置半径为50像素。绘制一个圆角矩形，如图6-78所示。

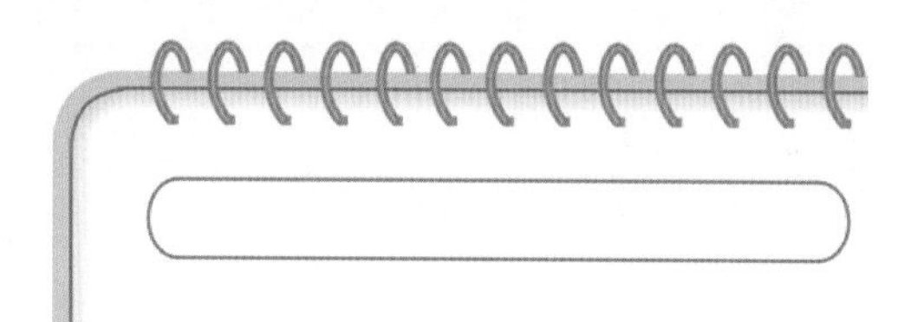

图6-78　绘制圆角矩形

第15步：填充渐变色。按【Ctrl+Enter】快捷键将路径转换为选区。新建图层，选择“渐变工具”▦，在选项栏中单击“线性渐变”按钮▦，分别设置几个位置点颜色的RGB值为0（120、162、0）、50（179、203、0）、100（120、162、0），从左向右拖动光标，填充渐变色。按【Ctrl+D】快捷键取消选区，如图6-79所示。

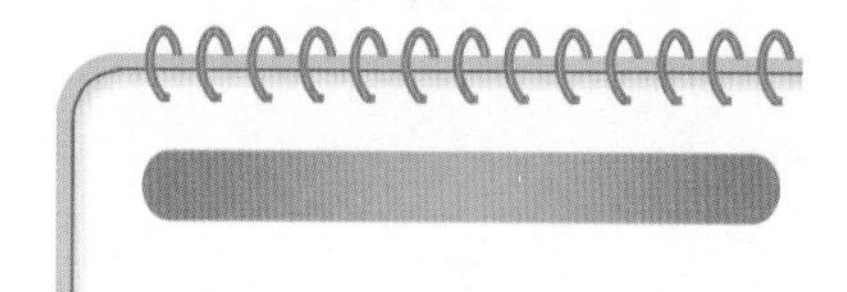

图6-79　填充渐变色

第16步：输入文字。选择“横排文字工具”T，设置前景色为白色。在选项栏中选择字体为“等线”，大小为30点，在圆角矩形上输入文字，如图6-80所示。

校园高帮松糕鞋

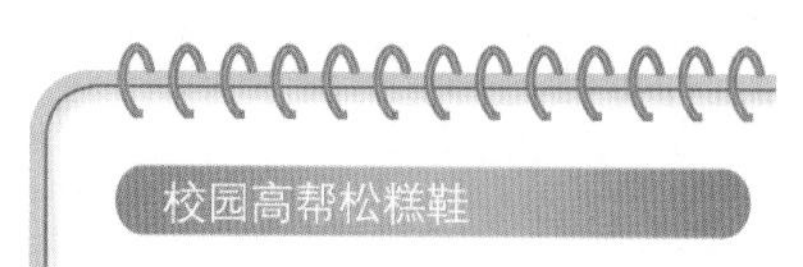

图6-80　输入文字

第17步：输入文字。选择“横排文字工具”T，设置前景色为黑色。在选项栏中选择字体为“等线”，大小为20点，在圆角矩形下方输入文字，如图6-81所示。

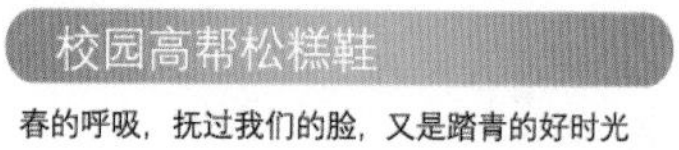

校园高帮松糕鞋
春的呼吸，抚过我们的脸，又是踏青的好时光

图6-81　输入文字

第18步：输入文字。选择“横排文字工具”T，在选项栏中选择字体为“等线”，大小为19点，设置文字颜色RGB值为243、70、17。在图像上输入英文，如图6-82所示。

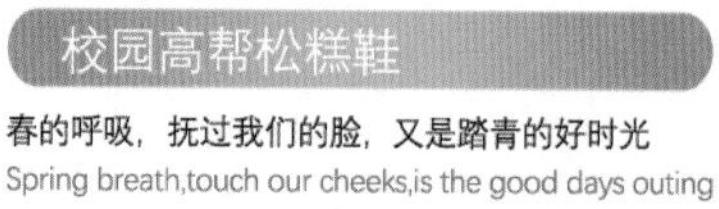

校园高帮松糕鞋
春的呼吸，抚过我们的脸，又是踏青的好时光
Spring breath,touch our cheeks,is the good days outing

图6-82　输入文字

第19步：绘制圆角矩形。选择“圆角矩形工具”▢，在选项栏中选择“路径”，设置半径为8像素，绘制图6-83所示的圆角矩形。新建图层，设置前景色为白色，单击“图层”面板下方的“用前景色填充”按钮●，填充前景色。

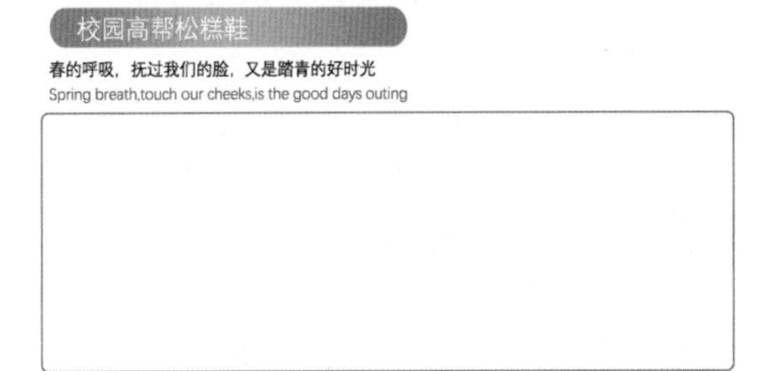

图6-83　绘制圆角矩形

第20步：添加立体效果。单击“图层”面板下方的“添加图层样式”按钮 *fx*，在弹出的快捷菜单中选择“斜面和浮雕”命令，在弹出的“图层样式”对话框中设置深度为53%，大小为13像素，软化为16像素，角度为-64度，其余参数设置如图6-84所示。

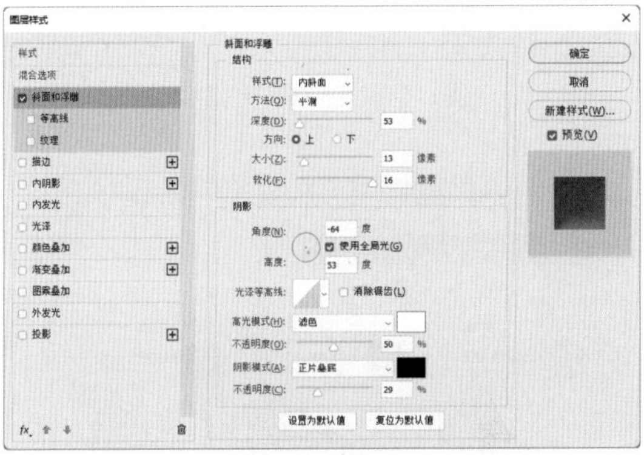

图6-84　设置参数

第21步：添加描边效果。再单击“图层样式”对话框左边的“描边”命令，设置描边色RGB值为200、200、200，描边大小为2像素，其余参数设置如图6-85所示。单击“确定”按钮，效果如图6-86所示。

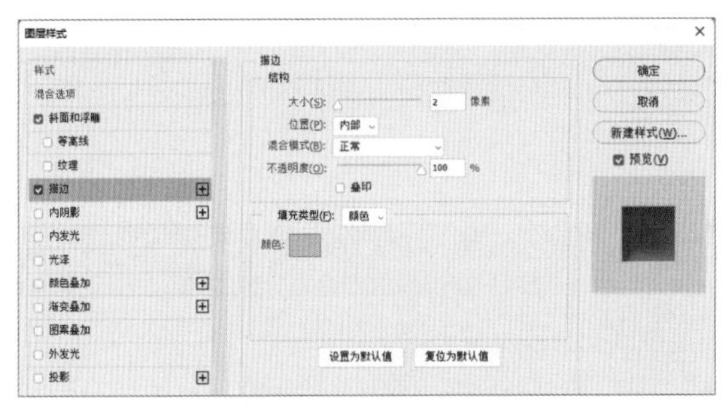

图6-85　设置参数

图6-86　制作立体矩形

第22步：绘制圆角矩形。选择“圆角矩形工具”▢，在选项栏中选择“路径”，设置半径为10像素，绘制图6-87所示的圆角矩形。

图6-87　绘制圆角矩形

第23步：描边路径。选择“画笔工具”，设置画笔大小为3像素。新建图层，设置前景色RGB值为153、187、119，单击“路径”面板下方的“用画笔描边路径”按钮○，效果如图6-88所示。

第24步：绘制圆。选择“椭圆选框工具”，按住【Shift】键，绘制一个正圆的选框。设置前景色RGB值为244、76、2，新建图层，按【Alt+Delete】快捷键填充前景色。按【Ctrl+D】快捷键取消选区，如图6-89所示。

图6-88　描边路径　　图6-89　绘制圆

第25步：绘制路径。选择“钢笔工具”，在选项栏中选择“路径”，绘制图6-90所示的路径。

单击“图层”面板下方的“用前景色填充”按钮●，填充前景色，如图6-91所示。

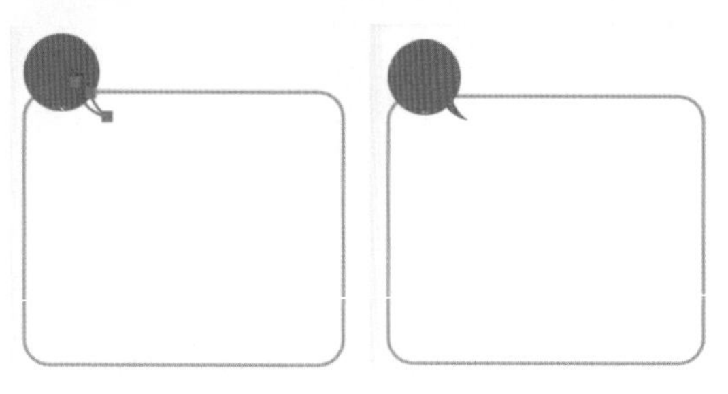

图6-90　绘制路径　　　图6-91　填色

第26步：输入文字并复制矩形。选择“横排文字工具”T，设置前景色为白色。在选项栏中选择字体为“等线”，大小为16点，在圆上输入文字“春季新品”。设置前景色为黑色，在选项栏中选择字体为“等线”，大小为20点，输入文字“松糕底帆布鞋”，如图6-92所示。向右复制两组圆角矩形和文字，如图6-93所示。

图6-92　输入文字

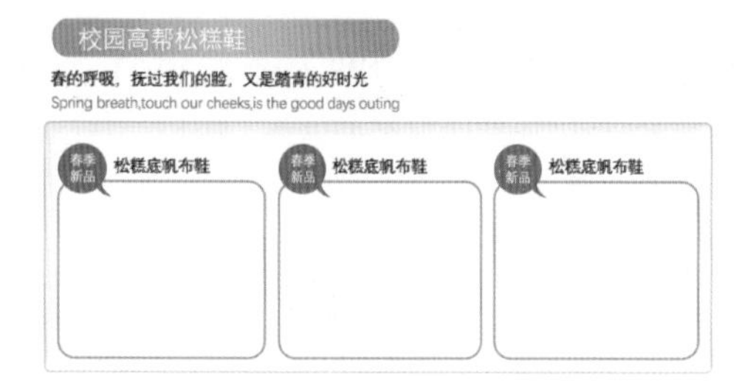

图6-93　复制矩形和文字

第27步：复制矩形和文字。向下垂直复制一行圆角矩形和文字，如图6-94所示。按【Ctrl+O】快捷键，打开“素材文件\第6章\鞋.png”文件。选择“移动工具”✥，将素材拖到新建的文件中，最终效果如图6-95所示。

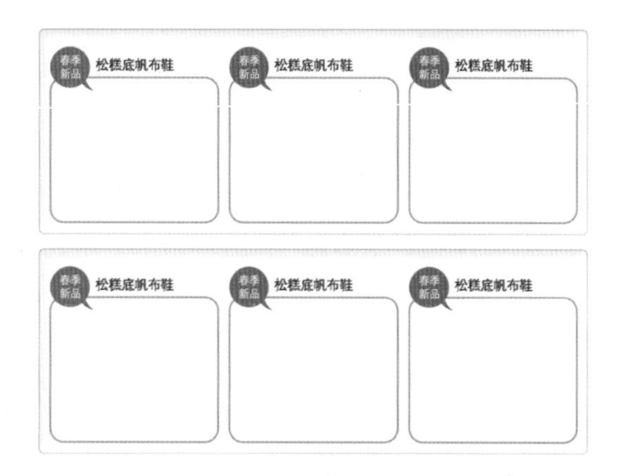

图6-94　复制矩形和文字

图6-95　最终效果

学习小结

本章详细地介绍了店铺首页的模块化设计，网店模块设置技巧需要结合店铺自身的特点，从活动、产品及客户等因素进行综合考虑。设计师需要合理地布局模块，避免盲目地堆砌模块。

第7章　网店的详情页设计

本章导读

网店商品详情页是直接决定交易成功与否的关键因素，详情页可以展示商品的所有信息，包括商品特性描述、商品细节等。一个成功的详情页，对于顾客理解商品特性、功能作用、材质特点和视觉体验，都是格外重要的。

知识要点

- 详情页的组成元素
- 促进下单的宝贝详情页设计技巧
- 详情页内容设计的要点
- 详情页设计案例

行业知识链接

主题1：详情页的组成元素

详情页要让顾客更详细地了解所需要的商品信息，因此详情页要尽量详尽。详情页主要由以下几大元素组成。

1. 情景海报图

通常商品详情页前三屏决定了客户是否想购买产品，情景海报图作为视觉焦点，能在第一时间吸引顾客眼球，如图7-1所示，将衣服的上身效果及穿着场景图展示出来能增强顾客对商品的关注。

图7-1　情景海报图

2. 商品全方位展示图

商品全方位展示能更好地诠释产品，让买家充分地了解产品。如服装类目除了衣服的正反面效果展示，通常还需要模特的全方位甚至穿着环境展示，如图7-2所示。

图7-2　商品全方位展示图

3. 商品细节

细节图是顾客了解商品的重要渠道，也是顾客感知商品品质的重要方式，图7-3所示为衣服纽扣的细节展示。衣服的领口、袖口、纽扣、拉链、下摆、口袋、面料等在详情页中均可展示出来，减少顾客因商品信息不完整而流失或咨询客服的时间成本。

图7-3　衣服纽扣的细节展示

4. 商品参数

商品参数作为硬指标信息具有很强的说服力，大部分顾客可能不会太在意这些参数，但是将数据展示出来能让顾客对产品更加信任。图7-4所示为商品的参数展示，可以更好地帮助买家选择商品规格。

产品信息

*因不同的测量方法，测量允许1-3CM内误差(CM)

尺码	S	M	L	XL
后中长	117	119	121	123
肩宽	35.5	36.5	37.5	38.5
胸围	80	84	88	92
腰围	69	73	77	81

图7-4　商品的参数展示

5. 商品包装

好的商品包装能降低顾客收到商品时的期望落差，提升品牌形象及产品质感，可谓一举多得。除了包装的展示，有实体店的商家还可在详情页上展示店铺实力，让顾客更加信赖。图7-5所示为商品的包装展示。

图7-5　商品的包装展示

6. 售后问题

售后问题的展示可以解答客户想要了解的各种问题，如配送服务、会员服务、色差及售后等，设置售后问题的展示可以减轻客服的询单压力。图7-6所示为配送服务、会员服务等售后问题的展示。

图7-6　售后问题的展示

主题2：详情页内容设计的要点

许多店铺会遇到这种情况：顾客来到店铺，只是匆匆看看就离开，鲜有人购买，导致流失率很大。怎么样才可以留住顾客呢？除了商品或价格确实够吸引人，很重要的一点就是详情页，一个好的详情页可以激起买家的购买欲望，促使下单成交，所以在详情页内容设计的排版上一定要做到精益求精，主要注意以下两点。

1. 关联营销板块内容设计

关联营销板块的内容可以是放置功能性产品搭配或优惠产品、搭配高单价产品的低价商品、同类价或低价包邮产品。图7-7所示为店铺内同类产品的推荐。

图7-7　店铺内同类产品的推荐

2. 详情页描述排版顺序

详情页内容排版时要将顾客最想看的部分展示在最前面，下面提供了详情页描述排版顺序，以供设计师参考。

（1）创意海报大图。

（2）模特展示模块。

（3）产品实物图模块。

（4）细节图模块。

（5）尺寸说明模块。

（6）相关推荐模块。

（7）卖家说明模块。

主题3：促进下单的宝贝详情页设计技巧

详情页设计虽是视觉上的表达，但切忌天马行空。再好的创意，与产品不着边际，仍是徒劳无功的，设计详情页需遵循以下几点。

1. 详情页风格要符合主图和标题

如果商品标题是清新、文艺、素雅的棉麻女装，商品详情页图片却是欧美街拍的风格，二者的风格差异太大。顾客通常不会花费时间继续浏览下去，更别说下单购买了。配色、字体、背景素材等都会影响整个画面的和谐度。

2. 突出重点

基于顾客浏览详情页的时间，吸引顾客继续留在页面中当属重中之重，前三屏是特别要注意的地方。首先是创意海报大图，视觉的冲击带动心理的变化，高精度与质感的模特图尤为重要，简练清晰的内容有利于顾客快速提取信息，如图7-8所示。其次要从卖家的角度思考，突出商品卖点。虽然卖家的卖点不一定契合顾客的买点，但毕竟是产品的最大优势，相比其他方面的介绍更具有吸引力。

图7-8　突出重点

3. 优化常规信息

商品详情页的常规信息大多会展示实体店铺以显示实力，针对此版块的内容，就不必像做海报般进行过多的修饰，也不必放过多的图片。这样不仅加载起来缓慢，信息太多也会使顾客厌烦。

在这个快节奏的市场中，信息繁杂不利于客户体验，扁平化、极简主义更加符合客户需求，能用图片表示，就尽量少用文字。

实战训练

案例1：淘宝热水壶详情页设计

案例展示

在Photoshop中制作淘宝热水壶详情页的效果如图7-9所示。

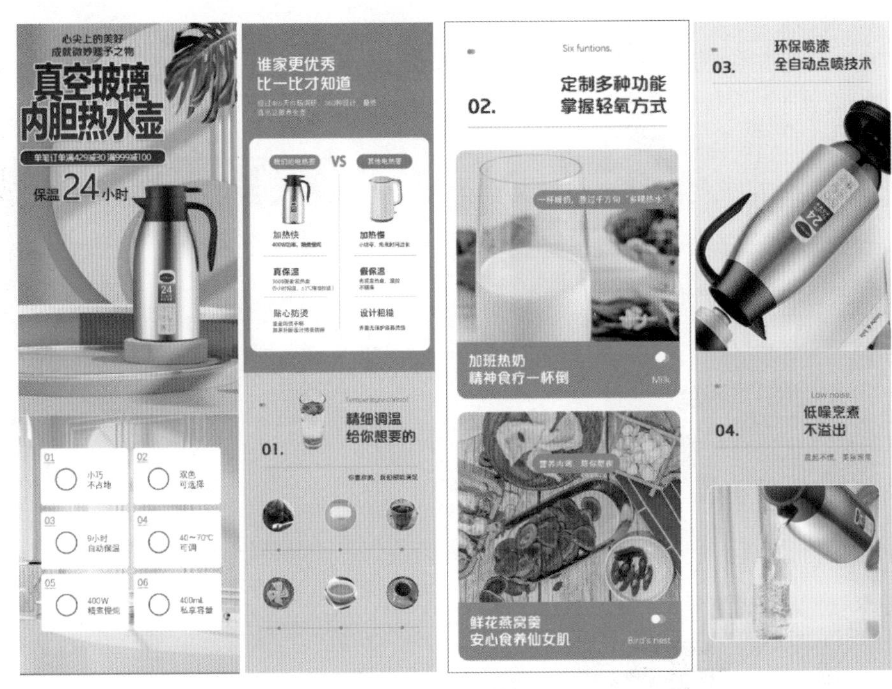

图7-9　案例效果

设计分析

1. 所用工具及知识点

横排文字工具、钢笔工具、椭圆工具、图层样式、剪贴蒙版的创建、圆角矩形工具、轮廓文字的制作、对象的分布、下划线文字的制作等。

2. 制作思路与流程

在Photoshop中制作淘宝热水壶详情页的思路与流程如下所示。

①制作详情页的第一、二部分：制作轮廓文字时使用图层样式中的三种样式，制作按钮时可以直接复制图层样式；第二部分的六组图形文字使用组的创建与复制，简化操作。

②制作详情页的第三、四部分：在进行对比时，本店的使用彩色图形与文字，鲜明醒目；别家的使用黑灰色系，起到弱化的效果。

③制作详情页的后面四部分：相似的图形与文字可以创建组并复制组，以避免繁复的操作，提高工作效率。

素材文件：素材文件\第7章\背景1.jpg，背景2.jpg，热水壶1.png，热水壶2.png，热水壶3.jpg，热水壶4.jpg，树叶.png，杯子.png，杯子2.jpg，图标1.jpg，图标2.jpg，图标3.jpg，图标4.jpg，图标5.jpg，图标6.jpg，药材.jpg

结果文件：结果文件\第7章\淘宝热水壶详情页设计.psd

教学文件：教学文件\第7章\淘宝热水壶详情页设计.mp4

步骤详解

第01步：新建文件。打开Photoshop，按【Ctrl+N】快捷键新建一个图像文件，在"新建"对话框中设置页面的宽度为790像素，高度为9280像素，分辨率为72像素/英寸。

第02步：添加素材。按【Ctrl+O】快捷键，打开"素材文件\第7章\背景1.jpg"文件，如图7-10所示。再打开"素材文件\第7章\热水壶1.png"文件。选择"移动工具"✥，将素材拖到新建的文件中，如图7-11所示。

图7-10　添加素材

图7-11　添加素材

第03步：添加素材。按【Ctrl+O】快捷键，打开“素材文件\第7章\树叶.png”文件。选择“移动工具”✥，将素材拖到新建的文件中，如图7-12所示。

图7-12　添加素材

第04步：输入文字。选择“横排文字工具”**T**，在选项栏中选择字体为“方正兰亭特黑简体”，大小为145点，在图像上输入文字，如图7-13所示。

图7-13　输入文字

第05步：添加描边效果。单击“图层”面板下方的“添加图层样式”按钮 *fx*，在弹出的快捷菜单中选择“描边”命令，在弹出的“图层样式”对话框中设置描边大小为4像素，描边色为白色，如图7-14所示。

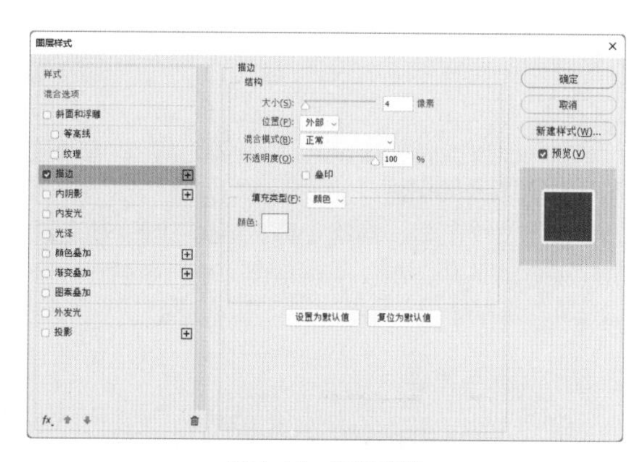

图7-14　设置参数

第06步：添加渐变叠加效果。再单击“图层样式”对话框左边的“渐变叠加”命令，设置渐变色为红色到深红色，几个位置点颜色的RGB值为0（187、18、15）、100（123、19、18），角度为90度，其余参数设置如图7-15所示。

第07步：添加投影效果。再单击“图层样式”对话框左边的“投影”命令，设置参数如图7-16所示。单击“确定”按钮，效果如图7-17所示。

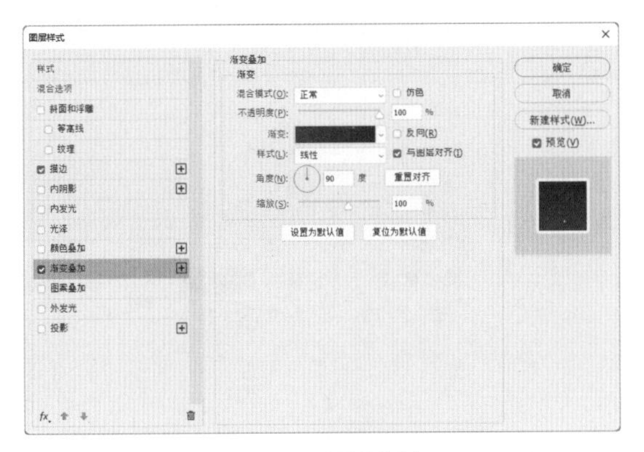

图7-15 设置参数

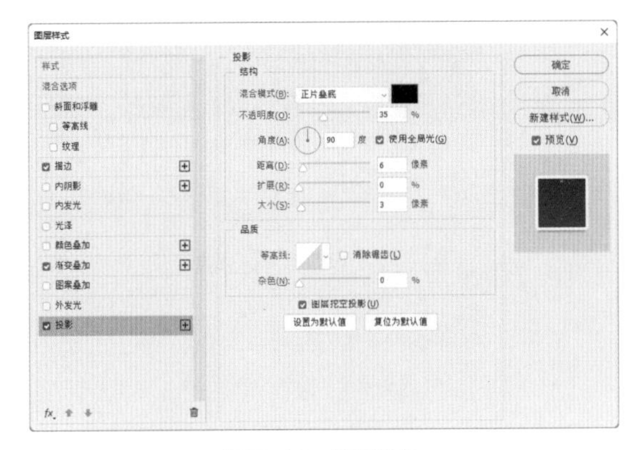

图7-16 设置参数

真空玻璃
内胆热水壶

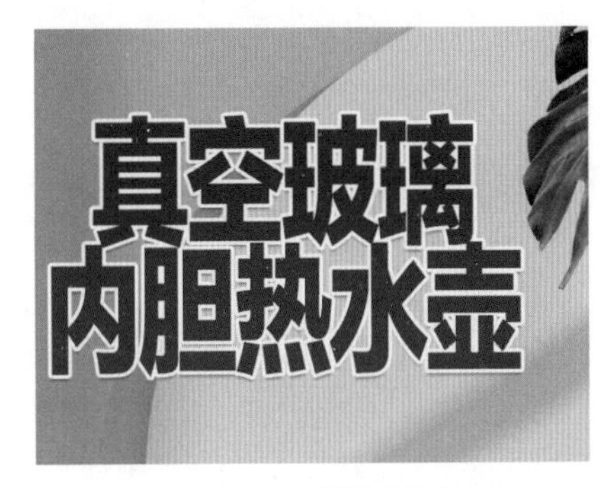

图7-17 描边文字

第08步：输入文字。选择“横排文字工具”T，在选项栏中选择字体为“方正品尚中黑简体”，大小为36点，设置文字颜色RGB值为130、19、18，在图像上输入文字，如图7-18所示。

第09步：绘制圆角矩形。新建图层，选择“圆角矩形工具”▢，在选项栏中选择“像素”，设置半径为20像素，绘制一个圆角矩形。

心尖上的美好
成就微妙赠予之物
真空玻璃
内胆热水壶

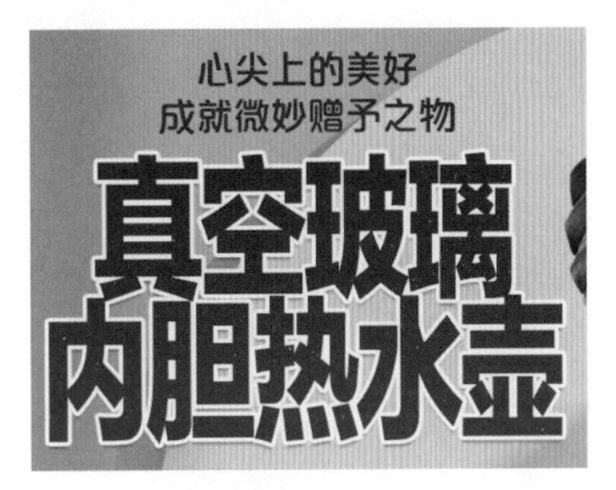

图7-18 输入文字

第10步：粘贴图层样式。用鼠标右键单击“图层”面板中渐变文字所在的图层，在弹出的快捷菜单中选择“拷贝图层样式”命令。再用鼠标右键单击圆角矩形所在的图层，在弹出的快捷菜单中选择“粘贴图层样式”命令，效果如图7-19所示。

内胆热水壶

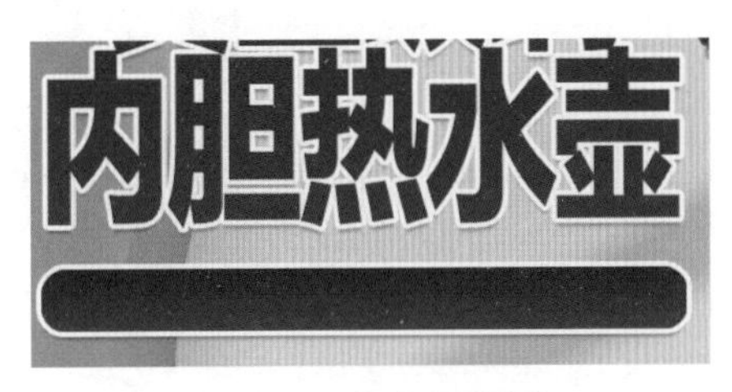

图7-19 粘贴图层样式

第11步：输入文字。选择“横排文字工具”T，在选项栏中选择字体为“方正品尚中黑简体”，大小为30点，在图像上输入文字，如图7-20所示。

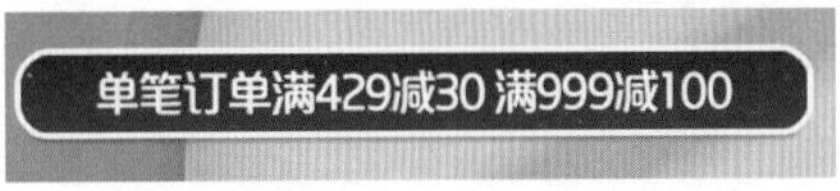

单笔订单满429减30 满999减100

图7-20 输入文字

第12步：输入文字。选择“横排文字工具”T，输入数字“24”，字体为“微软雅黑”，用相同的方法粘贴图层样式。输入文字“保温 小时”，字体为“黑体”，如图7-21所示。

单笔订单满429减30 满999减100
保温 24 小时

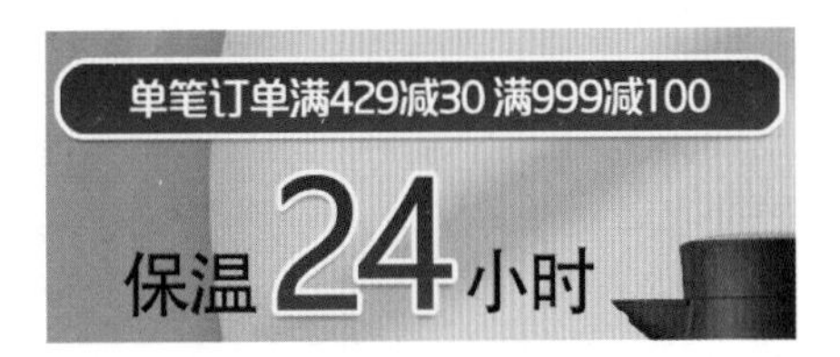

图7-21 输入文字

第13步：添加素材。按【Ctrl+O】快捷键，打开“素材文件\第7章\背景2.jpg”文件。选择“移动工具”，将素材拖到新建的文件中，如图7-22所示。

图7-22　添加素材

第14步：创建组并绘制圆角矩形。单击“图层”面板下方的“创建新组”按钮，创建组1。新建图层，选择“圆角矩形工具”，在选项栏中选择“像素”，设置半径为10像素。设置前景色为白色，绘制一个圆角矩形，如图7-23所示。

图7-23　创建组并绘制圆角矩形

第15步：输入文字。选择“横排文字工具”T，在选项栏中选择字体为“等线”，大小为35点，在图像上输入“01”。选中文字，在选项栏中单击“切换字符和段落面板”按钮，在打开的“字符”面板中单击“仿粗体”和“下划线”按钮，如图7-24所示。再输入文字“小巧不占地”，如图7-25所示。

图7-24　单击“仿粗体”和“下划线”按钮

图7-25　输入文字

第16步：绘制圆。选择“椭圆工具”，在选项栏中选择“形状”，设置描边色RGB值为82、54、33，描边宽度为3像素，填充色为“无颜色”，按住【Shift】键绘制一个正圆，如图7-26所示。

图7-26　绘制圆

第17步：复制图形并修改文字。在“图层”面板中选中组1，按住鼠标左键不放，将组1拖到面板下方的“创建新图层”按钮上，复制组，生成组1拷贝，用相同的方法再复制四个组。选择“移动工具”，移动复制的组的位置。选择“横排文字工具”T，改变文字的内容，如图7-27所示。

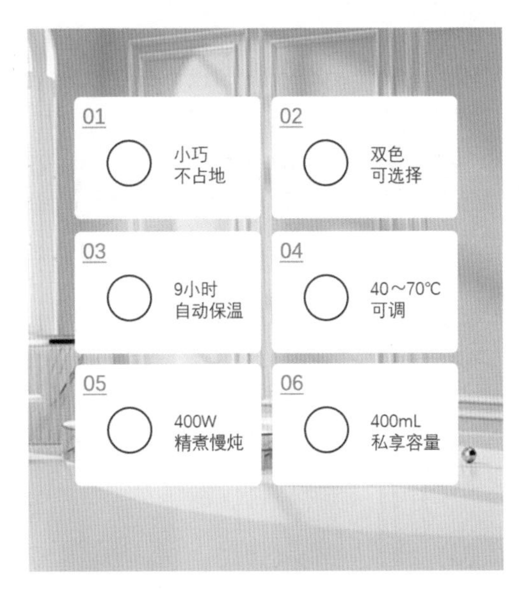

图7-27　复制图形并修改文字

第18步：输入文字。选择“横排文字工具”T，在选项栏中选择字体为“方正品尚中黑简体”，大小为63点，在图像上输入文字“谁家更优秀比一比才知道”。再在下面输入一行小字，字体为“等线”，大小为28点，如图7-28所示。

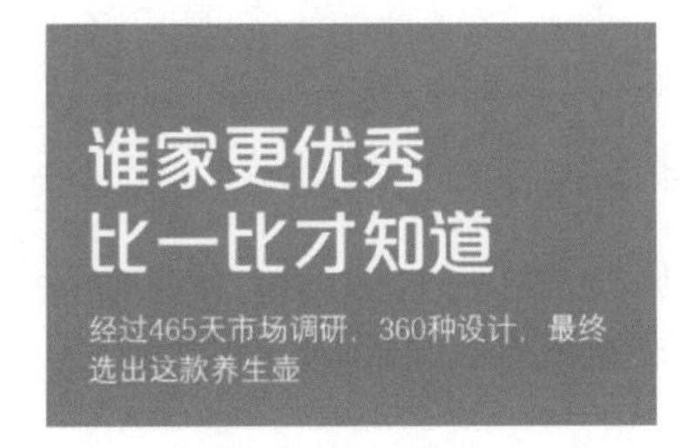

图7-28　输入文字

第19步：绘制直线。选择“钢笔工具”，在选项栏中选择“形状”，设置描边色RGB值为159、153、153，描边宽度为1像素，填充色为“无颜色”，按住【Shift】键绘制一条直线，如图7-29所示。

第20步：绘制并复制直线。选择“钢笔工具”，在选项栏中选择“形状”，设置描边色RGB值为159、153、153，描边宽度为1像素，填充色为“无颜色”，按住【Shift】键绘制水平线，复制三条水平线并将其移动，如图7-30所示。

图7-29　绘制直线

图7-30　绘制并复制直线

第21步：绘制圆角矩形。选择“圆角矩形工具”，在选项栏中选择“形状”，设置半径为100像素，填充色RGB值为232、133、41，绘制一个圆角矩形。复制圆角矩形，在“图层”面板中双击复制的圆角矩形的缩略图，在弹出的“拾色器”对话框中设置颜色RGB值为128、128、128，改变圆角矩形的颜色为灰色，如图7-31所示。

图7-31　绘制圆角矩形

第22步：输入文字。选择“横排文字工具”T，在选项栏中选择字体为“黑体”，大小为28点，在图像上输入文字，如图7-32所示。

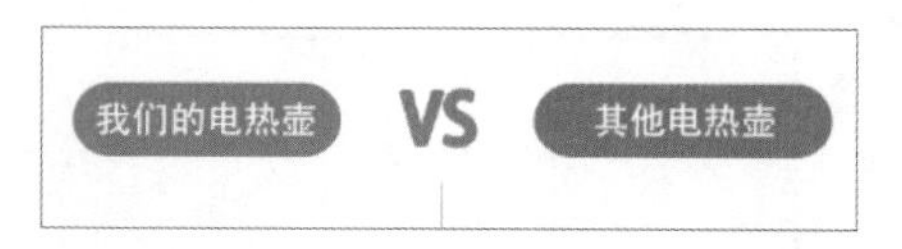

图7-32　输入文字

第23步：添加素材。按【Ctrl+O】快捷键，打开“素材文件\第7章\热水壶2.png”文件。选择“移动工具”✥，将素材拖到新建的文件中。复制前面打开的素材“热水壶1”，按【Ctrl+T】快捷键调整热水壶1的大小，如图7-33所示。

图7-33　添加素材

第24步：输入符号与文字。选择“横排文字工具”T，在选项栏中选择字体为“微软雅黑”，大小为14点，输入虚线，如图7-34所示。再在选项栏中选择字体为“黑体”，大小为35点，输入小标题文字，第二行文字的大小为20点，如图7-35所示。

图7-34　输入符号

加热快
400W功率，精煮慢炖
加热慢
小功率，炖煮时间过长
真保温
3600聚能发热盘
(9小时恒温，±1℃精准控温)
假保温
劣质发热盘，温控不精准
贴心防烫
鎏金防烫手柄
加深外圈设计防烫防摔
设计粗糙
外圈无保护容易烫伤

图7-35　输入文字

第25步：绘制矩形和小圆。选择“矩形工具”□，在选项栏中选择“形状”，设置填充色RGB值为230、215、196，拖动光标，绘制矩形。选择“椭圆工具”○，在选项栏中选择“形状”，设置填充色RGB值为232、138、41，按住【Shift】键绘制一个正圆。复制圆，改变复制的圆的颜色RGB值为231、175、118，如图7-36所示。

第26步：绘制并复制直线。选择“钢笔工具”✎，在选项栏中选择“形状”，设置描边色RGB值为173、160、145，描边宽度为2像素，填充色为“无颜色”，按住【Shift】键绘制一条水平线，再向下复制两条水平线，如图7-37所示。

图7-36　绘制矩形和小圆　图7-37　绘制并复制直线

第27步：复制并分布小圆。复制前面绘制的小圆，将它们分布在直线上，如图7-38所示。

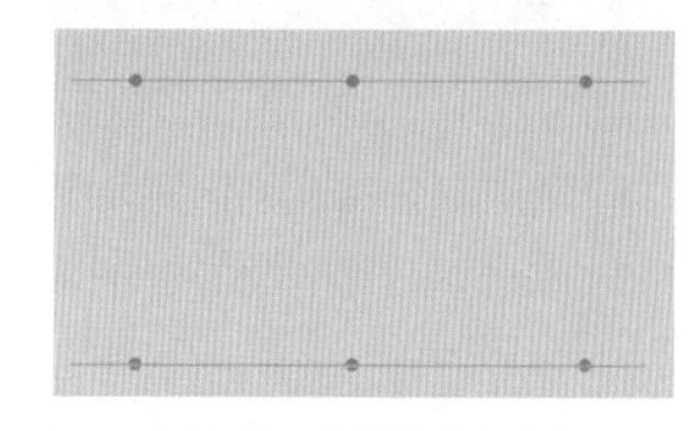

图7-38　复制并分布小圆

第28步：添加素材。按【Ctrl+O】快捷键，打开“素材文件\第7章\杯子.png”文件。选择“移动工具”✥，将素材拖到新建的文件中。

第29步：输入文字。选择“横排文字工具”T，在选项栏中选择字体为“等线”，大小为30点，输入英文。再设置字体为“方正品尚中黑简体”，大小为56点，在图像上输入文字，如图7-39所示。

图7-39　输入文字

技能拓展
——如何水平分布对象

使用“移动工具”同时选中多个对象，单击选项栏中的“水平分布”按钮，如图7-40所示，可使对象在水平直线上平均分布。

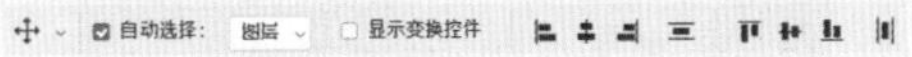

图7-40　单击“水平分布”按钮

第30步：输入文字。选择“横排文字工具”T，在选项栏中选择字体为“微软雅黑”，大小为25点，在图像上输入文字，如图7-41所示。

图7-41　输入文字

第31步：绘制圆。选择“椭圆工具”，在选项栏中选择“形状”，设置描边色为白色，描边宽度为2像素，填充色可以为任意色，按住【Shift】键绘制一个正圆，如图7-42所示。

第32步：添加素材并创建剪贴蒙版。按【Ctrl+O】快捷键，打开“素材文件\第7章\图标1.jpg”文件。选择“移动工具”，将素材拖到新建的文件中，如图7-43所示。在“图层”面板中素材的图层名称上单击鼠标右键，在弹出的快捷菜单中选择“创建剪贴蒙版”命令，图像效果如图7-44所示。

图7-42　绘制圆　　图7-43　添加素材

图7-44　创建剪贴蒙版

第33步：复制圆并创建剪贴蒙版。复制多个圆，如图7-45所示。按【Ctrl+O】快捷键，打开“素材文件\第7章\图标2.jpg、图标3.jpg、图标4.jpg、图标5.jpg、图标6.jpg”文件。选择“移动工具”，将素材拖到新建的文件中，每个圆上面放一张素材。分别对素材使用“创建剪贴蒙版”命令，效果如图7-46所示。

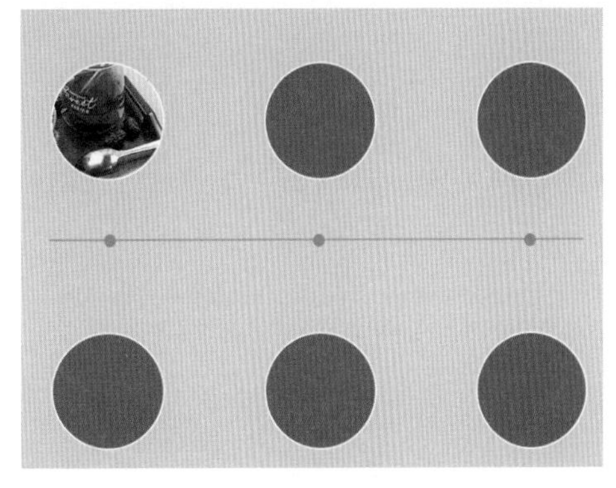

图7-45　复制圆

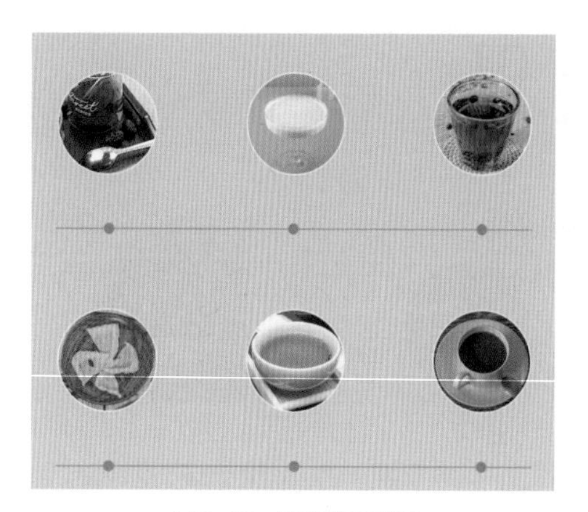

图7-46 创建剪贴蒙版

第34步：复制并修改文字。复制前面“01”文字组中的文字，选择“横排文字工具” T，改变文字的内容，如图7-47所示。

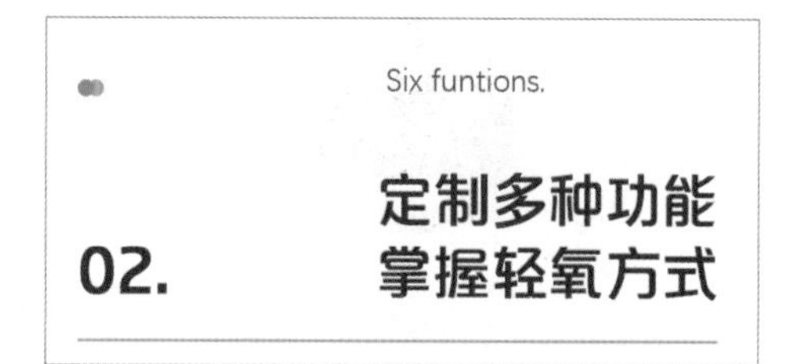

图7-47 复制并修改文字

第35步：绘制圆角矩形。单击“图层”面板下方的“创建新组”按钮，创建组2。选择“圆角矩形工具”，在选项栏中选择“形状”，设置半径为30像素。设置填充色为任意色，绘制一个圆角矩形，如图7-48所示。

图7-48 绘制圆角矩形

第36步：添加素材并创建剪贴蒙版。按【Ctrl+O】快捷键，打开“素材文件\第7章\杯子2.jpg”文件。选择“移动工具”，将素材拖到新建的文件中，在“图层”面板中素材的图层名称上单击鼠标右键，在弹出的快捷菜单中选择“创建剪贴蒙版”命令，图像效果如图7-49所示。

图7-49 添加素材并创建剪贴蒙版

第37步：绘制矩形并创建剪贴蒙版。选择“矩形工具”，在选项栏中选择“形状”，设置填充色RGB值为232、135、39，拖动光标，绘制矩形，为矩形创建剪贴蒙版后的效果如图7-50所示。

图7-50 绘制矩形并创建剪贴蒙版

第38步：绘制圆角矩形。新建图层，选择“圆角矩形工具”，在选项栏中选择“像素”，设置半径为30像素。设置前景色RGB值为232、135、39，绘制一个圆角矩形。

第39步：输入文字。选择“横排文字工具”T，在选项栏中选择字体为“黑体”，大小为26点，在图像上输入文字，如图7-51所示。

图7-51 输入文字

第40步：输入文字。选择“横排文字工具”T，在选项栏中选择字体为“方正品尚中黑简体”，大小为45点，在矩形左边输入文字“加班热奶精神食疗一杯倒”，再在右边输入文字“Milk”。

第41步：绘制并复制圆。选择“椭圆工具”，在选项栏中选择“形状”，设置填充色为白色，按住【Shift】键绘制一个正圆。复制圆，改变复制的圆的颜色RGB值为231、175、118，如图7-52所示。

图7-52 绘制并复制圆

第42步：复制组。在“图层”面板中选中组2，按住鼠标左键不放，将组2拖到面板下方的“创建新图层”按钮上，复制组，生成组2拷贝。选择“移动工具”，移动复制的组的位置。

第43步：修改复制的组的素材及文字。按【Ctrl+O】快捷键，打开“素材文件\第7章\药材.jpg”文件。选择“移动工具”，将素材拖到复制的组的素材“杯子2”的上面，创建剪贴蒙版，如图7-53所示。选择“横排文字工具”T，改变文字的内容，如图7-54所示。

图7-53 修改复制的组的素材

图7-54 修改文字

第44步：调整圆角矩形的宽度。选择圆角矩形所在的图形，按【Ctrl+T】快捷键，按住【Shift】键，选中右边中间的控制点，按住鼠标左键不放向左拖动，调整圆角矩形的宽度，如图7-55所示。

图7-55 调整圆角矩形的宽度

第45步：添加素材、复制并修改文字。按【Ctrl+O】快捷键，打开“素材文件\第7章\热水壶

3.jpg”文件。选择“移动工具”，将素材拖到新建的文件中。复制“02”文字组中的文字，选择“横排文字工具”T，改变文字的内容，如图7-56所示。

图7-56　添加素材、复制并修改文字

第46步：输入文字。选择“横排文字工具”T，在选项栏中选择字体为“等线”，大小为30点，在图像上输入文字，如图7-57所示。

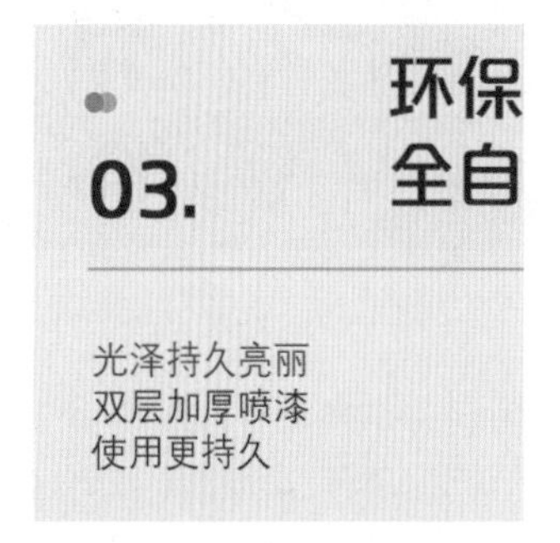

图7-57　输入文字

第47步：复制并修改文字。复制“03”文字组中的文字，选择“横排文字工具”T，改变文字的内容。再在选项栏中选择字体为“等线”，大小为30点，在图像上输入文字，如图7-58所示。

图7-58　复制并修改文字

第48步：绘制圆角矩形。选择“圆角矩形工具”，在选项栏中选择“形状”，设置描边色为白色，描边宽度为3像素，填充色为任意色，绘制圆角矩形，如图7-59所示。

第49步：添加素材并创建剪贴蒙版。按【Ctrl+O】快捷键，打开“素材文件\第7章\热水壶4.jpg”文件。选择“移动工具”，将素材拖到新建的文件中。在“图层”面板中素材的图层名称上单击鼠标右键，在弹出的快捷菜单中选择“创建剪贴蒙版”命令，图像效果如图7-60所示。案例最终效果如图7-61所示。

图7-59　绘制圆角矩形

图7-60　添加素材并创建剪贴蒙版

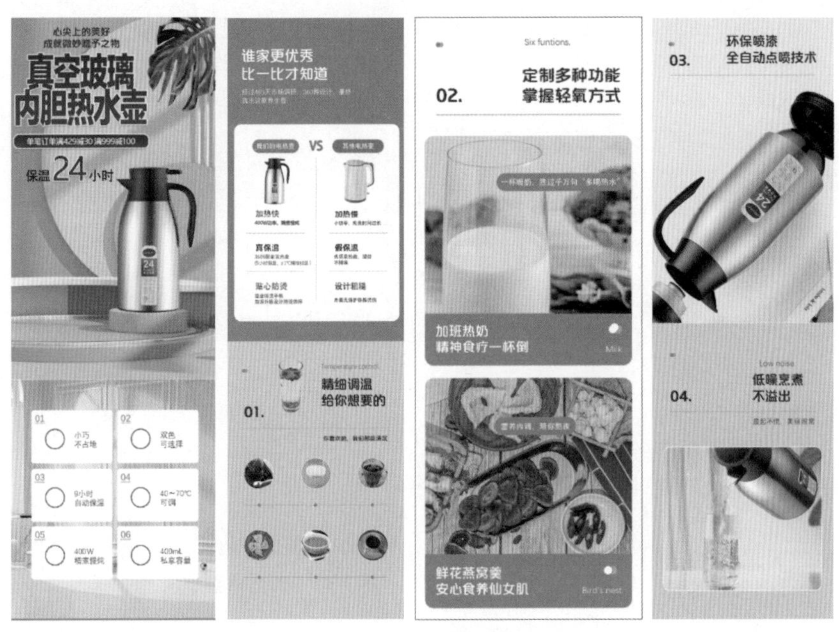

图7-61　最终效果

案例2：拼多多水果详情页设计

案例展示

在Photoshop中制作拼多多水果详情页的效果如图7-62所示。

图7-62　案例效果

设计分析

1. 所用工具及知识点

圆角矩形工具、横排文字工具、直排文字工具、钢笔工具、渐变色的填充、图层样式、图像圆角的制作、图层蒙版的使用等。

2. 制作思路与流程

在Photoshop中制作拼多多水果详情页的思路与流程如下所示。

①制作详情页的第一、二部分：大标题的外框看似是复杂的不规则图形，实际是圆角矩形添加图层蒙版，隐藏部分图形后得到的图形。

▼

②制作详情页的第三、四部分：对不同颜色的图形或图像统一颜色时，可以使用图层样式中的“颜色叠加”命令快速完成，如本例中的六个图标。

▼

③制作详情页的后面几部分：制作不同素材的圆角效果时，只需要绘制一次圆角矩形路径，再根据需要调整圆角矩形路径的高度即可。

素材文件：素材文件\第7章\木纹.jpg，芒果1.png，芒果2.png，芒果3.jpg，芒果4.jpg，芒果5.jpg，芒果6.jpg，六图标.psd，大海1.png，大海2.jpg，天空.jpg，椰树.png

结果文件：结果文件\第7章\拼多多水果详情页设计.psd

教学文件：教学文件\第7章\拼多多水果详情页设计.mp4

步骤详解

第01步：新建文件。打开Photoshop，按【Ctrl+N】快捷键新建一个图像文件，在“新建”对话框中设置页面的宽度为950像素，高度为8310像素，分辨率为72像素/英寸。

第02步：添加素材。按【Ctrl+O】快捷键，打开“素材文件\第7章\木纹.jpg”文件。选择“移动工具”，将素材拖到新建的文件中。

第03步：绘制圆角矩形并调整不透明度。选择“圆角矩形工具”，在选项栏中选择“形状”，设置半径为30像素。设置填充色为白色，绘制一个圆角矩形，如图7-63所示。在“图层”面板中设置圆角矩形的不透明度为86%，如图7-64所示。

图7-63　绘制圆角矩形　　图7-64　调整不透明度

第04步：添加素材。按【Ctrl+O】快捷键，打开“素材文件\第7章\芒果1.png”文件。选择“移动工具”，将素材拖到新建的文件中，如图7-65所示。

第05步：输入文字。选择“直排文字工具”，在选项栏中选择字体为“汉仪菱心体简”，大小为155点，设置文字颜色RGB值为230、105、21，在图像上输入文字，如图7-66所示。

图7-65　添加素材　　图7-66　输入文字

第06步：绘制圆角矩形。选择“圆角矩形工具”，在选项栏中选择“形状”，设置描边色RGB值为230、105、21，描边宽度为2像素，填充色为“无颜色”，半径为30像素，绘制一个圆角矩形，如图7-67所示。

第07步：添加蒙版后隐去部分图形。单击“图层”面板下方的“添加蒙版”按钮，添加蒙版。选择“画笔工具”，设置前景色为黑色，在矩形上要隐去的位置单击，得到图7-68所示的效果。

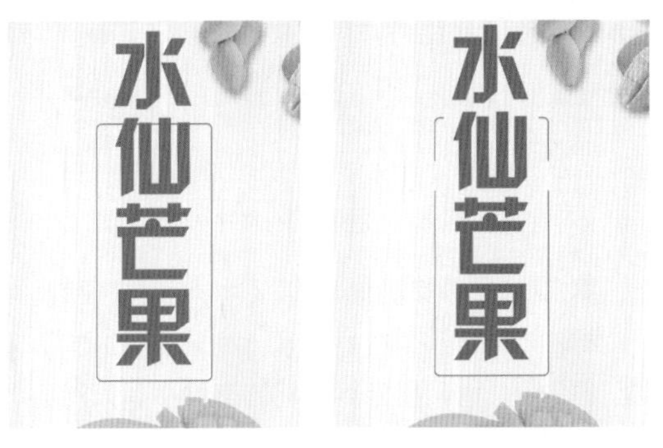

图7-67　绘制圆角矩形　　图7-68　添加蒙版后隐去部分图形

第08步：绘制圆角矩形并输入文字。选择“圆角矩形工具”，在选项栏中选择“形状”，设置半径为30像素。设置填充色RGB值为230、105、21，绘制一个圆角矩形。选择“横排文字工具”T，在选项栏中选择字体为“方正品尚中黑简体”，大小为35点，在图像上输入文字“海南”，如图7-69所示。

第09步：输入文字。选择“直排文字工具”IT，在圆角矩形左边输入两列文字，第一列字体为“等线”，第二列字体为“方正品尚中黑简体”，圆角矩形右边一列字体为“黑体”，如图7-70所示。

图7-69　绘制圆角矩形并输入文字　　图7-70　输入文字

第10步：绘制矩形。选择“矩形工具”，在选项栏中选择“形状”，设置填充色为任意色，拖动光标，绘制图7-71所示的矩形。

图7-71　绘制矩形

第11步：添加素材并创建剪贴蒙版。按【Ctrl+O】快捷键，打开“素材文件\第7章\芒果2.png”文件。选择“移动工具”，将素材拖到新建的文件中。在“图层”面板中素材的图层名称上单击鼠标右键，在弹出的快捷菜单中选择“创建剪贴蒙版”命令，图像效果如图7-72所示。

图7-72　添加素材并创建剪贴蒙版

第12步：绘制并复制矩形。选择“矩形工具”，在选项栏中选择“形状”，设置填充色RGB值为254、219、117，拖动光标，绘制矩形。复制两个矩形，改变中间的矩形的颜色RGB值为229、189、102，如图7-73所示。

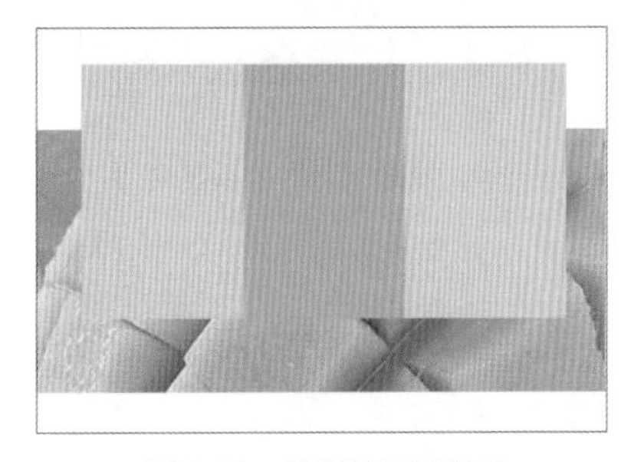

图7-73　绘制并复制矩形

第13步：输入文字。选择“横排文字工具” T，在选项栏中选择字体为“黑体”，大小为40点，在图像上输入文字，再在下面输入小字，字体为“等线”，如图7-74所示。

图7-74　输入文字

第14步：绘制并复制矩形。选择“矩形工具” ，在选项栏中选择“形状”，设置填充色RGB值为107、84、26，拖动光标，在文字的下方绘制一个小矩形。复制两个矩形，如图7-75所示。

图7-75　绘制并复制矩形

第15步：输入文字。选择“横排文字工具” T，在选项栏中选择字体为“方正品尚中黑简体”，大小为43点，在图像上输入文字，再在下面输入小字，字体为“等线”，如图7-76所示。

图7-76　输入文字

第16步：输入文字。选择“横排文字工具” T，在选项栏中选择字体为“黑体”，大小为25点，在图像上输入文字，再在下面输入小字，字体为“等线”，如图7-77所示。

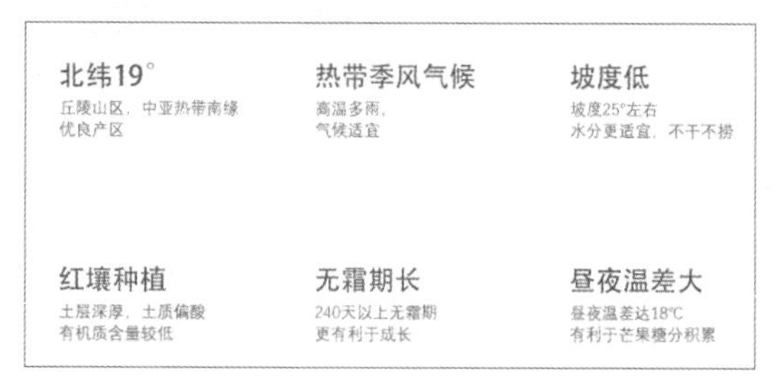

图7-77　输入文字

第17步：添加素材。按【Ctrl+O】快捷键，打开“素材文件\第7章\六图标.psd”文件。选择“移动工具” ，将素材拖到新建的文件中，如图7-78所示。

图7-78　添加素材

第18步：添加颜色叠加。单击“图层”面板下方的“添加图层样式”按钮 fx，在弹出的快捷菜单中选择“颜色叠加”命令，在弹出的“图层样式”对话框中设置颜色RGB值为230、105、21，如图7-79所示。单击“确定”按钮，得到图7-80所示的效果。

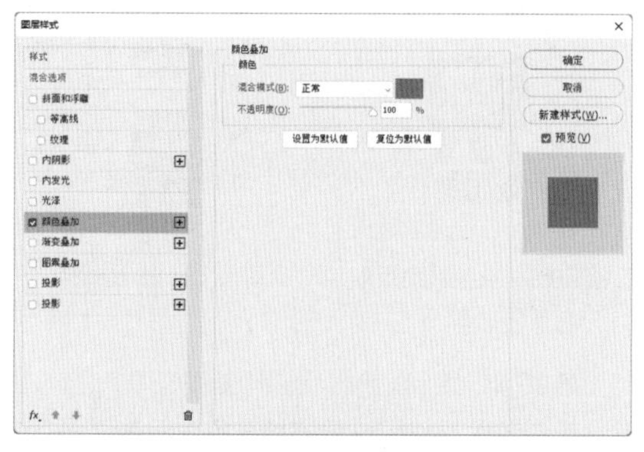

图7-79　设置参数

图7-80　叠加颜色

第19步：添加素材并调整不透明度。按【Ctrl+O】快捷键，打开“素材文件\第7章\大海1.png、天空.jpg”文件。选择“移动工具”，将素材拖到新建的文件中，如图7-81所示。在“图层”面板中设置“天空”素材所在图层的不透明度为45%，图像效果如图7-82所示。

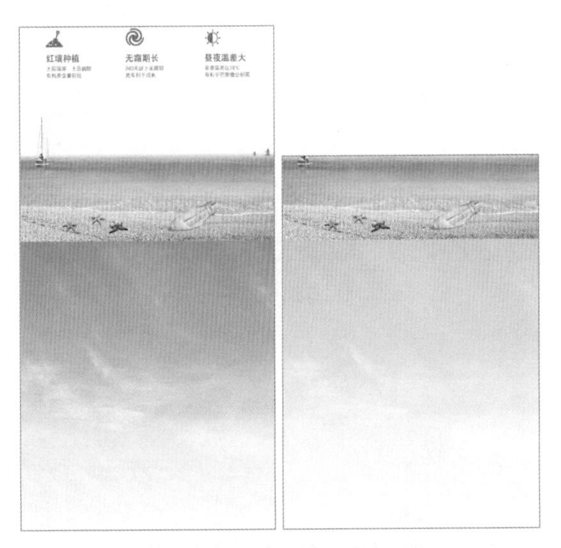

图7-81　添加素材　　图7-82　调整不透明度

第20步：添加素材。按【Ctrl+O】快捷键，打开“素材文件\第7章\大海2.jpg”文件。选择“移动工具”，将素材拖到新建的文件中，如图7-83所示。

第21步：制作素材上方的渐隐效果。单击“图层”面板下方的“添加蒙版”按钮，选择“渐变工具”，设置颜色为白色到黑色的渐变色，再在选项栏中单击“线性渐变”按钮，在素材上从上向下垂直拖动光标，释放鼠标后得到图7-84所示的效果。

图7-83　添加素材　　图7-84　制作素材上方的渐隐效果

第22步：添加素材并绘制路径。按【Ctrl+O】快捷键，打开“素材文件\第7章\椰树.png”文件。选择“移动工具”，将素材拖到新建的文件中，如图7-85所示。选择“钢笔工具”，在选项栏中选择“路径”，绘制图7-86所示的路径。

图7-85　添加素材

图7-86　绘制路径

第23步：填充渐变色。按【Ctrl+Enter】快捷键将路径转换为选区。新建图层，选择“渐变工具”，在选项栏中单击“径向渐变”按钮，分别设置几个位置点颜色的RGB值为0(253、239、204)、100(255、167、32)，如图7-87所示。从中心向外拖动光标，填充渐变色。按【Ctrl+D】快捷键取消选区，如图7-88所示。

图7-87　设置渐变色

图7-88　填充渐变色

第24步：复制图形并修改颜色。复制渐变图形，将复制的图形向上移动一定距离，并调整到下面一层。单击“图层”面板下方的“添加图层样式”按钮fx，在弹出的快捷菜单中选择“颜色叠加”命令，在弹出的“图层样式”对话框中设置颜色RGB值为254、151、1，如图7-89所示。单击“确定”按钮，得到图7-90所示的效果。

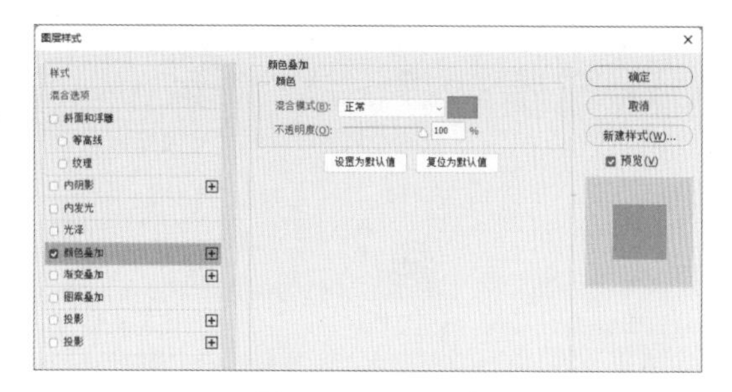

图7-89　设置参数

图7-90　修改颜色

第25步：输入文字。选择“横排文字工具”T，在选项栏中选择字体为“方正品尚中黑简体”，大小为70点，在图像上输入文字，第二行文字颜色RGB值为255、152、0，如图7-91所示。

图7-91　输入文字

第26步：输入文字。选择“横排文字工具”T，在选项栏中选择字体为“等线”，大小为64点，设置颜色RGB值为114、114、114，在图像上输入文字，再在下面输入小字，字体为“黑体”，大小为20点，如图7-92所示。

图7-92　输入文字

第27步：输入文字。选择“横排文字工具”T，在选项栏中选择字体为“方正品尚中黑简体”，大小为70点，在图像上输入文字，第二行文字颜色RGB值为255、152、0，如图7-93所示。

图7-93　输入文字

第28步：添加素材并绘制圆角矩形。按【Ctrl+O】快捷键，打开“素材文件\第7章\芒果3.jpg”文件。选择“移动工具”，将素材拖到新建的文件中。选择“圆角矩形工具”，在选项栏中选择“路径”，设置半径为30像素。沿素材边缘绘制一个圆角矩形，如图7-94所示。

第29步：制作素材的圆角效果。按【Ctrl+Enter】快捷键将路径转换为选区，按【Ctrl+Shift+I】快捷键反选选区。按【Delete】键删除选区内的图形，按【Ctrl+D】快捷键取消选区，如图7-95所示。

图7-94　添加素材并绘制圆角矩形

图7-95　制作素材的圆角效果

第30步：复制并修改文字。复制前面的文字，选择“横排文字工具”T，改变文字的内容，如图7-96所示。

图7-96　复制并修改文字

第31步：添加素材。按【Ctrl+O】快捷键，打开“素材文件\第7章\芒果4.jpg、芒果5.jpg”文件。选择“移动工具”，将素材拖到新建的文件中，如图7-97所示。

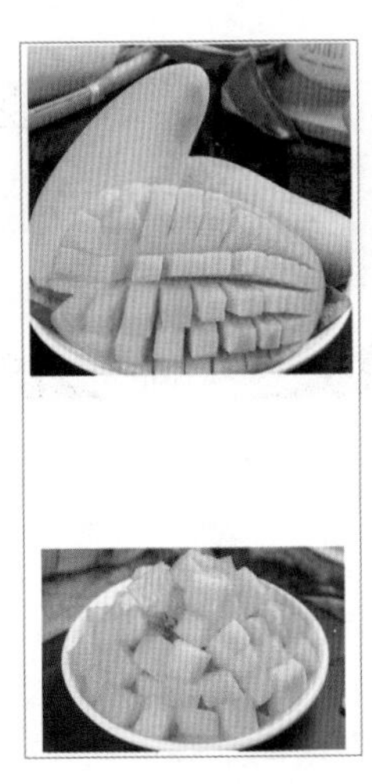

图7-97　添加素材

第32步：移动路径并调整高度。在“路径”面板中选中前面绘制的圆角矩形。选择“路径选择工具”，移动圆角矩形到素材“芒果4”的位置，按【Ctrl+T】快捷键显示调节框，按住【Shift】键调整高度，按【Enter】键确认，如图7-98所示。

图7-98 移动路径并调整高度

第33步：制作素材的圆角效果。按【Ctrl+Enter】快捷键将路径转换为选区，按【Ctrl+Shift+I】快捷键反选选区。按【Delete】键删除选区内的图形，按【Ctrl+D】快捷键取消选区。

第34步：移动路径并调整高度。在“路径”面板中选中前面绘制的圆角矩形。选择“路径选择工具”，移动圆角矩形到素材“芒果5”的位置，按【Ctrl+T】快捷键显示调节框，按住【Shift】键调整高度，按【Enter】键确认，如图7-99所示。

图7-99 移动路径并调整高度

第35步：制作素材的圆角效果。按【Ctrl+Enter】快捷键将路径转换为选区，按【Ctrl+Shift+I】快捷键反选选区。按【Delete】键删除选区内的图形，按【Ctrl+D】快捷键取消选区，素材被制作成圆角，如图7-100所示。

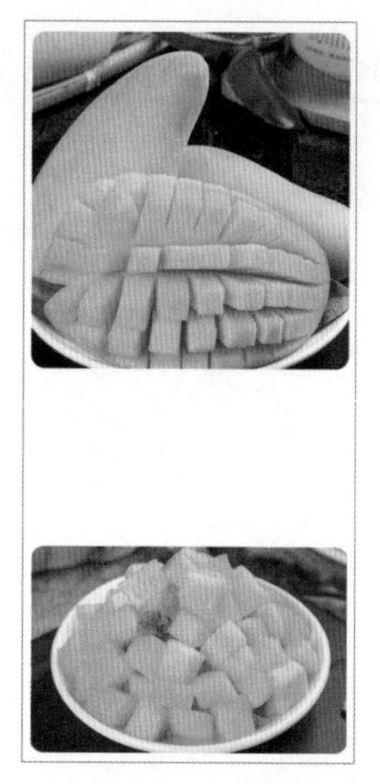

图7-100 制作素材的圆角效果

第36步：复制并修改文字。复制前面的文字，选择“横排文字工具”T，改变文字的内容，如图7-101所示。再输入文字“产品信息”，在选项栏中选择字体为“方正品尚中黑简体”，大小为69点。

图7-101 复制并修改文字

第37步：添加素材。按【Ctrl+O】快捷键，打开“素材文件\第7章\芒果6.jpg”文件。选择“移动工具”，将素材拖到新建的文件中，如图7-102所示。

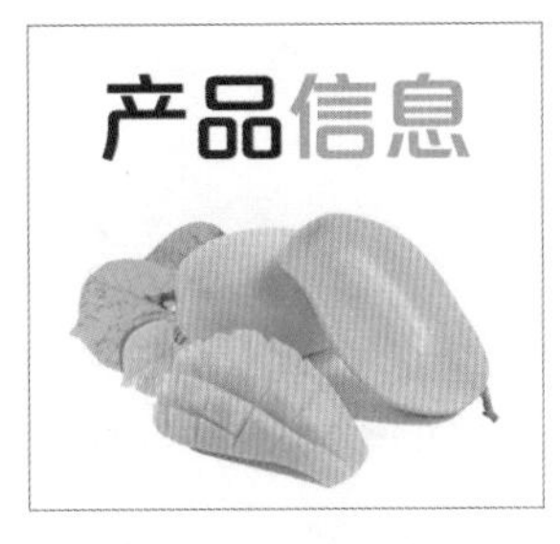

图7-102　添加素材

图7-103　输入文字

第38步：输入文字。选择“横排文字工具”T，在选项栏中选择字体为“黑体”，大小为30点，在图像上输入文字，如图7-103所示。

第39步：绘制矩形。选择“矩形工具”▭，在选项栏中选择“形状”，设置描边色RGB值为184、183、183，描边宽度为2像素，填充色为“无颜色”，绘制图7-104所示的矩形。案例最终效果如图7-105所示。

品　　名：海南水仙芒果
产　　地：海南省三亚市
规　　格：单果重量190~300g
食用方法：剥皮食用
储存方式：请贮存于阴凉、干燥处

图7-104　绘制矩形

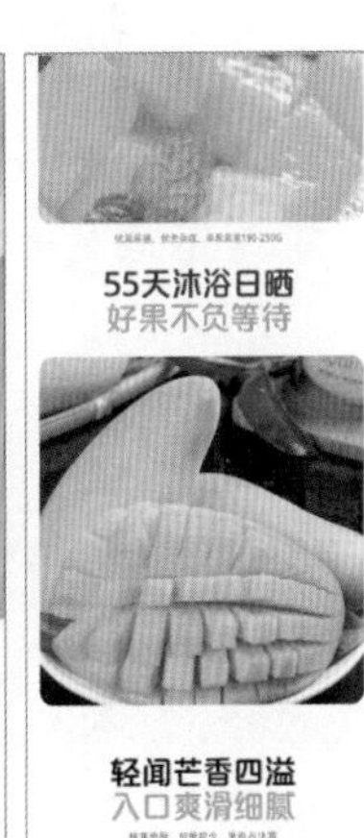

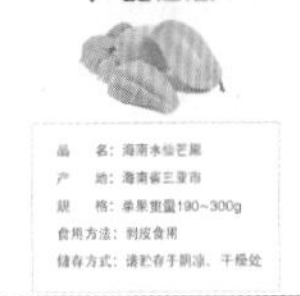

图7-105　最终效果

案例3：京东沐浴露详情页设计

案例展示

在Photoshop中制作京东沐浴露详情页的效果如图7-106所示。

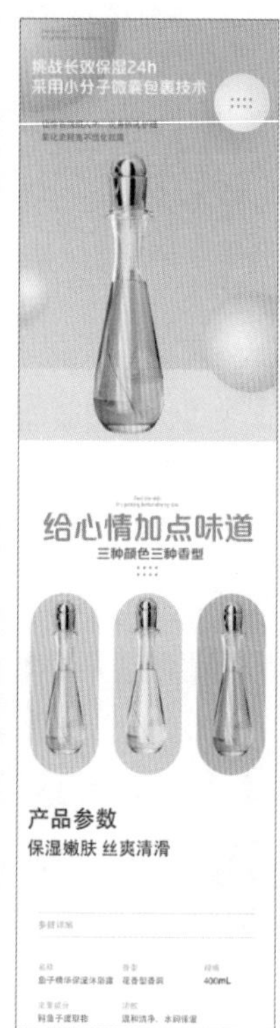

图7-106　案例效果

设计分析

1. 所用工具及知识点

横排文字工具、圆角矩形工具、钢笔工具、渐变色的填充、组的创建与复制、双层轮廓文字的制作、阴影的制作、渐隐效果的制作等。

2. 制作思路与流程

在Photoshop中制作京东沐浴露详情页的思路与流程如下所示。

①制作详情页的第一、二部分：制作双层轮廓文字时，可以复制文字，分别为两组文字添加不同的描边宽度和描边色。

②制作详情页的第三、四部分：为了设计效果，可以将实物与绘制的图形搭配，如案例中绘制的圆台。

③制作详情页的后面四部分：为了提升工作效率，便于管理，可以将同类的图文编组，复制组后修改组中的文字。

素材文件：素材文件\第7章\沐浴露背景.jpg，沐浴露.png，小图标.png，背景3.jpg，水滴.png，鱼子酱.jpg，气泡.psd，三色沐浴露.png

结果文件：结果文件\第7章\京东沐浴露详情页设计.psd

教学文件：教学文件\第7章\京东沐浴露详情页设计.mp4

步骤详解

第01步：新建文件。打开Photoshop，按【Ctrl+N】快捷键新建一个图像文件，在“新建”对话框中设置页面的宽度为950像素，高度为11180像素，分辨率为72像素/英寸。

第02步：添加素材。按【Ctrl+O】快捷键，打开“素材文件\第7章\沐浴露背景.jpg”文件，如图7-107所示。再打开“素材文件\第7章\沐浴露.png”文件。选择“移动工具”✥，将素材拖到新建的文件中，如图7-108所示。

图7-107　添加素材　　　图7-108　添加素材

第03步：绘制椭圆。新建图层，选择“椭圆工具”◯，在选项栏中选择“像素”，设置前景色为黑色，绘制一个椭圆，如图7-109所示。

图7-109　绘制椭圆

第04步：设置高斯模糊参数。执行“滤镜→模糊→高斯模糊”命令，打开“高斯模糊”对话框，设置半径为5像素，如图7-110所示。

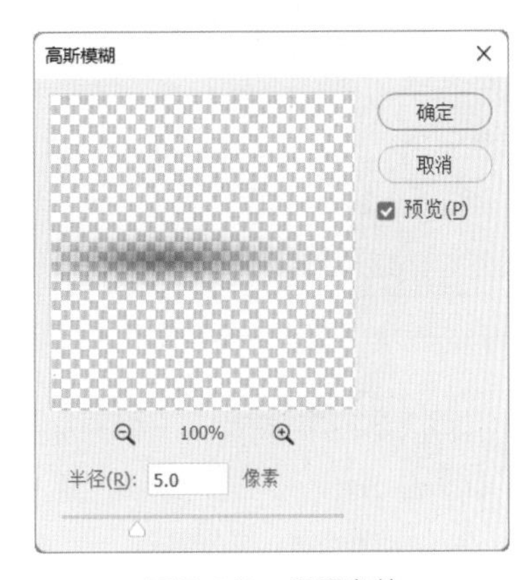

图7-110　设置参数

第05步：设置动感模糊参数。模糊后的效果如图7-111所示。执行“滤镜→模糊→动感模糊”命令，打开“动感模糊”对话框，设置距离为80像素，如图7-112所示。

图7-111　模糊阴影

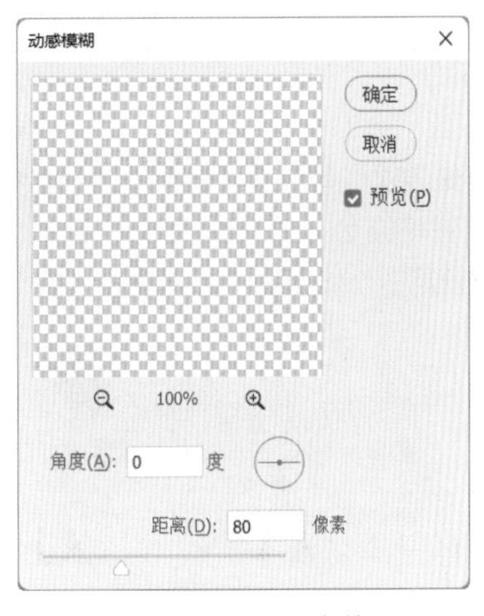

图7-112　设置参数

第06步：复制阴影。动感模糊的效果如图7-113所示，复制一个阴影，在“图层”面板中将阴影调整到沐浴露的下方，如图7-114所示。

图7-113　动感模糊

图7-114　复制阴影

第07步：绘制圆角矩形。选择“圆角矩形工具”▢，在选项栏中选择“形状”，设置半径为20像素。设置填充色RGB值为39、154、190，绘制一个圆角矩形，如图7-115所示。

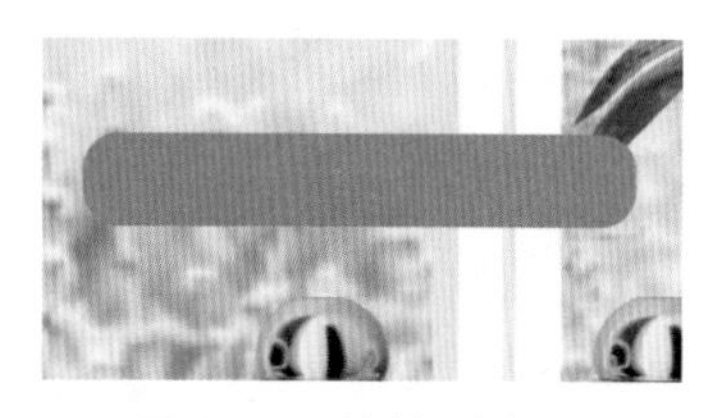

图7-115　绘制圆角矩形

第08步：制作渐隐效果。单击“图层”面板下方的“添加蒙版”按钮，选择“渐变工具”，设置颜色为白色到黑色的渐变色，再在选项栏中单击“线性渐变”按钮，从左向右水平拖动光标，释放鼠标后得到图7-116所示的效果。

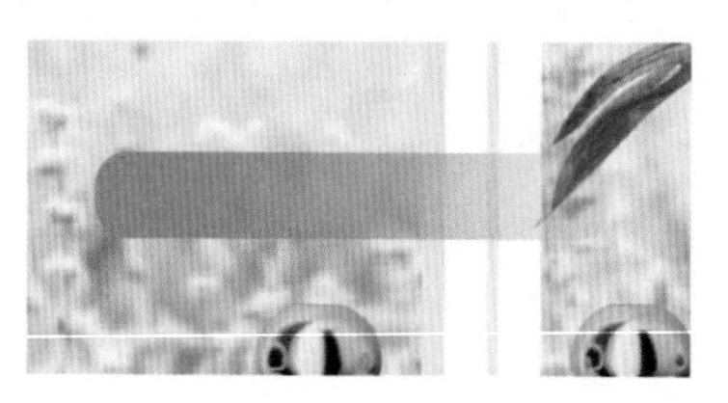

图7-116　制作渐隐效果

第09步：输入文字。选择“横排文字工具”T，在选项栏中选择字体为“黑体”，大小为30点，在图像上输入文字，如图7-117所示。

图7-117　输入文字

第10步：输入文字。选择“横排文字工具”T，在选项栏中选择字体为“方正品尚中黑简体”，大小为88点，颜色RGB值为39、154、190，在图像上输入文字“保湿嫩肤洗出透亮少女肌”。

第11步：设置“描边”参数。单击“图层”面板下方的“添加图层样式”按钮 fx，在弹出的快捷菜单中选择“描边”命令，在弹出的“图层样式”对话框中设置描边大小为7像素，描边色为白色，其余参数设置如图7-118所示。单击“确定”按钮，文字效果如图7-119所示。

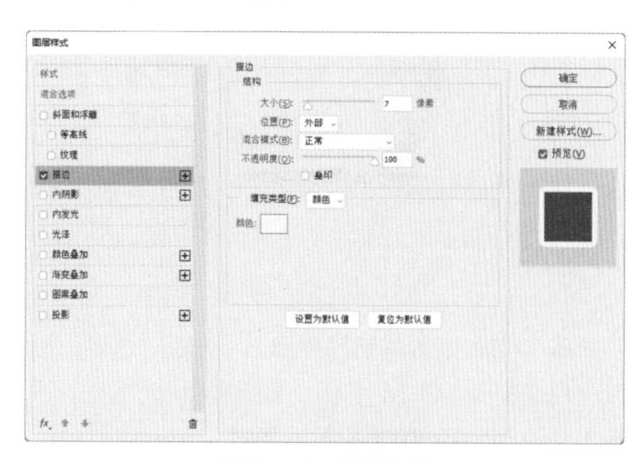

图7-118　设置参数

图7-119　描边文字

第12步：制作双层描边效果。按【Ctrl+J】快捷键复制描边的文字，选中下层的文字，单击“图层”面板下方的“添加图层样式”按钮 *fx*，在弹出的快捷菜单中选择“描边”命令，在弹出的“图层样式”对话框中改变描边大小为13像素，描边色RGB值为39、154、190，其余参数设置如图7-120所示。单击“确定”按钮，文字效果如图7-121所示。

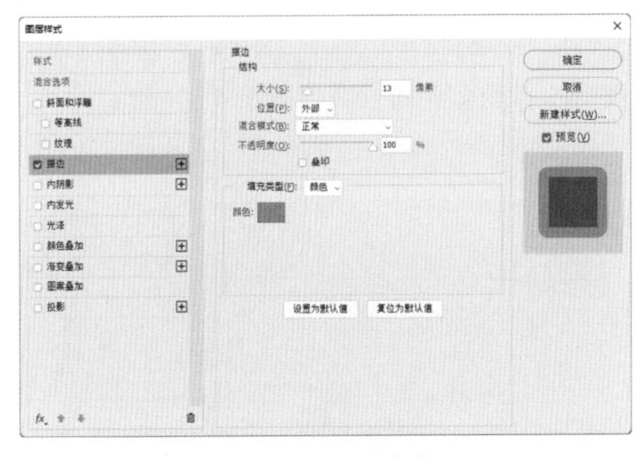

图7-120　设置参数

图7-121　描边文字

第13步：绘制小圆。选择“椭圆工具”◯，在选项栏中选择“形状”，按住【Shift】键绘制正圆。复制圆，改变它的不透明度为70%，再复制一个圆，改变它的不透明度为40%，效果如图7-122所示。

图7-122　绘制小圆

第14步：绘制直线。选择“钢笔工具”，在选项栏中选择“形状”，按住【Shift】键，绘制图7-123所示的直线。

图7-123　绘制直线

第15步：绘制矩形。选择“矩形工具”，在选项栏中选择“形状”，设置填充色为任意色，拖动光标，绘制矩形。

第16步：添加渐变叠加效果。单击“图层”面板下方的“添加图层样式”按钮 *fx*，在弹出的快捷菜单中选择“渐变叠加”命令，在弹出的“图层样式”对话框中设置渐变色，几个位置点颜色的RGB值为0（145、199、227）、100（212、238、247），角度为127度，其余参数设置如图7-124所示。单击“确定”按钮，矩形颜色如图7-125所示。

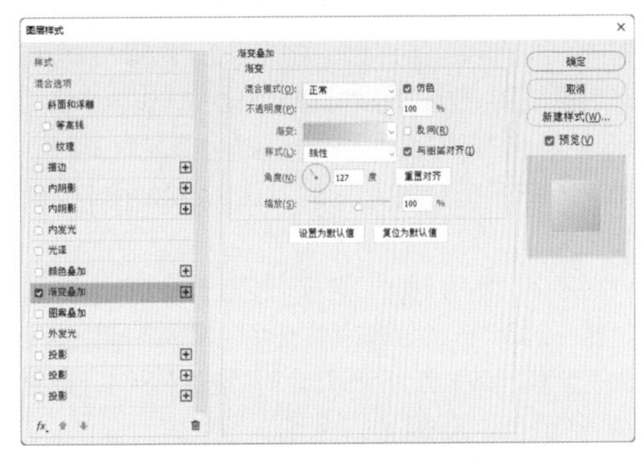

图7-124　设置参数

图7-125　绘制渐变矩形

第17步：输入文字。选择“横排文字工具”T，在选项栏中选择字体为“方正品尚中黑简体”，大小为62点，在图像上输入文字“感觉肌肤一天天在变好”。再在文字上方输入一行英文，大小为14点。

第18步：输入文字。选择“横排文字工具”T，在选项栏中选择字体为“黑体”，大小为50点，在右边输入两行省略符号，如图7-126所示。

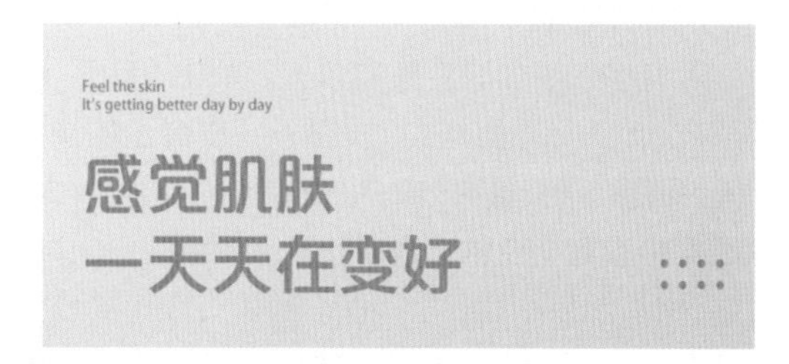

图7-126　输入文字

第19步：绘制圆角矩形。单击“图层”面板下方的“创建新组”按钮，创建组1。选择“圆角矩形工具”，在选项栏中选择“形状”，设置半径为80像素。设置描边色为白色，描边宽度为3像素，填充色RGB值为207、234、245，绘制一个圆角矩形。

第20步：绘制圆。选择“椭圆工具”，在选项栏中选择“形状”，设置描边色为黑色，描边宽度为2像素，填充色为“无颜色”，按住【Shift】键绘制一个正圆，如图7-127所示。

第21步：输入文字。选择“横排文字工具”T，在选项栏中选择字体为“黑体”，大小为24点，在图像上输入文字“提亮肤色”。再在文字上方输入一行英文，大小为10点，如图7-128所示。

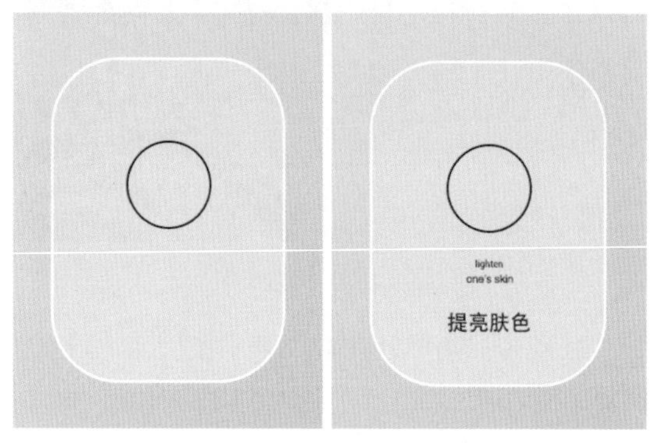

图7-127　绘制圆　　　　图7-128　输入文字

第22步：复制组并修改文字。在“图层”面板中选中组1，按住鼠标左键不放，将组1拖到面板下方的“创建新图层”按钮上，复制组，生成组1拷贝。用相同的方法再复制两个组，选择“移动工具”，移动复制的组的位置。选择“横排文字工具”T，改变文字的内容，如图7-129所示。

图7-129　复制组并修改文字

第23步：添加素材。按【Ctrl+O】快捷键，打开“素材文件\第7章\小图标.png”文件。选择“移动工具”，分别将图标拖到圆内，如图7-130所示。

图7-130　添加素材

第24步：添加素材。按【Ctrl+O】快捷键，打开“素材文件\第7章\背景3.jpg”文件。选择“移动工具”✥，将素材拖到新建的文件中。

第25步：输入文字。选中最上面的图层，单击“图层”面板下方的“创建新组”按钮，创建组2。选择“横排文字工具”T，在选项栏中选择字体为“方正品尚中黑简体”，大小为47点，在图像上输入文字“你是否忽略了身体的肌肤问题”。再在下面输入一行文字，字体为“黑体”，大小为25点。再在上面输入一行英文，大小为20点。再设置字体为“黑体”，大小为50点，在右边输入两行省略符号，如图7-131所示。

图7-131　输入文字

第26步：绘制矩形。新建图层，选择“矩形工具”，在选项栏中选择“像素”，设置填充色为白色，拖动光标，绘制图7-132所示的矩形。

图7-132　绘制矩形

第27步：输入文字。选择“横排文字工具”T，在选项栏中选择字体为“方正品尚中黑简体”，大小为40点，在图像上输入三组文字。再在下面输入一行英文，字体为“黑体”，大小为18点。再在最下面输入数字，大小为46点，如图7-133所示。

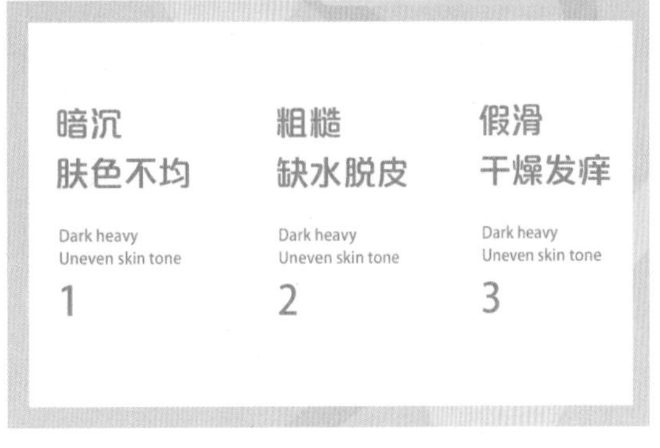

图7-133　输入文字

第28步：绘制矩形。选择“矩形工具”，在选项栏中选择“形状”，设置填充色RGB值为182、232、239，拖动光标，绘制图7-134所示的矩形。

图7-134　绘制矩形

第29步：绘制矩形。选择“矩形工具”▭，在选项栏中选择“形状”，设置填充色为任意色，拖动光标，绘制矩形。

第30步：添加渐变叠加效果。单击“图层”面板下方的“添加图层样式”按钮 *fx*，在弹出的快捷菜单中选择“渐变叠加”命令，在弹出的“图层样式”对话框中分别设置两个位置点颜色的RGB值为36（140、210、225）、100（221、241、251），角度为-102度，其余参数设置如图7-135所示。单击“确定”按钮，效果如图7-136所示。

图7-135　设置参数

图7-136　绘制渐变矩形

第31步：绘制椭圆。选择“椭圆工具”○，在选项栏中选择“形状”，设置填充色RGB值为204、247、255，绘制图7-137所示的椭圆。

图7-137　绘制椭圆

第32步：绘制矩形。选择“矩形工具”▭，在选项栏中选择“形状”，设置填充色为任意色，拖动光标，绘制矩形。在“图层”面板中，将矩形的顺序拖到椭圆的下面。

第33步：添加渐变叠加效果。单击“图层”面板下方的“添加图层样式”按钮 *fx*，在弹出的快捷菜单中选择“渐变叠加”命令，在弹出的“图层样式”对话框中分别设置两个位置点颜色的RGB值为0（212、245、252）、100（130、204、213），角度为0度，单击“确定”按钮，效果如图7-138所示。

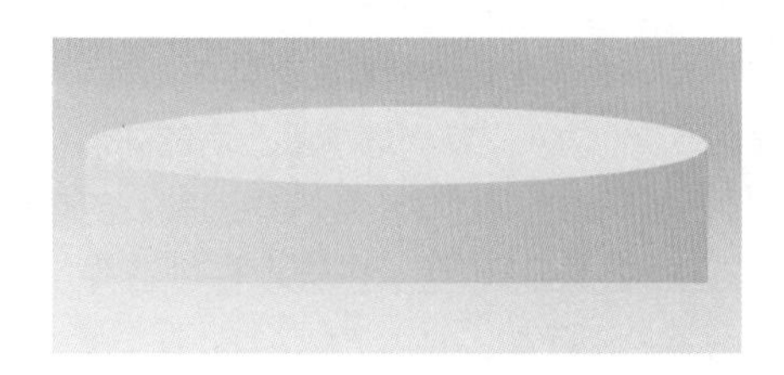

图7-138　绘制渐变矩形

第34步：复制椭圆并粘贴图层样式。复制椭圆，在“图层”面板中，将椭圆的顺序拖到矩形的下面，如图7-139所示。用鼠标右键单击“图层”面板中矩形所在的图层，在弹出的快捷菜单中选择“拷贝图层样式”命令。再用鼠标右键单击复制的椭圆所在的图层，在弹出的快捷菜单中选择“粘贴图层样式”命令，复制的椭圆的效果如图7-140所示。

图7-139　复制椭圆

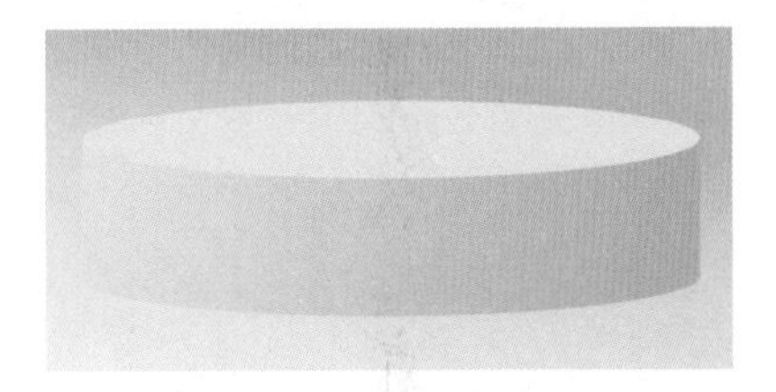

图7-140　粘贴图层样式

第35步：添加投影效果。单击“图层”面板下方的“添加图层样式”按钮 *fx*，在弹出的快捷菜单中选择“投影”命令，在弹出的“图层样式”对话框中设置不透明度为19%，角度为55度，距离为9像素，大小为21像素，其余参数设置如图7-141所示。单击“确定”按钮，得到图7-142所示的效果。

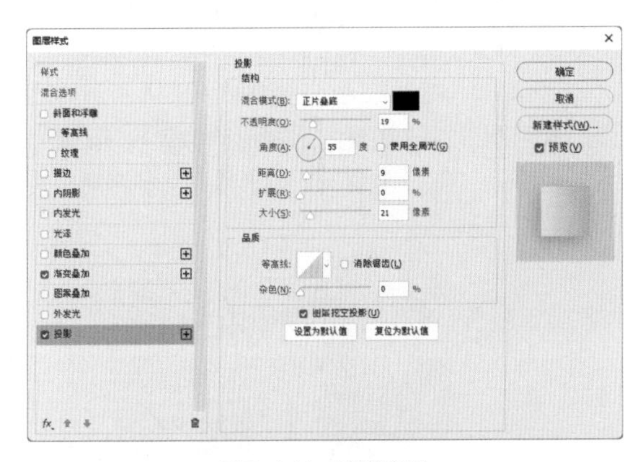

图7-141　设置参数

图7-142　添加投影效果

第36步：复制阴影并调整不透明度。复制前面的蓝色沐浴露及其阴影，放到图7-143所示的位置。在“图层”面板中将阴影的不透明度调整为50%，效果如图7-144所示。

第37步：绘制椭圆。选择“椭圆工具” ○，在选项栏中选择“形状”，设置填充色RGB值为253、182、77，绘制一个椭圆，如图7-145所示。

图7-143　复制阴影

图7-144　调整不透明度

图7-145　绘制椭圆

第38步：绘制椭圆的立体效果。选择“钢笔工具” ，在选项栏中选择“路径”，绘制路径。在椭圆的下方新建图层，设置前景色RGB值为218、123、21，单击“图层”面板下方的“用前景色填充”按钮●，填充前景色，如图7-146所示。

图7-146　绘制椭圆的立体效果

第39步：复制组并修改文字。在“图层”面板中选中组2，按住鼠标左键不放，将组2拖到面板下方的“创建新图层”按钮⊞上，复制组，生成组2拷贝。选择“移动工具”✥，移动复制的组中文字的位置。选择“横排文字工具”T，改变文字的内容，如图7-147所示。

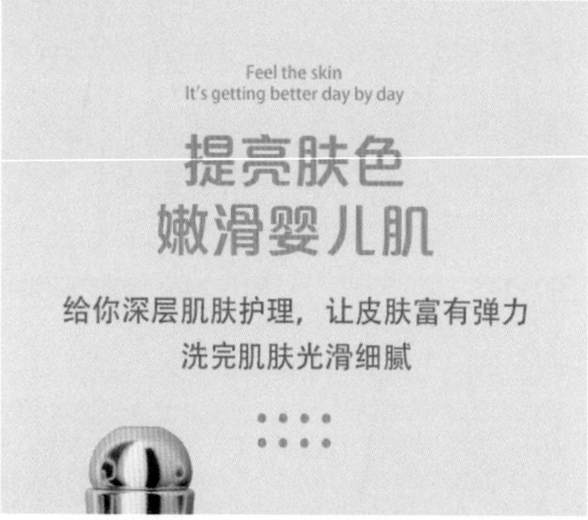

图7-147　复制组并修改文字

第40步：绘制矩形。选择“矩形工具”□，在选项栏中选择“形状”，设置填充色RGB值为177、219、241，拖动光标，绘制矩形，如图7-148所示。

第41步：添加素材。按【Ctrl+O】快捷键，打开“素材文件\第7章\水滴.png”文件。选择“移动工具”✥，将素材拖到新建的文件中，如图7-149所示。

图7-148　绘制矩形

图7-149　添加素材

第42步：复制组并修改文字。在“图层”面板中选中组2，按住鼠标左键不放，将组2拖到面板下方的“创建新图层”按钮⊞上，复制组，生成组2拷贝2。选择“移动工具”✥，移动复制的组中文字的位置。选择“横排文字工具”T，改变文字的内容，如图7-150所示。

图7-150　复制组并修改文字

第43步：绘制并复制图形。选中最上面的图层，单击“图层”面板下方的“创建新组”按钮▭，创建组3。选择“钢笔工具”✎，在选项栏中选择“形状”，设置填充色为白色，绘制图7-151所示的图形。复制图形，改变复制的图形的颜色RGB值为199、200、199，将复制的图形移动一定距离，如图7-152所示。

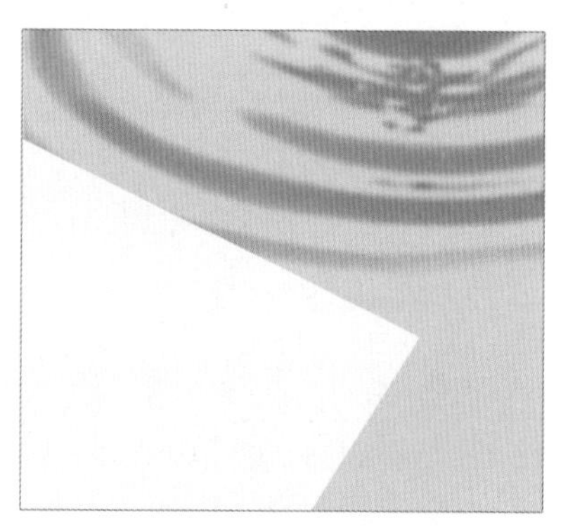

图7-151　绘制图形

图7-152　复制图形并修改颜色

第44步：绘制矩形。选择“矩形工具”□，在选项栏中选择“形状”，设置填充色RGB值为199、200、199，拖动光标，在右上角绘制矩形，如图7-153所示。

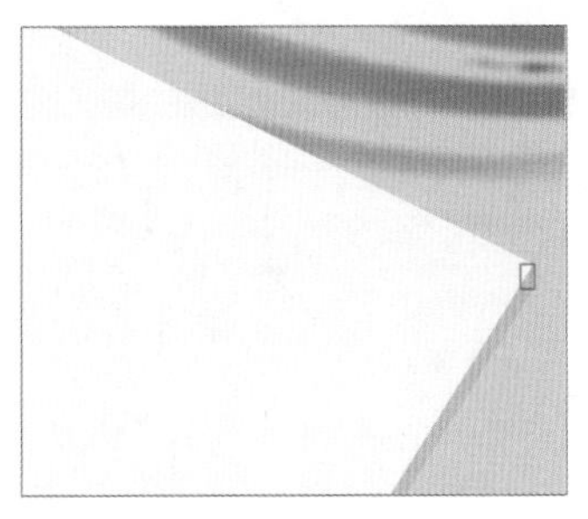

图7-153　绘制矩形

第45步：添加投影效果。再次选中下方的灰色图形，单击“图层”面板下方的“添加图层样式”按钮 *fx*，在弹出的快捷菜单中选择“投影”命令，在弹出的“图层样式”对话框中设置不透明度为60%，距离为21像素，大小为24像素，其余参数设置如图7-154所示。

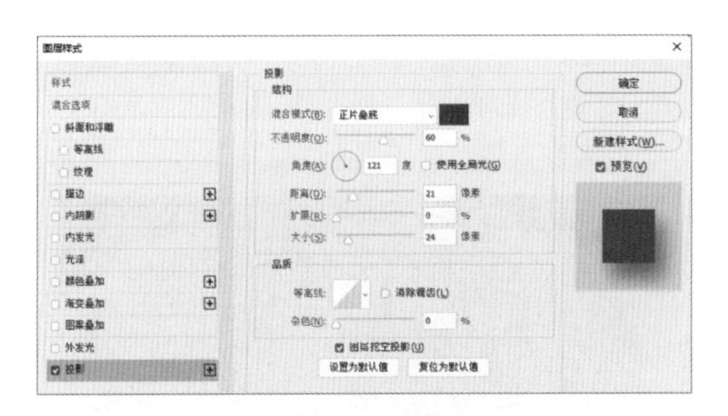

图7-154　设置参数

第46步：制作立体图形。单击“确定”按钮，投影效果如图7-155所示。用相同的方法再制作一个立体图形，如图7-156所示。

图7-155　添加投影效果

图7-156　制作立体图形

第47步：复制素材。复制前面打开的“沐浴露”素材，放到绘制的立体图形的上面，如图7-157所示。

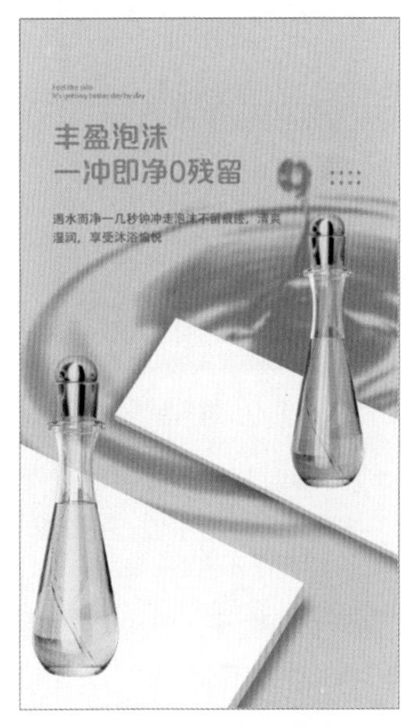

图7-157　复制素材

第48步：绘制矩形。选择“矩形工具”，在选项栏中选择“形状”，设置填充色为任意色，拖动光标，绘制矩形。

第49步：添加渐变叠加效果。单击“图层”面板下方的“添加图层样式”按钮 *fx*，在弹出的快捷菜单中选择“渐变叠加”命令，在弹出的“图层样式”对话框中设置渐变色，几个位置点颜色的RGB值为0（253、143、45）、100（253、217、105），角度为127度，其余参数设置如图7-158所示。单击“确定”按钮，矩形颜色如图7-159所示。

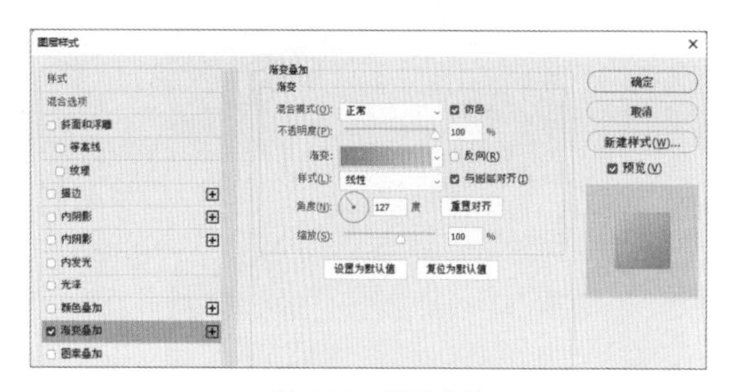

图7-158　设置参数

图7-159　绘制渐变矩形

第50步：复制组并修改文字。在“图层”面板中选中组2，按住鼠标左键不放，将组2拖到面板下方的“创建新图层”按钮⊞上，复制组，生成组2拷贝3。选择“移动工具”✥，移动复制的组中文字的位置。选择“横排文字工具”T，改变文字的内容，再在选项栏中设置文字颜色为白色，如图7-160所示。

图7-160　复制组并修改文字

第51步：绘制矩形。选择“矩形工具”▢，在选项栏中选择“形状”，设置填充色为任意色，描边色为白色，描边宽度为20像素，拖动光标，绘制图7-161所示的矩形。

图7-161　绘制矩形

第52步：添加素材并创建剪贴蒙版。按【Ctrl+O】快捷键，打开“素材文件\第7章\鱼子酱.jpg”文件。选择“移动工具”✥，将素材拖到新建的文件中。在“图层”面板中素材的图层名称上单击鼠标右键，在弹出的快捷菜单中选择“创建剪贴蒙版”命令，图像效果如图7-162所示。

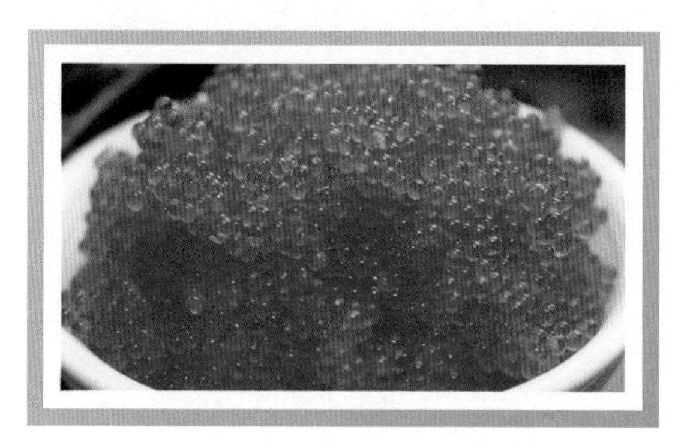

图7-162　添加素材并创建剪贴蒙版

第53步：绘制矩形。选中最上面的图层，单击“图层”面板下方的“创建新组”按钮▭，创建组4。选择“矩形工具”▢，在选项栏中选择“形状”，设置填充色为白色，拖动光标，绘制图7-163所示的矩形。

第54步：绘制圆并创建剪贴蒙版。选择“椭圆工具”○，在选项栏中选择“形状”，设置填充色RGB值为253、143、45，绘制一个椭圆。在“图层”面板中椭圆所在的图层上单击鼠标右键，在弹出的快捷菜单中选择“创建剪贴蒙版”命令，椭圆效果如图7-164所示。

图7-163 绘制矩形

图7-164 绘制圆并创建剪贴蒙版

技能拓展
——使用快捷键创建剪贴蒙版

按住【Alt】键不放，将鼠标指针移到两个图层中间，单击即可创建剪贴蒙板。选择基底图层上方的剪贴层，执行“图层→释放剪贴蒙板”命令，释放剪贴蒙版和创建剪贴蒙版时执行的命令相同，因此快捷键都为【Alt+Ctrl+G】。

第55步：输入文字。选择“横排文字工具”T，在选项栏中选择字体为“黑体”，大小为19点，在图像上输入英文。再输入数字，字体为“黑体”，大小为55点，如图7-165所示。

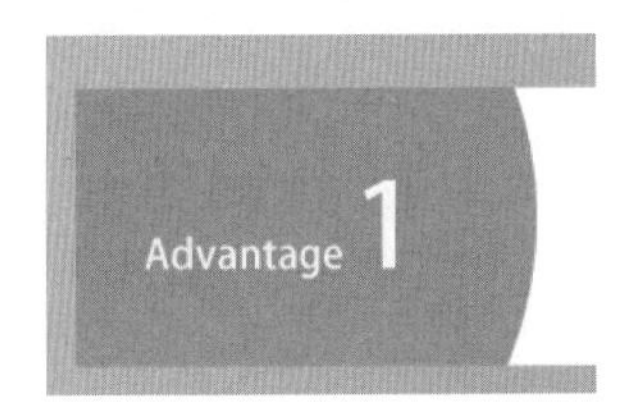

图7-165 输入文字

第56步：制作斜体字。选中文字，在选项栏中单击“切换字符和段落面板”按钮，在打开的“字符”面板中单击“仿斜体”按钮，如图7-166所示，效果如图7-167所示。

图7-166 单击“仿斜体”按钮

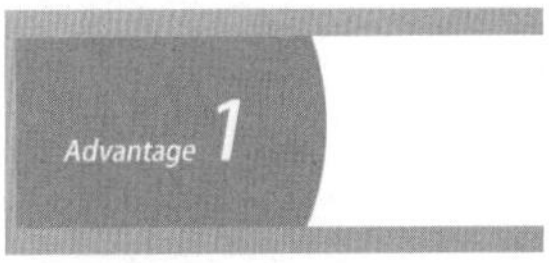

图7-167 倾斜文字

第57步：输入文字。选择“横排文字工具”T，在选项栏中选择字体为“黑体”，大小为38点，在图像上输入文字。再在下面输入一行小字，大小为22点，如图7-168所示。

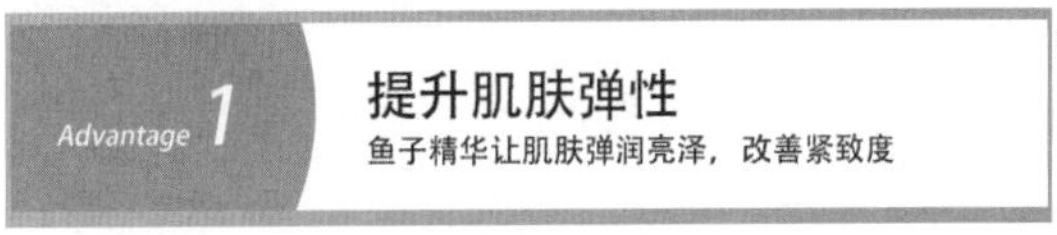

提升肌肤弹性

鱼子精华让肌肤弹润亮泽，改善紧致度

图7-168 输入文字

第58步：复制组并修改文字。在“图层”面板中选中组4，按住鼠标左键不放，将组4拖到面板下方的“创建新图层”按钮上，复制组，生成组4拷贝。用相同的方法再复制一个组，垂直向下移动复制的组，如图7-169所示。选择“横排文字工具”T，改变文字的内容。

图7-169 复制组并修改文字

第59步：绘制矩形。选择“矩形工具”▭，在选项栏中选择“形状”，设置填充色为任意色，拖动光标，绘制矩形。

第60步：添加渐变叠加效果。单击“图层”面板下方的“添加图层样式”按钮 fx，在弹出的快捷菜单中选择“渐变叠加”命令，在弹出的“图层样式”对话框中设置渐变色，几个位置点颜色的RGB值为0（173、226、244）、100（116、191、220），角度为-127度，其余参数设置如图7-170所示。单击“确定”按钮，矩形颜色如图7-171所示。

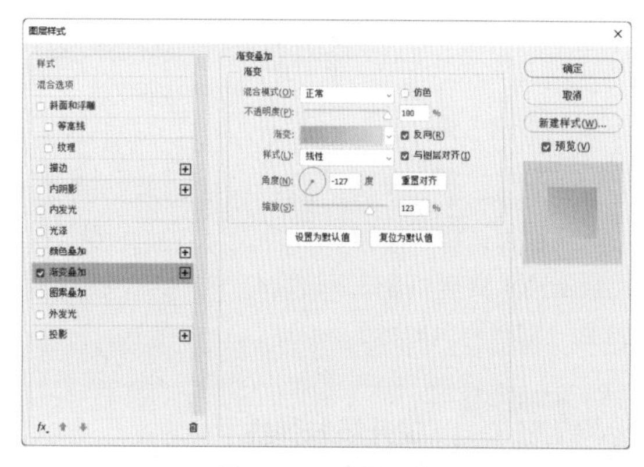

图7-170　设置参数

图7-171　绘制渐变矩形

第61步：绘制矩形。选择“矩形工具”▭，在选项栏中选择“形状”，设置填充色RGB值为177、228、245，拖动光标，绘制矩形，如图7-172所示。

第62步：添加素材。按【Ctrl+O】快捷键，打开“素材文件\第7章\气泡.psd”文件。选择“移动工具”✥，将素材拖到新建的文件中，如图7-173所示。

图7-172　绘制矩形　　图7-173　添加素材

第63步：复制组并修改文字。在“图层”面板中选中组2，按住鼠标左键不放，将组2拖到面板下方的“创建新图层”按钮⊞上，复制组，生成组2拷贝4。选择“移动工具”✥，移动复制的组中文字的位置。选择“横排文字工具”T，改变文字的内容，如图7-174所示。复制前面的粉色沐浴露，放到图7-175所示的位置。

第64步：复制组并修改文字。在“图层”面板中选中组2，按住鼠标左键不放，将组2拖到面板下方的“创建新图层”按钮⊞上，复制组，生成组2拷贝5。选择“移动工具”✥，移动复制的组中文字的位置。选择“横排文字工具”T，改变文字的内容，如图7-176所示。

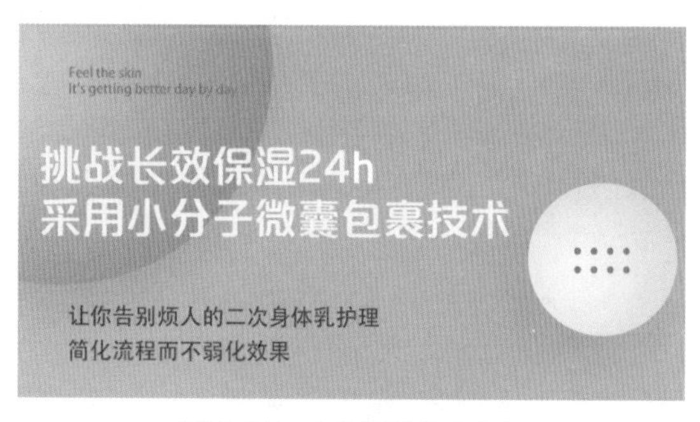

图7-174　复制组并修改文字

挑战长效保湿24h
采用小分子微囊包裹技术
让你告别烦人的二次身体乳护理
简化流程而不弱化效果

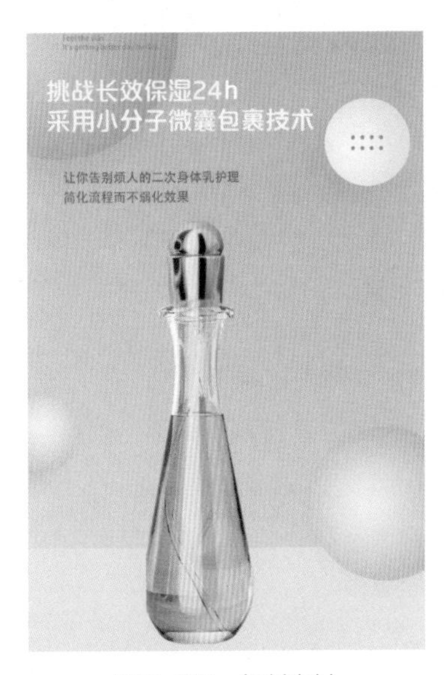

图7-175　复制素材

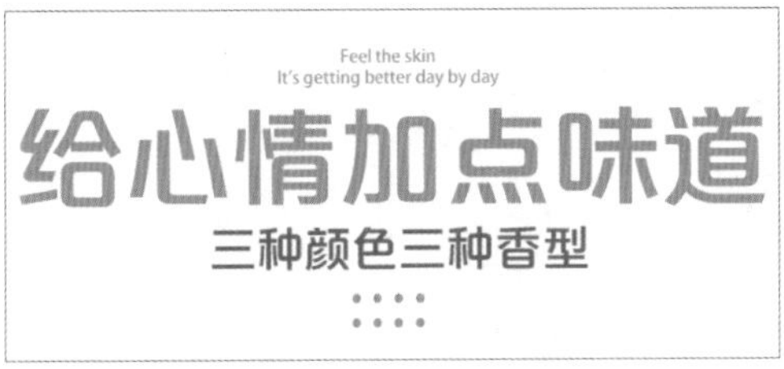

Feel the skin
It's getting better day by day
给心情加点味道
三种颜色三种香型

图7-176　复制组并修改文字

第65步：添加素材。按【Ctrl+O】快捷键，打开“素材文件\第7章\三色沐浴露.png”文件。选择“移动工具”✥，将素材拖到新建的文件中，如图7-177所示。

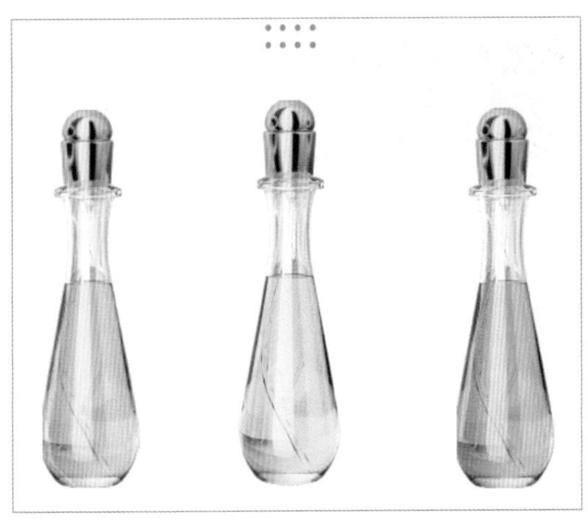

图7-177　添加素材

技能拓展
——如何快速选中对象

通常要选中对象时，在“图层”面板中选中对象所在的图层即可，但当图层过多时，不容易找到图层，此时可以使用移动工具快速选中对象。其操作是选择“移动工具”✥，在选项栏中选择“自动选择”选项，在图像中单击对象，即可快速选中对象。

第66步：绘制圆角矩形。选择“圆角矩形工具”▢，在选项栏中选择“形状”，设置半径为100像素。设置填充色RGB值为236、219、165，绘制圆角矩形。水平复制两个圆角矩形，改变第二个圆角矩形的颜色RGB值为165、218、236，改变第三个圆角矩形的颜色RGB值为244、185、207，如图7-178所示。

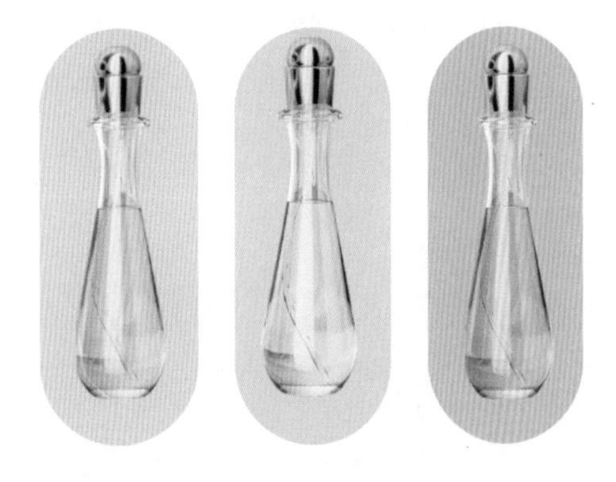

图7-178　绘制圆角矩形

第67步：输入文字。选择“横排文字工具”T，在选项栏中选择字体为“黑体”，大小为67点，在图像上输入文字“产品参数”，再在下面输入一行文字，大小为52点，如图7-179所示。

产品参数
保湿嫩肤 丝爽清滑

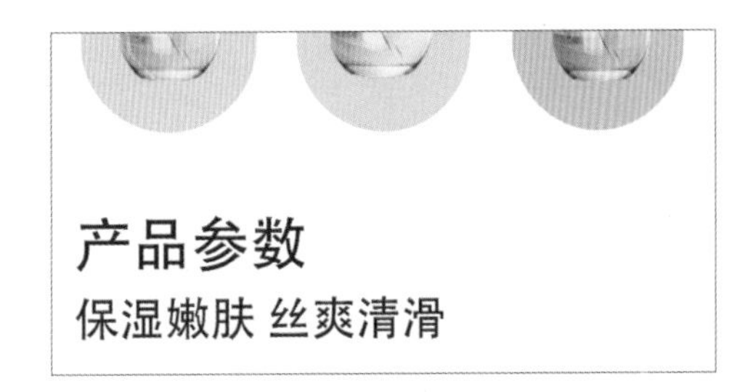

图7-179　输入文字

第68步：绘制直线。选择“钢笔工具”，在选项栏中选择“形状”，设置填充色RGB值为170、170、170，按住【Shift】键绘制一条直线。按【Ctrl+J】快捷键复制直线，按向下的方向键，向下移动复制的直线，如图7-180所示。

图7-180　绘制直线

第69步：输入文字。选择“横排文字工具”T，在选项栏中选择字体为“黑体”，在图像上输入文字，灰色文字大小为23.5点，黑色文字大小为25点，如图7-181所示。案例最终效果如图7-182所示。

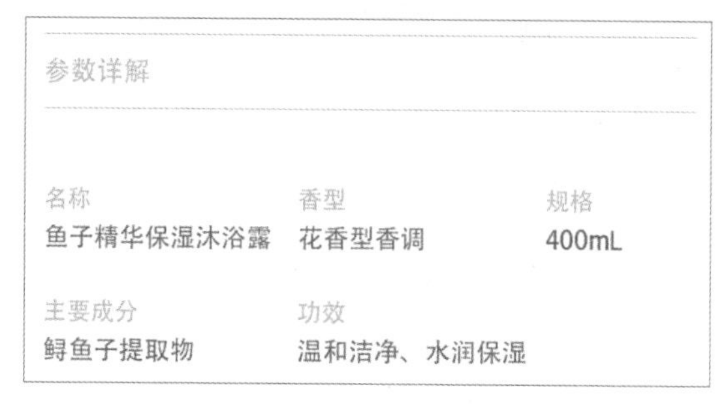

图7-181　输入文字

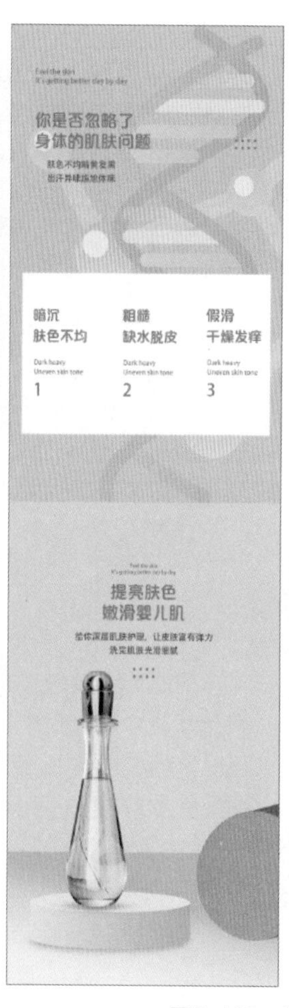

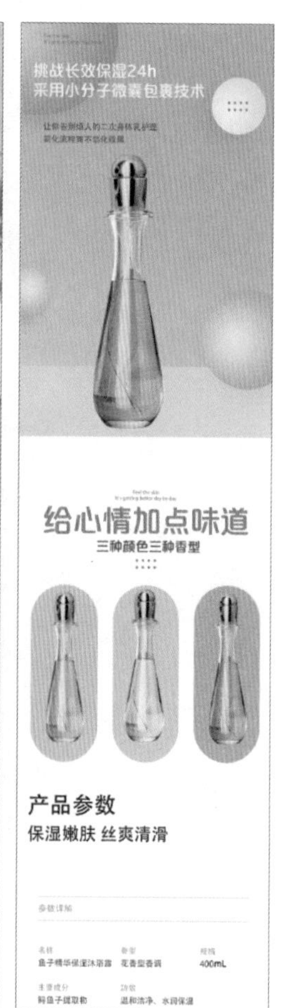

图7-182　最终效果

学习小结

详情页包含了产品及要传达给顾客的所有信息，好的详情页能进一步激发顾客的购买欲望。本章介绍了网店详情页设计的方法，希望读者学习后，在实际操作中能提升店铺内容及排版布局的合理性，找到顾客“买点”，从而增加店铺转化率。

第8章　网店的海报设计

本章导读

海报是一种较吸引眼球的广告形式，其主要由图案、文字、色彩三大编排元素组成。海报设计必须要有号召力和艺术感染力，通过调动形象、色彩、构图等因素来形成强烈的视觉效果。

知识要点

- 海报设计的类别
- 海报设计的要点
- 海报的视觉设计
- 海报设计案例

行业知识链接

主题1：海报设计的类别

一张好的海报可以吸引顾客进店，也可以生动地传达店铺商品信息和各类促销活动情况，是打折、促销、包邮、秒杀等活动宣传的重要通道。出于营销目的的不同，海报有不同的分类方法。

1. 节日海报

同一类产品在不同节日的海报设计在颜色、图案等选择上都不同。在颜色方面，三八妇女节多用粉色，五四青年节多用绿色，中秋节多用黄色，春节多用红色；在装饰图案方面，三八妇女节多用丝带，情人节多用玫瑰，中秋节多用月亮，春节多用灯笼、剪纸，图8-1所示的新年海报使用的是红色系中的暗红。

图8-1　新年海报

2. 新品发布海报

新品海报的设计一定要突出产品，让买家一眼就知道店铺有新品出售。新品的销售对象一般是老客户，老客户比新客户更关注店铺是否有上新。因此，海报的文字部分要突出对老客户的优惠力度，吸引其购买，图8-2所示为夏季上新海报。

图8-2　夏季上新海报

3. 促销海报

一般来说，促销商品在价格上都有极大的让利。海报设计要突出优惠力度，将顾客的视觉线牵引到促销文字上，图8-3所示为新年促销海报。

图8-3　新年促销海报

主题2：海报的视觉设计

1. 视觉线牵引

即设计师利用点、线和面来牵引顾客的视觉关注，让顾客随着设计师的视觉思维对商品产生兴趣。如图8-4所示，圆形中伸展出的箭头，线条指向矩形框内的文字，都起到了视觉牵引的作用。

图8-4　视觉线牵引海报

2. 色彩诱导

通过对比色或近似色的设计，引导顾客视觉重心聚焦于商品，如图8-5所示。主体色块运用了黑色，产品背景采用的紫色与主体色块形成强烈的对比，不但突出了产品，也使整个画面看起来十分和谐。

图8-5　色彩诱导海报

3. 商品比例

海报的核心是衬托商品，可采用直接凸显商品尺寸的形式，也可根据其本身的比例关系，在视觉上追求平衡，从而推出商品自身的视觉重点。图8-6所示的桌布，商品的比例很好地突出了重点。

图8-6　商品比例突出重点

主题3：海报设计的要点

优秀海报的设计也有其标准可循，下面介绍海报设计的要点。

1. 版式要美观

我们常追求海报能有"高大上"的效果，所以绞尽脑汁在想，怎样的画面组合才能带来这种感觉。殊不知，简单的画面元素也可以勾勒出有深度的意境，令海报瞬间"高大上"。海报设计的画面不能过满，要有一定的留白，给画面以呼吸的空间，如图8-7所示。

图8-7　美观的版式

2. 设计要新颖、别致

设计一张好的海报，离不开好的创意。海报设计必须有相当的号召力与艺术感染力，要调动形象、色彩、构图、形式感等因素，形成强烈的视觉效果，画面应有较强的视觉中心，力求新颖，如图8-8所示。

图8-8　新颖的设计

3. 主题要明确、针对性强

海报设计要有明确的主题，让买家一眼就能看出是哪种类型的海报，海报中重点的信息可以用一些强调符号来加强，买家看后不知其意的海报必然是失败的设计。图8-9将"韩版卫衣"文字加大，并加入了图形的元素，很好地明确了主题。

图8-9　主题明确的海报

实战训练

案例1：淘宝天猫“双11”促销海报设计

案例展示

在Photoshop中制作淘宝天猫“双11”促销海报的效果如图8-10所示。

图8-10　案例效果

设计分析

素材文件：素材文件\第8章\背景1.jpg，木马.png，双11标志.png

结果文件：结果文件\第8章\淘宝天猫“双11”促销海报设计.psd

教学文件：教学文件\第8章\淘宝天猫“双11”促销海报设计.mp4

1. 所用工具及知识点

横排文字工具、“外发光”图层样式、字间距的调整、镂空文字的制作等。

2. 制作思路与流程

在Photoshop中制作淘宝天猫“双11”促销海报的思路与流程如下所示。

①新建文件并导入背景：新建一个宽度为1920像素，高度为590像素的文件。打开素材，拖到新建的文件中。

②制作透明文字：使用文字工具输入文字，调整文字的字间距，在“图层”面板中改变文字的不透明度，制作出透明文字的效果。

③制作镂空文字：使用文字工具输入文字，使用矩形选框工具制作文字底色，载入文字选区后删除文字，制作出镂空文字的视觉效果。

步骤详解

第01步：新建文件。打开Photoshop，按【Ctrl+N】快捷键新建一个图像文件，在“新建”对话框中设置页面的宽度为1920像素，高度为590像素，分辨率为72像素/英寸。

第02步：添加素材。按【Ctrl+O】快捷键，打开“素材文件\第8章\背景1.jpg”文件。选择“移动工具”，将素材拖到新建的文件中，如图8-11所示。

图8-11　添加素材

第03步：添加素材。按【Ctrl+O】快捷键，打开“素材文件\第8章\木马.png”文件。选择“移动工具”，将素材拖到新建的文件中，如图8-12所示。再打开“素材文件\第8章\双11标志.png”文件。选择“移动工具”，将素材拖到新建的文件中，如图8-13所示。

图8-12　添加素材

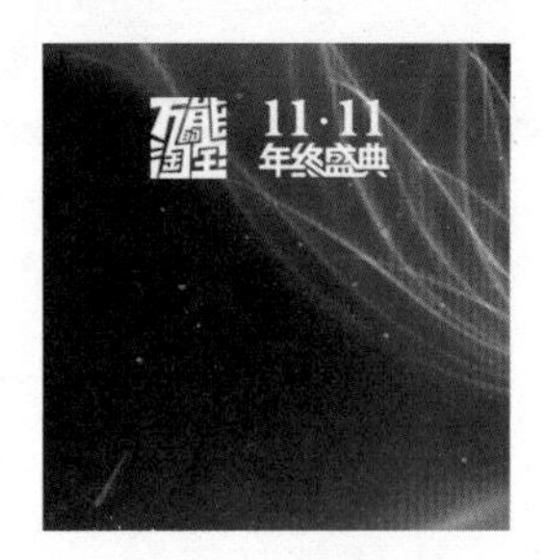

图8-13　添加素材

第04步：输入文字。选择“横排文字工具”T，在选项栏中选择字体为“Lucida Fax”，大小为35点，设置文字颜色为白色，在图像上输入英文，如图8-14所示。按【Alt】键+向右的方向键，调整文字的字间距，如图8-15所示。

图8-14　输入文字

图8-15　调整文字的字间距

第05步：输入文字。在“图层”面板中设置文字的不透明度为30%。选择“横排文字工具”T，在选项栏中选择字体为“黑体”，大小为85点，设置文字颜色RGB值为67、0、186。在图像上输入文字，按【Ctrl+Enter】快捷键完成文字的输入，如图8-16所示。

图8-16　输入文字

第06步：设置“外发光”参数。单击“图层”面板下方的“添加图层样式”按钮fx，在弹出的快捷菜单中选择“外发光”命令，在弹出的“图层样式”对话框中设置扩展为8%，大小为13像素，外发光颜色RGB值为177、10、255，其余参数设置如图8-17所示。单击“确定”按钮，效果如图8-18所示。

第07步：绘制矩形。选择“矩形选框工具”，绘制矩形。设置前景色RGB值为67、0、186，按【Alt+Delete】快捷键填充前景色。按【Ctrl+D】快捷键取消选区。

第08步：输入文字。选择“横排文字工具”T，设置前景色为白色，在选项栏中选择字体为“方正品尚粗黑简体”，大小为36点，在图像上输入文字“狂欢第二波”，按【Ctrl+Enter】快捷键完成文字的输入，如图8-19所示。

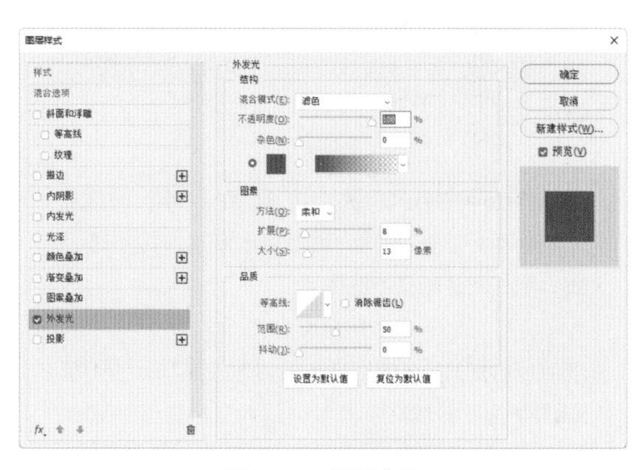

图8-17　设置参数

图8-18　文字的发光效果

图8-19　输入文字

第09步：制作文字镂空效果。按住【Ctrl】键的同时，单击文字所在的图层，载入文字选区。选中文字下的矩形所在的图层，按【Delete】键删除选区内的图形，按【Ctrl+D】快捷键取消选区。删除文字"狂欢第二波"所在的图层，效果如图8-20所示。

第10步：输入文字。选择"横排文字工具"T，设置前景色RGB值为67、0、186。在选项栏中选择字体为"方正品尚粗黑简体"，大小为28点，在图像上输入文字"特价包邮区GO"，按【Ctrl+Enter】快捷键完成文字的输入，如图8-21所示。

图8-20　制作文字镂空效果

图8-21　输入文字

第11步：输入文字。选择"横排文字工具"T，在选项栏中选择字体为"黑体"，大小为14点，设置文字颜色RGB值为67、0、186，在图像上输入文字，按【Ctrl+Enter】快捷键完成文字的输入，最终效果如图8-22所示。

图8-22　最终效果

案例2：拼多多"618"促销海报设计

案例展示

在Photoshop中制作拼多多"618"促销海报的效果如图8-23所示。

图8-23　案例效果

设计分析

1. 所用工具及知识点

横排文字工具、“投影”图层样式、“内发光”图层样式、“字符”面板等。

2. 制作思路与流程

在Photoshop中制作拼多多“618”促销海报的思路与流程如下所示。

①新建文件并填充背景：新建一个宽度为1125像素，高度为330像素的文件。打开素材，拖到新建的文件中。使用图层样式制作产品的投影效果。

②制作渐变文字：使用文字工具输入文字，使用图层样式的“投影”和“渐变叠加”命令制作渐变文字的效果。

③制作渐变立体文字和倾斜的文字：使用文字工具输入文字，使用图层样式的“内发光”和“渐变叠加”命令制作渐变立体文字的效果。使用“切换字符和段落面板”制作倾斜的文字。

素材文件：素材文件\第8章\背景2.jpg，电子产品.png，618标志.png

结果文件：结果文件\第8章\拼多多“618”促销海报设计.psd

教学文件：教学文件\第8章\拼多多“618”促销海报设计.mp4

步骤详解

第01步：新建文件。打开Photoshop，按【Ctrl+N】快捷键新建一个图像文件，在“新建”对话框中设置页面的宽度为1125像素，高度为330像素，分辨率为72像素/英寸。

第02步：添加素材。按【Ctrl+O】快捷键，打开“素材文件\第8章\背景2.jpg”文件。选择“移动工具”✥，将素材拖到新建的文件中，如图8-24所示。再打开“素材文件\第8章\电子产品.png”文件。选择“移动工具”✥，将素材拖到新建的文件中，如图8-25所示。

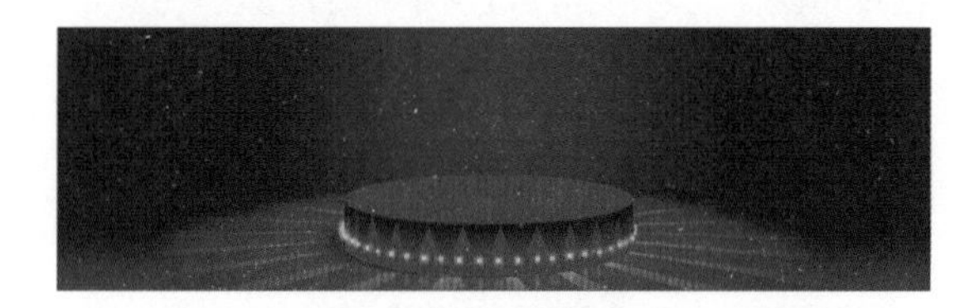
图8-24　添加素材

图8-25　添加素材

第03步：添加投影效果。执行“图层→图层样式→投影”命令，打开“图层样式”对话框，设置不透明度为60%，角度为120度，距离为7像素，大小为8像素，其余参数设置如图8-26所示。单击“确定”按钮，效果如图8-27所示。

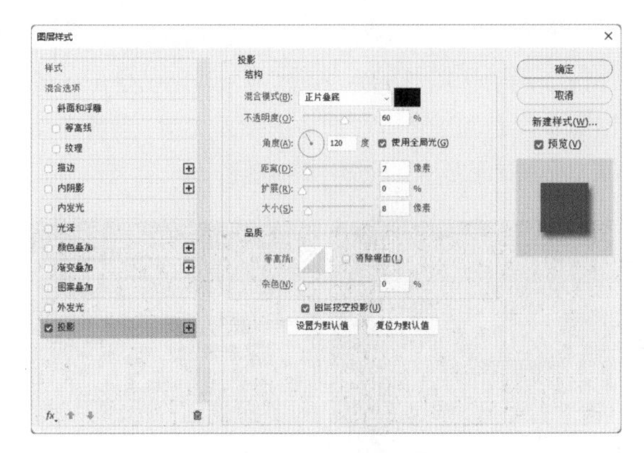

图8-26 设置参数

图8-27 添加投影效果

第04步：输入文字。选择“横排文字工具”T，在图像上输入文字“全场3折起！”，在选项栏中选择字体为“方正品尚粗黑简体”，大小为50点，按【Ctrl+Enter】快捷键完成文字的输入，如图8-28所示。

图8-28 输入文字

第05步：添加投影效果。单击“图层”面板下方的“添加图层样式”按钮 *fx*，在弹出的快捷菜单中选择“投影”命令，在弹出的“图层样式”对话框中设置不透明度为40%，角度为120度，距离为3像素，大小为5像素，其余参数设置如图8-29所示。

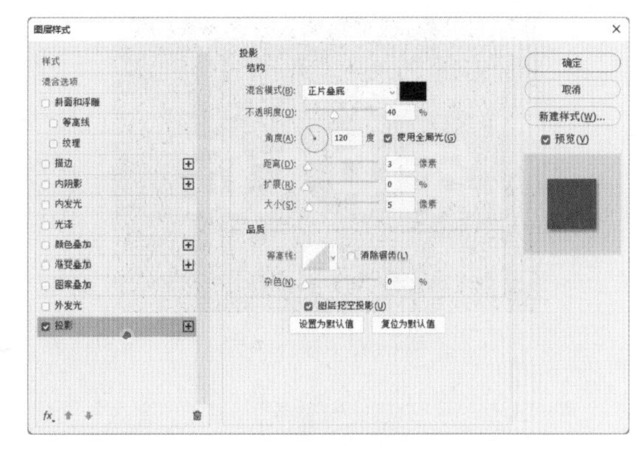

图8-29 设置参数

第06步：添加渐变叠加效果。再单击“图层样式”对话框左边的“渐变叠加”命令，分别设置几个位置点颜色的RGB值为0（239、194、56）、30（238、210、126）、52（239、194、56）、100（255、234、171），其余参数设置如图8-30所示。单击“确定”按钮，得到图8-31所示的效果。

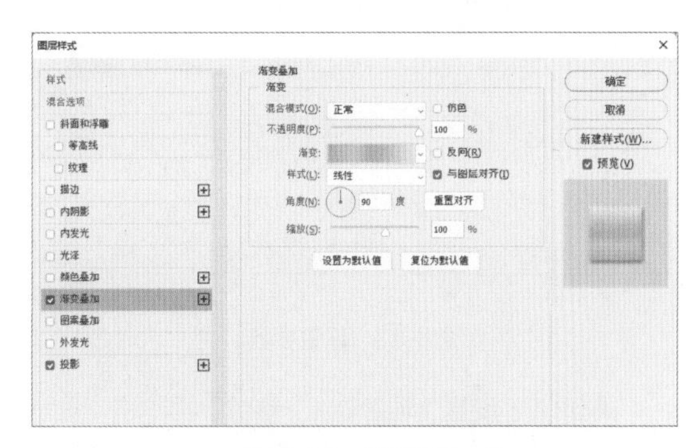

图8-30 设置参数

图8-31 添加渐变叠加效果

第07步：输入文字。选择“横排文字工具”T，在选项栏中选择字体为“方正品尚粗黑简体”，大小为57点，设置文字颜色为白色，在图像上输入文字“年中大促”，按【Ctrl+Enter】快捷键完成文字的输入，如图8-32所示。

图8-32　输入文字

第08步：添加内发光效果。单击“图层”面板下方的“添加图层样式”按钮 *fx*，在弹出的快捷菜单中选择“内发光”命令，在弹出的“图层样式”对话框中设置颜色RGB值为190、241、255，大小为5像素，其余参数设置如图8-33所示。

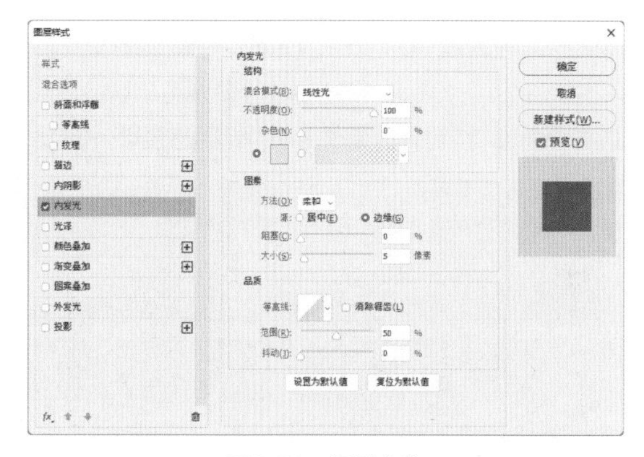

图8-33　设置参数

第09步：设置“渐变叠加”参数。再单击“图层样式”对话框左边的“渐变叠加”命令，分别设置几个位置点颜色的RGB值为25（117、197、255）、100（7、67、181），其余参数设置如图8-34所示。单击“确定”按钮，效果如图8-35所示。

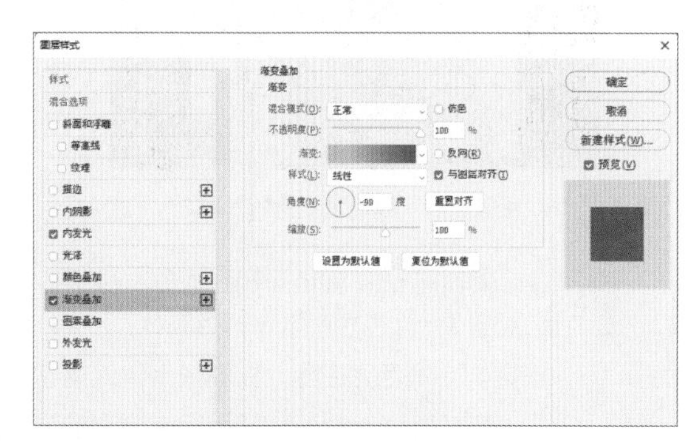

图8-34　设置参数

第10步：输入文字。选择“横排文字工具” **T**，在选项栏中选择字体为“黑体”，大小为22点，设置文字颜色为白色，在图像上输入文字“全场商品满1999减500”，如图8-36所示。

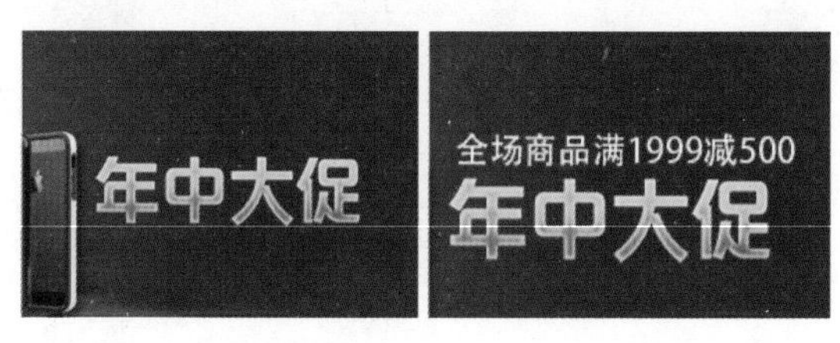

图8-35　添加文字效果　　图8-36　输入文字

第11步：制作斜体字。选中文字，在选项栏中单击“切换字符和段落面板”按钮，在打开的“字符”面板中单击“仿斜体”按钮，如图8-37所示，效果如图8-38所示。

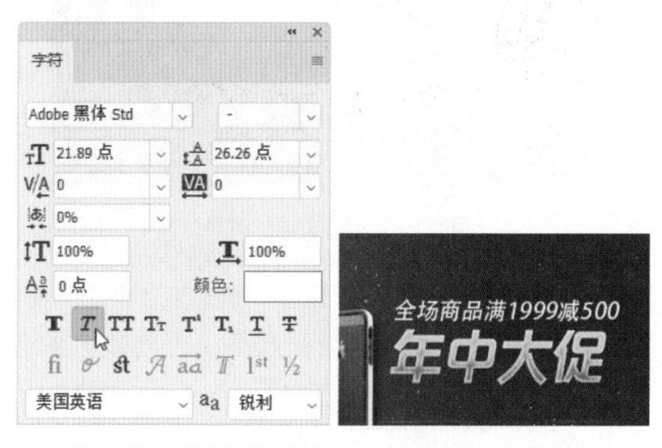

图8-37　单击“仿斜体”按钮　　图8-38　倾斜文字

第12步：输入文字。选择“横排文字工具” **T**，在选项栏中选择字体为“黑体”，大小为15点，设置颜色RGB值为240、223、172。在图像上输入文字“全国领先的苹果配件生产商”，按【Ctrl+Enter】快捷键完成文字的输入，如图8-39所示。

图8-39　输入文字

第13步：添加素材。按【Ctrl+O】快捷键，打开“素材文件\第8章\618标志.png”文件。选择“移动工具”，将素材拖到新建的文件中，最终效果如图8-40所示。

图8-40　最终效果

案例3：京东新年促销海报设计

案例展示

在Photoshop中制作京东新年促销海报的效果如图8-41所示。

图8-41　案例效果

设计分析

1. 所用工具及知识点

矩形选框工具、“投影”图层样式、“渐变叠加”图层样式、横排文字工具、“字符”面板等。

2. 制作思路与流程

在Photoshop中制作京东新年促销海报的思路与流程如下所示。

①新建文件并填充背景：新建一个宽度为1920像素，高度为550像素的文件，使用渐变工具填充线性渐变背景。

②制作渐变文字：使用文字工具输入文字，使用图层样式的“投影”和“渐变叠加”命令制作渐变文字的效果。

③绘制矩形并输入文字：使用矩形选框工具绘制矩形，使用【Ctrl+J】快捷键复制矩形，使用文字工具输入文字。

素材文件：素材文件\第8章\背景3.jpg，被子.png，蓝色按钮.png，黑色按钮.png，花纹.png

结果文件：结果文件\第8章\京东新年促销海报设计.psd

教学文件：教学文件\第8章\京东新年促销海报设计.mp4

步骤详解

第01步：新建文件。打开Photoshop，按【Ctrl+N】快捷键新建一个图像文件，在“新建”对话框中设置页面的宽度为1920像素，高度为550像素，分辨率为72像素/英寸。

第02步：添加素材。按【Ctrl+O】快捷键，打开“素材文件\第8章\背景3.jpg”文件。选择“移动工具”，将素材拖到新建的文件中，如图8-42所示。

图8-42 添加素材

第03步：输入文字。选择“横排文字工具”T，在选项栏中选择字体为“方正品尚粗黑简体”，大小为140点，设置文字颜色为白色，在图像上输入文字“新年大促”，按【Ctrl+Enter】快捷键完成文字的输入。

第04步：制作斜体字。选中文字，在选项栏中单击“切换字符和段落面板”按钮，在打开的“字符”面板中单击“仿斜体”按钮，效果如图8-43所示。

图8-43 倾斜文字

第05步：设置“投影”参数。单击“图层”面板下方的“添加图层样式”按钮 fx，在弹出的快捷菜单中选择“投影”命令，在弹出的“图层样式”对话框中设置不透明度为75%，角度为30度，距离为5像素，大小为5像素，其余参数设置如图8-44所示。

第06步：添加渐变叠加效果。再单击“图层样式”对话框左边的“渐变叠加”命令，分别设置几个位置点颜色的RGB值为0（255、255、156）、50（255、255、255）、100（255、255、156），其余参数设置如图8-45所示。单击“确定”按钮，效果如图8-46所示。

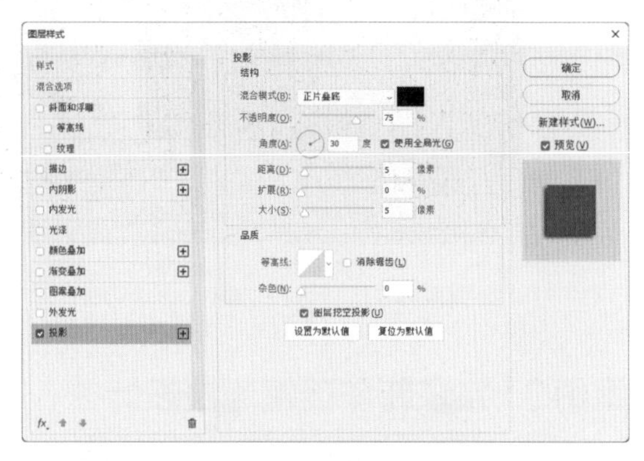

图8-44 设置参数

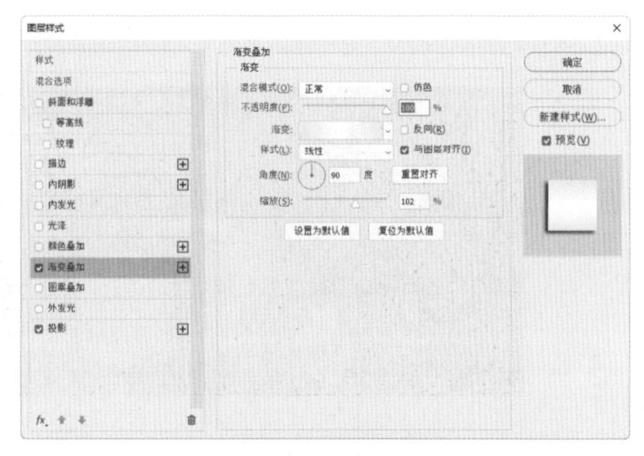

图8-45 设置参数

图8-46 添加渐变叠加效果

第07步：绘制直线。选择“钢笔工具”，在选项栏中选择“形状”，设置描边色RGB值为254、227、114，描边宽度为3像素，按住【Shift】键绘制一条直线。按【Ctrl+J】快捷键复制直线，按向下的方向键，垂直移动直线，如图8-47所示。

图8-47　绘制直线

第08步：输入文字。选择"横排文字工具"T，在选项栏中选择字体为"微软雅黑"，大小为38点，设置颜色RGB值为254、227、114，在图像上输入文字"前所未有　全淘超低价"，按【Ctrl+Enter】快捷键完成文字的输入，如图8-48所示。

图8-48　输入文字

第09步：添加素材。按【Ctrl+O】快捷键，打开"素材文件\第8章\黑色按钮.png"文件。选择"移动工具"✥，将素材拖到新建的文件中，如图8-49所示。

图8-49　添加素材

第10步：输入文字。选择"横排文字工具"T，在选项栏中选择字体为"微软雅黑"，大小为24点，设置文字颜色RGB值为254、227、114，在图像上输入文字"开团秒杀：月 日 整"，按【Ctrl+Enter】快捷键完成文字的输入，如图8-50所示。

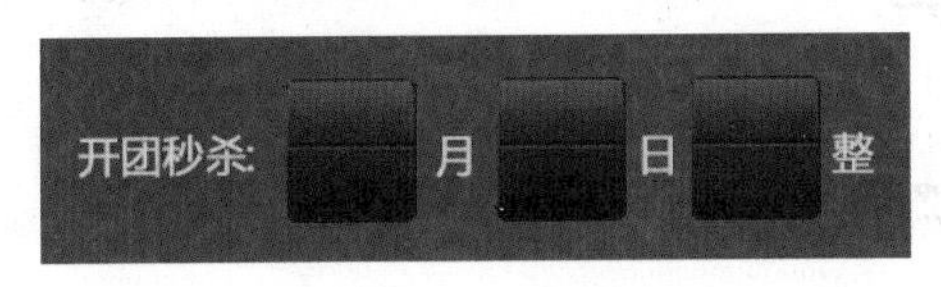

图8-50　输入文字

第11步：输入文字。选择"横排文字工具"T，在选项栏中选择字体为"微软雅黑"，大小为24点，设置文字颜色为白色，在图像上输入文字"1 19 10"，按【Ctrl+Enter】快捷键完成文字的输入，如图8-51所示。

图8-51　输入文字

第12步：绘制矩形。选择"矩形选框工具"⬚，绘制矩形。设置前景色为黑色，新建图层，按【Alt+Delete】快捷键填充前景色。按【Ctrl+D】快捷键取消选区，如图8-52所示。

图8-52　绘制矩形

第13步：删除矩形的一部分。选择"矩形选框工具"⬚，绘制图8-53所示的选区，删除选区内的图形。按【Ctrl+D】快捷键取消选区，如图8-54所示。

图8-53　绘制选区

图8-54　删除选区内的图形

第14步：输入文字。选择"横排文字工具"T，在选项栏中选择字体为"微软雅黑"，大小为20点，设置文字颜色为白色，在图像上输入文字"原价￥198"，按【Ctrl+Enter】快捷键完成文字的输入。

第15步：制作带删除线的文字。选中文字，在选项栏中单击“切换字符和段落面板”按钮▤，在打开的“字符”面板中单击“删除线”按钮，如图8-55所示，效果如图8-56所示。

图8-55　单击“删除线”按钮

图8-56　制作带删除线的文字

第16步：输入文字。选择“横排文字工具”T，在选项栏中选择字体为“微软雅黑”，大小为22点，设置文字颜色RGB值为254、227、114，在图像上输入文字“聚划算价：￥”，按【Ctrl+Enter】快捷键完成文字的输入。再设置字体为“黑体”，大小为95点，在图像上输入文字“89”，如图8-57所示。

图8-57　输入文字

第17步：添加素材。按【Ctrl+O】快捷键，打开“素材文件\第8章\蓝色按钮.png”文件。选择“移动工具”✥，将素材拖到新建的文件中，如图8-58所示。

图8-58　添加素材

第18步：输入文字。选择“横排文字工具”T，在选项栏中选择字体为“微软雅黑”，大小为23点，设置文字颜色为白色，在图像上输入文字“立即购买”，按【Ctrl+Enter】快捷键完成文字的输入，如图8-59所示。

图8-59　输入文字

第19步：添加素材。按【Ctrl+O】快捷键，打开“素材文件\第8章\被子.png”文件。选择“移动工具”✥，将素材拖到新建的文件中，如图8-60所示。

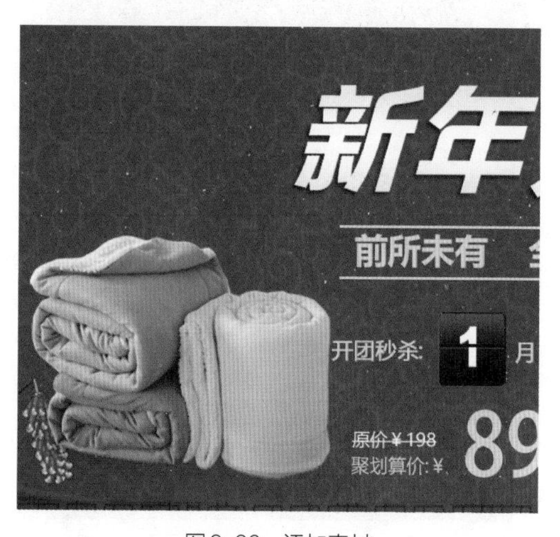

图8-60　添加素材

第20步：绘制直线。选择“钢笔工具”，在选项栏中选择“形状”，设置描边色为白色，描边宽度为2像素，按住【Shift】键，在文字右边绘制一条直线，如图8-61所示。

图8-61　绘制直线

第21步：复制直线。按【Ctrl+J】快捷键复制直线，按向右的方向键，水平移动复制的直线。用相同的方法再复制一条直线，如图8-62所示。

第22步：输入文字。选择“横排文字工具”T，在选项栏中选择字体为“方正行楷简体”，大小为42点，设置文字颜色为白色，在图像上分别输入文字“3”“折起”“全国包邮”，选中后两组文字，单击选项栏中的“切换文本取向”按钮，将文字变为竖向。

图8-62　复制直线

第23步：添加素材。按【Ctrl+O】快捷键，打开“素材文件\第8章\花纹.png”文件。选择“移动工具”，将素材拖到新建的文件中，最终效果如图8-63所示。

图8-63　最终效果

学习小结

一张好的海报可以吸引顾客进店，也可以生动地传达店铺的商品信息和各类促销活动情况，是打折、促销、包邮、秒杀等活动宣传的重要通道。本章学习了使用Photoshop进行海报设计，希望读者学习后能举一反三，做好店铺海报设计。

第9章　网店的主图及推广图设计

本章导读

主图是顾客进入店铺之前的第一道关口，因此能吸引顾客眼球是关键，能引导顾客点击是目的。不同类型的推广图在其作用上是具有共性的，在图片展现量相同的情况下，好的推广图能提升点击率，促进产品的销售。

知识要点

- 主图的规范设计
- 主图设计的要求
- 产品主图的展示角度
- 如何设计出有吸引力的推广图
- 主图及推广图设计案例

行业知识链接

主题1：主图的规范设计

很多卖家对主图规范不了解，以为在主图上加很多促销信息，就会吸引买家。虽然加上过多的促销信息遮盖商品主图的这种做法对提高点击率有一定效果，但严重影响了淘宝搜索页的美观度。这样就算流量进来了，也无法提升买家的购买欲，而且会降低买家的消费体验，同时也很难将商品的视觉价值提升。

所以，各平台对大部分类目的商品主图是有明确的设计要求的。如果不按照设计规范去制作主图，就容易引起商品的搜索降权，从而使商品在搜索展示时排位靠后。因此，在设计商品主图时，应该了解该类目的主图制作规范。

（1）主图必须为实物拍摄图，图片大小要求800×800像素以上（自动拥有放大镜功能）。

（2）主图不能出现图片拼接、水印，不得包含促销、夸大描述等文字说明。

主题2：主图设计的要求

产品主图是顾客进入店铺的重要途径，能传递品牌形象和定位，上传之后最好不要经常更换，以免影响产品搜索权重。主图设计除了遵循常规设计规范，还需要注意以下几个方面。

1. 品牌可视化标识

在主图设计上，不得不说品牌可视化标识是一种全新的方向。很多大牌的商品主图历来都保持一定程度的统一而不会改变，久而久之就形成一种极易辨别的标识，在淘宝琳琅满目的商品中形成一股独有的清流。如图9-1所示，在设计层面上或许并不复杂，但要形成一种品牌标识，需要“独到”与“坚持”。

图9-1　品牌可视化标识

2. 布局

主图设计要注意产品布局。突出产品是必要的，在一张图上如果产品比例过小或干扰元素过多，势必会影响顾客对图片信息的筛选，从而影响判断。但突出产品不等于其所占比例越大越好，建议将商品主体控制在主图的61.8%（黄金比例），符合视觉审美习惯，部分类目如小饰品需根据实际情况来布局展示。主图应避免出现过多文字或水印，否则会影响美观，如图9-2所示。

图9-2　过多文字影响美观

3. 背景

优化主图背景需要和商品类目结合起来，普通器件可通过图片后期处理达到不错的效果，但大多数都要从拍摄源头解决背景问题。如图9-3所示，搜索“箱包”关键词商品销量TOP4，可见使用真实场景展示的图片效果更受买家欢迎。

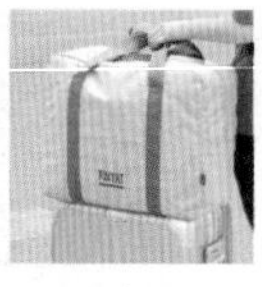

图9-3　真实场景展示

主题3：产品主图的展示角度

网店中宝贝的主图展示方式有各种各样的，需要根据产品特征选择符合产品的展示方式，突出展品卖点，提高点击率和转化率。比较常见的几种主图角度包括45°俯视、平视、45°仰视等。其中45°俯视容易展现出产品的全貌，一般至少有三个面被展示，展示效果强，可描绘出产品的大致特点，适用于各类产品的常规展示。图9-4所示为从不同角度展示的产品主图。

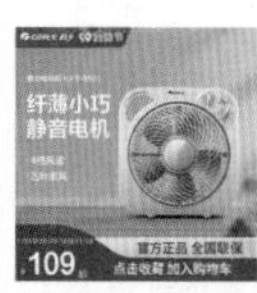

图9-4　从不同角度展示的产品主图

主题4：如何设计出有吸引力的推广图

推广图创意的优劣直接决定了点击率和点击成本，怎样才能设计出有吸引力的推广图呢？需要掌握以下几大秘诀。

1.“有效”的文案

在设计前构思一些有创意的文案是非常必要的，可以从产品特性、品牌实力、活动促销等方面去挖掘。在设计文案时万不可为了噱头夸大其词，文案必须是实事求是的有效文案，无效的文案即使有高点击率，也不会有购买率。图9-5所示的文案简洁、有效，准确地传达了信息。

图9-5　“有效”的文案

2.“突出利益点”的排版

排版就是把想表达的内容直观地展示出来，一定要凸显吸引客户点击的利益点，其他内容通过字体大小、粗细淡化等技法排版好，做到主次分明、条理清晰即可，如图9-6所示。

图9-6　“突出利益点”的排版

3.“炫目”的配色

色彩对比强烈和高纯度的配色相对于低对比度、低纯度的配色更具有吸引力，当然这不是万能的法宝，在配色时还应考虑产品的特点、受众年龄等因素。配色时可以参考同行优秀推广图的配色，减少试错的成本。图9-7所示为“炫目”的配色。

图9-7　“炫目”的配色

实战训练

案例1：拼多多直观类主图设计

案例展示

在Photoshop中制作拼多多直观类主图的效果如图9-8所示。

图9-8 案例效果

设计分析

1. 所用工具及知识点

横排文字工具、“内发光”图层样式、文字的描边、椭圆选框工具、钢笔工具等。

2. 制作思路与流程

在Photoshop中制作拼多多直观类主图的思路与流程如下所示。

①绘制左边枣的面部：导入素材，使用椭圆选框工具制作笑眯眯的眼睛，使用钢笔工具、图层样式等绘制嘴巴。

②绘制右边枣的面部：使用椭圆工具、图层样式、对象的复制等制作眼睛，使用钢笔工具、图层样式等绘制嘴巴。

③输入文字：导入黄色图标与蓝色吊牌，使用文字工具输入文字，使用图层样式制作文字的描边效果。

素材文件：素材文件\第9章\大枣1. jpg，大枣2. png，图标.png，吊牌.png

结果文件：结果文件\第9章\拼多多直观类主图设计.psd

教学文件：教学文件\第9章\拼多多直观类主图设计.mp4

步骤详解

第01步：新建文件。打开Photoshop，按【Ctrl+N】快捷键新建一个图像文件，在“新建”对话框中设置页面的宽度为800像素，高度为800像素，分辨率为72像素/英寸。

第02步：添加素材。按【Ctrl+O】快捷键，打开“素材文件\第9章\大枣1.jpg”文件。选择“移动工具”，将素材拖到新建的文件中，如图9-9所示。再打开“素材文件\第9章\大枣2. png”文件。选择“移动工具”，将素材拖到文件的右下角，如图9-10所示。

图9-9 添加素材

图9-10 添加素材

第03步：描边素材。选中“大枣2”素材所在的图层，单击“图层”面板下方的“添加图层样式”按钮 *fx*，在弹出的快捷菜单中选择“描边”命令，在弹出的“图层样式”对话框中设置描边大小为3像素，描边色RGB值为77、165、41，其余参数设置如图9-11所示。单击“确定”按钮，描边效果如图9-12所示。

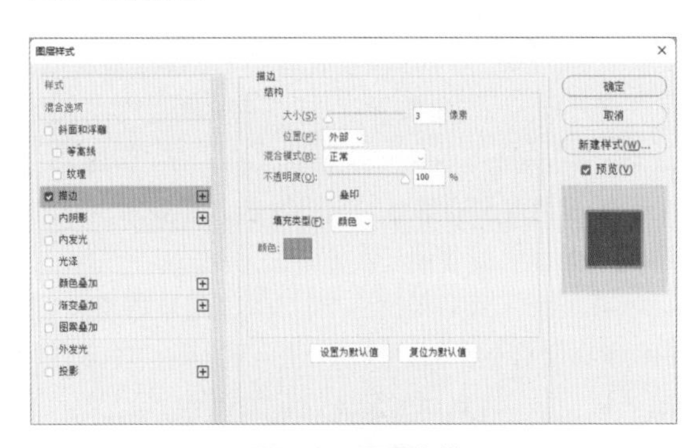

图9-11 设置参数

图9-12 描边素材

第04步：生成眼睛选区。选择“椭圆选框工具”◌，按住【Shift】键，绘制一个正圆的选框，如图9-13所示。单击选项栏中的“从选区减去”按钮，再在圆下方绘制圆，修剪后的选区如图9-14所示。

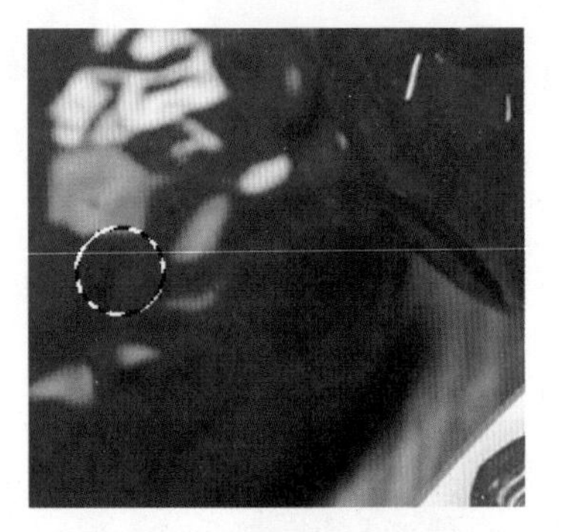

图9-13 绘制正圆的选框

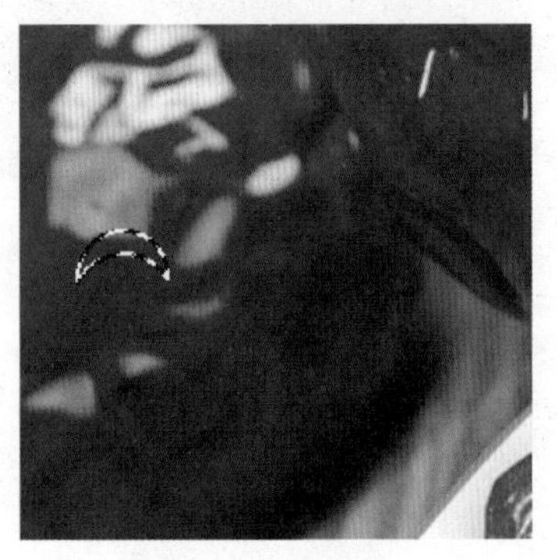

图9-14 修剪选区

第05步：为眼睛填色。新建图层，设置前景色为黑色，按【Alt+Delete】快捷键填充前景色。按【Ctrl+D】快捷键取消选区。按【Ctrl+J】快捷键复制眼睛，将复制的眼睛移到右边，图像效果如图9-15所示。

图9-15 填色

第06步：绘制嘴巴。选择“钢笔工具”，在选项栏中选择“形状”，绘制嘴巴，如图9-16所示。

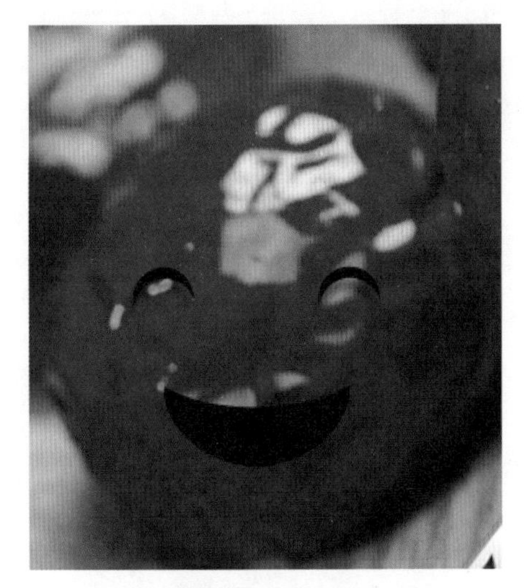

图9-16 绘制嘴巴

第07步：设置“描边”参数。单击“图层”面板下方的“添加图层样式”按钮 fx，在弹出的快捷菜单中选择“描边”命令，在弹出的“图层样式”对话框中设置描边大小为3像素，描边色为黑色，如图9-17所示。

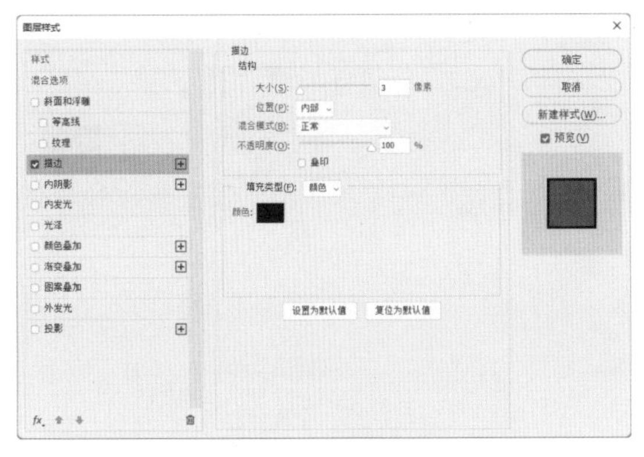

图9-17 设置参数

第08步：添加渐变叠加效果。再单击“图层样式”对话框左边的“渐变叠加”命令，设置渐变色为白色到黑色，角度为29度，其余参数设置如图9-18所示。单击“确定”按钮，效果如图9-19所示。

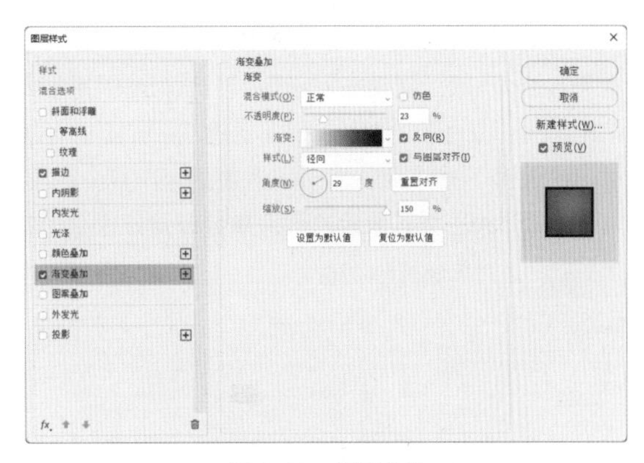

图9-18 设置参数

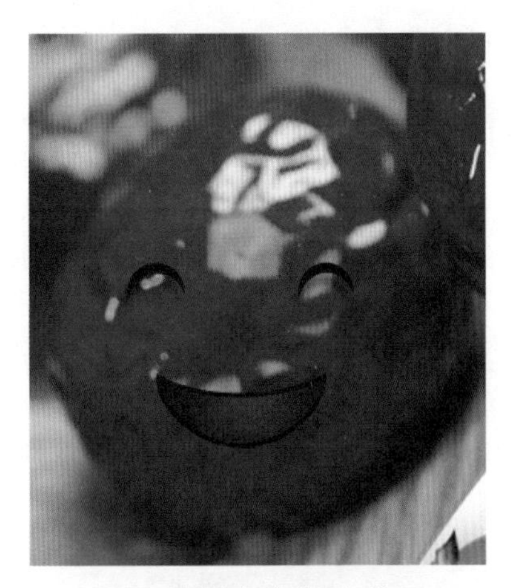

图9-19 添加渐变叠加效果

第09步：绘制舌头。选择“钢笔工具”，在选项栏中选择“形状”，设置前景色RGB值为229、45、45，绘制图9-20所示的舌头。

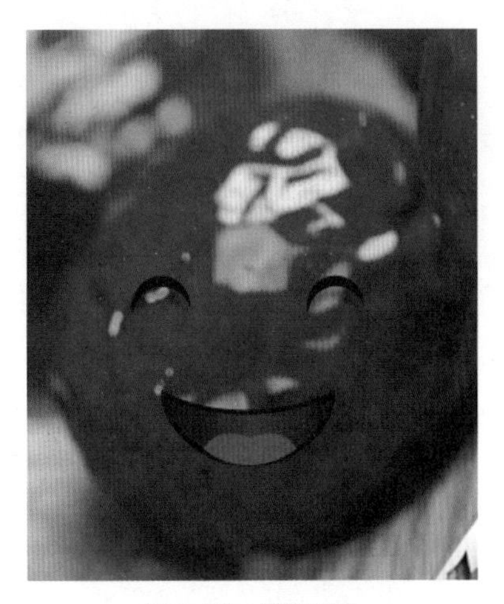

图9-20 绘制舌头

第10步：设置“内阴影”参数。单击“图层”面板下方的“添加图层样式”按钮 *fx*，在弹出的快捷菜单中选择“内阴影”命令，在弹出的“图层样式”对话框中设置不透明度为50%，角度为-90度，距离为1像素，大小为6像素，其余参数设置如图9-21所示。

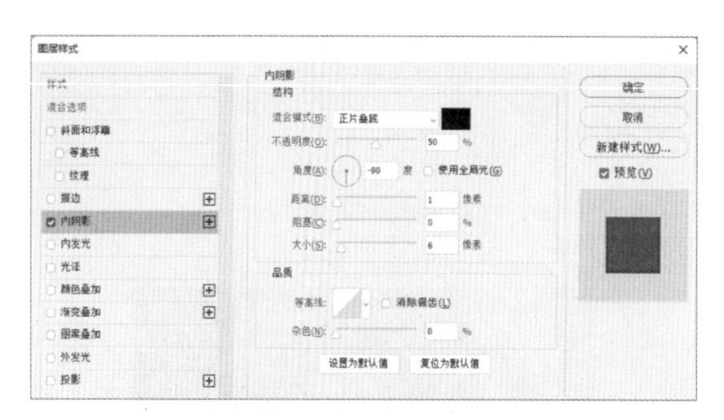

图9-21 设置参数

第11步：添加渐变叠加效果。再单击“图层样式”对话框左边的“渐变叠加”命令，设置渐变色为白色到黑色，角度为28度，其余参数设置如图9-22所示。单击“确定”按钮，效果如图9-23所示。

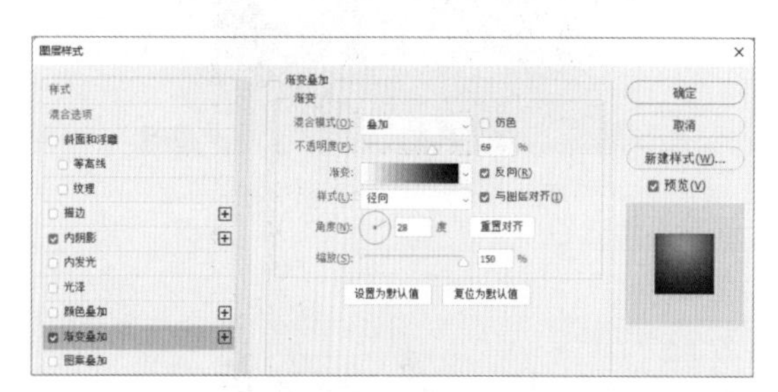

图9-22 设置参数

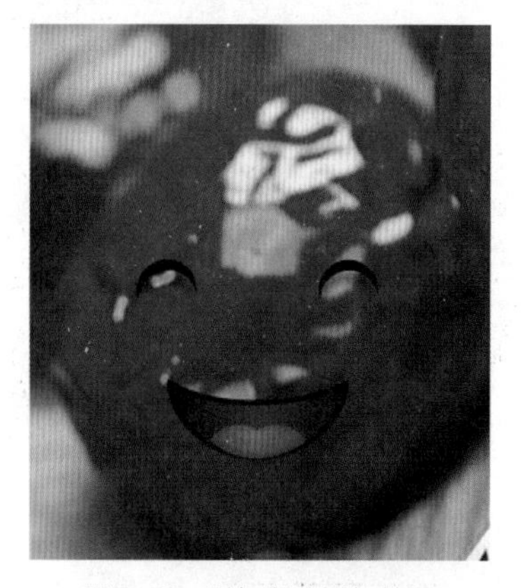

图9-23 添加渐变叠加效果

第12步：创建组并绘制眼睛形状。单击“图层”面板下方的“创建新组”按钮，创建组，将组重命名为“眼睛”。选择“钢笔工具”，在选项栏中选择“形状”，设置前景色为白色，绘制图9-24所示的路径。

图9-24 创建组并绘制眼睛形状

第13步：设置“渐变叠加”参数。单击“图层”面板下方的“添加图层样式”按钮 *fx*，在弹出的快捷菜单中选择“渐变叠加”命令，在弹出的“图层样式”对话框中设置参数，如图9-25所示。

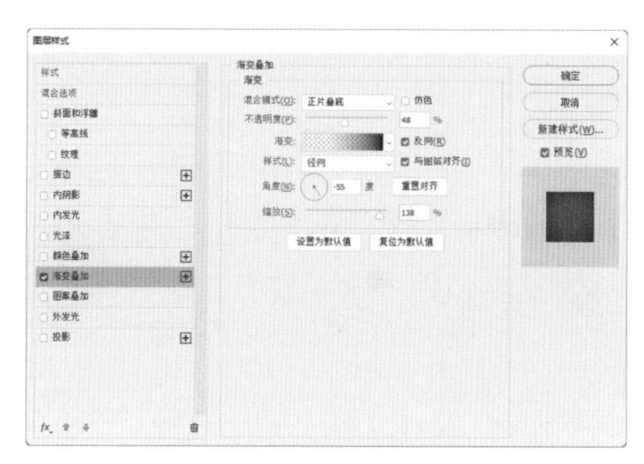

图9-25 设置参数

第14步：设置“投影”参数。再单击“图层样式”对话框左边的“投影”命令，设置不透明度为38%，距离为3像素，大小为5像素，其余参数设置如图9-26所示。单击“确定”按钮，效果如图9-27所示。

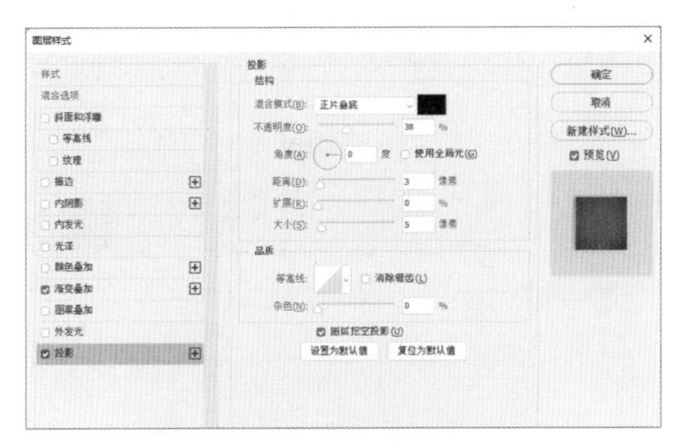

图9-26 设置参数

图9-27 添加投影效果

第15步：绘制圆。选择“椭圆工具”◯，在选项栏中选择“形状”，设置前景色RGB值为14、135、185，按住【Shift】键绘制一个正圆。单击“图层”面板下方的“添加图层样式”按钮 *fx*，在弹出的快捷菜单中选择“内阴影”命令，在弹出的“图层样式”对话框中设置不透明度为40%，距离为0像素，大小为5像素，其余参数设置如图9-28所示。单击“确定”按钮，效果如图9-29所示。

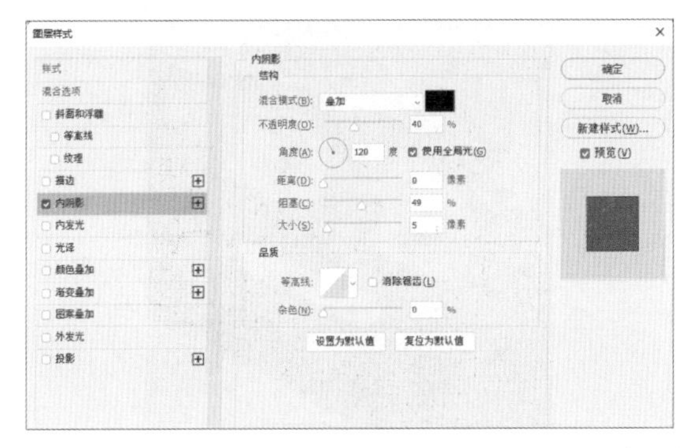

图9-28 设置参数

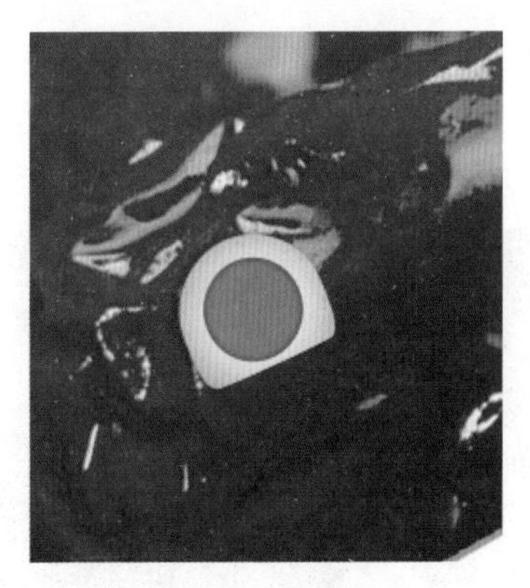

图9-29 绘制圆

第16步：绘制眼珠和高光。选择“椭圆工具”◯，在选项栏中选择“像素”，分别设置前景色为黑色和白色，新建图层，按住【Shift】键绘制眼珠和高光，如图9-30所示。

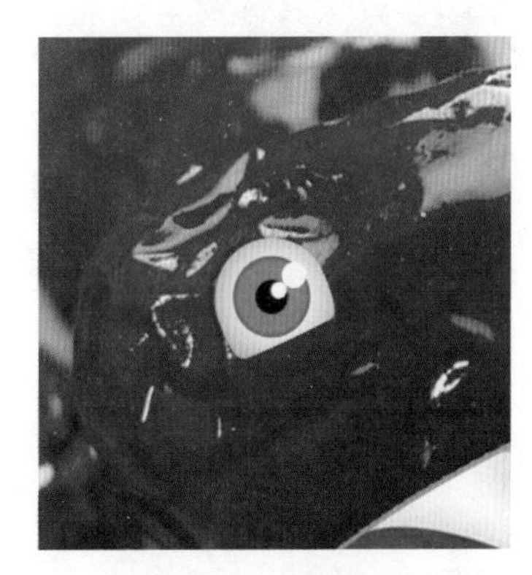

图9-30 绘制眼珠和高光

第17步：复制眼睛。在“图层”面板中选中组“眼睛”，按住鼠标左键不放，将其拖到面板下方的“创建新图层”按钮⊞上，复制眼睛。选择“移动工具”✥，将复制的眼睛移到右边，如图9-31所示。

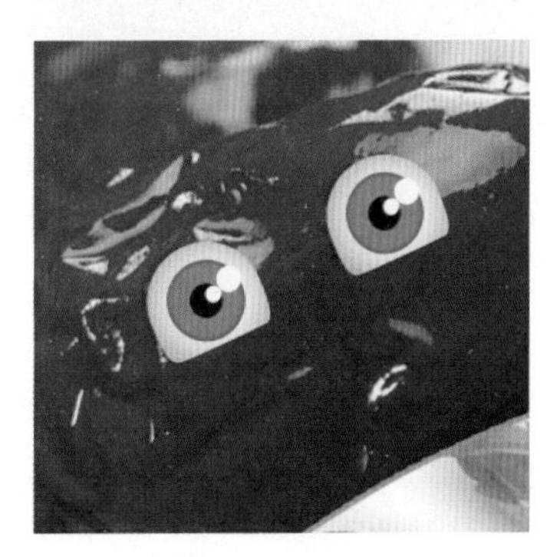

图9-31 复制眼睛

第18步：绘制嘴巴。选择"钢笔工具"，在选项栏中选择"形状"，设置前景色为黑色，绘制嘴巴，如图9-32所示。

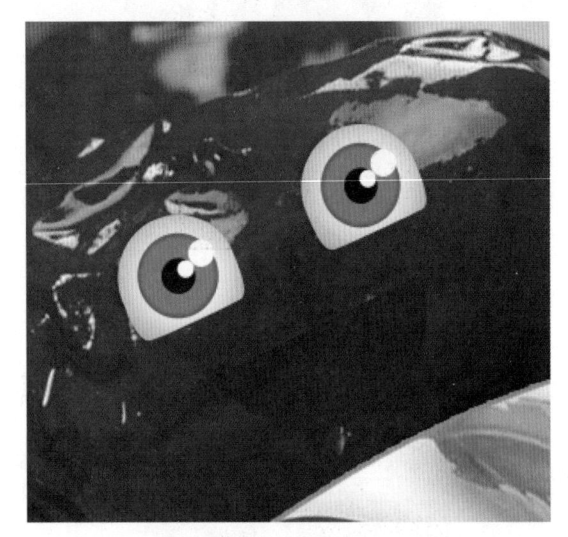

图9-32　绘制嘴巴

第19步：设置"内阴影"参数。单击"图层"面板下方的"添加图层样式"按钮 fx，在弹出的快捷菜单中选择"内阴影"命令，在弹出的"图层样式"对话框中设置不透明度为50%，距离为2像素，大小为8像素，其余参数设置如图9-33所示。

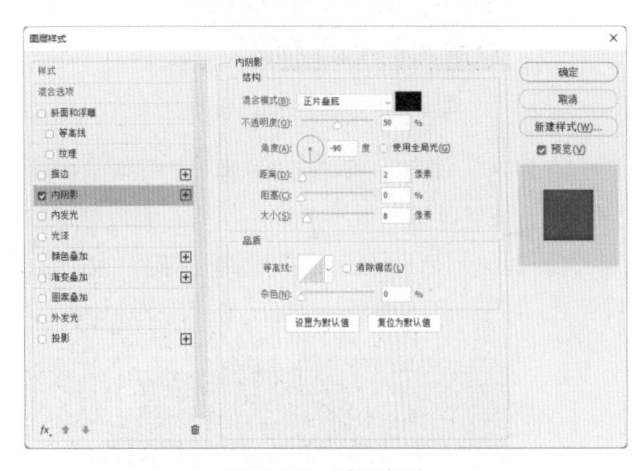

图9-33　设置参数

第20步：设置"渐变叠加"参数。再单击"图层样式"对话框左边的"渐变叠加"命令，设置渐变色为白色到黑色，其余参数设置如图9-34所示。单击"确定"按钮，效果如图9-35所示。

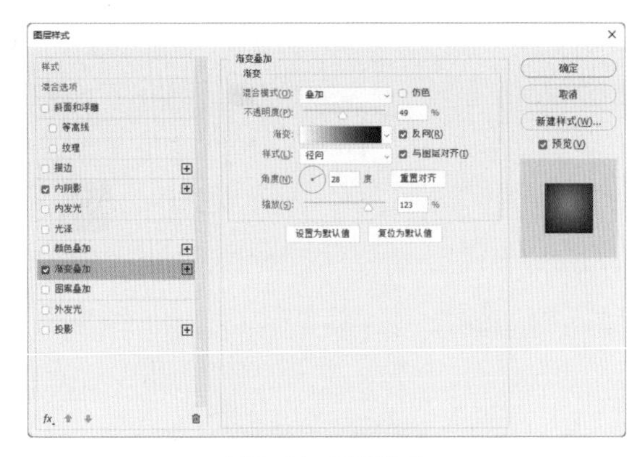

图9-34　设置参数

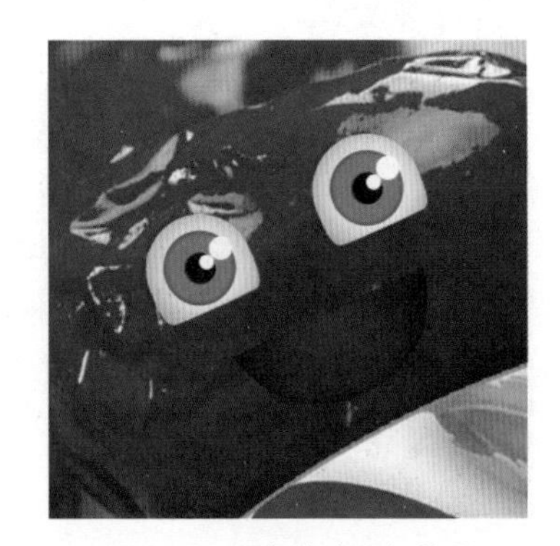

图9-35　添加渐变叠加效果

第21步：绘制牙齿。选择"钢笔工具"，在选项栏中选择"形状"，设置前景色为白色，绘制牙齿，如图9-36所示。单击"图层"面板下方的"添加图层样式"按钮 fx，在弹出的快捷菜单中选择"内阴影"命令，在弹出的"图层样式"对话框中设置不透明度为50%，距离为1像素，大小为6像素，其余参数设置如图9-37所示。单击"确定"按钮，效果如图9-38所示。

图9-36　绘制牙齿

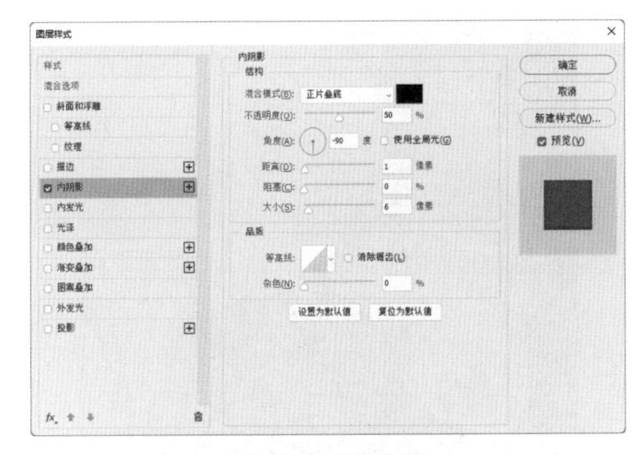

图9-37　设置参数

图9-38　牙齿的立体效果

第22步：绘制舌头。选择“钢笔工具”，在选项栏中选择“形状”，设置前景色RGB值为229、45、45，绘制图9-39所示的舌头。

图9-39　绘制舌头

第23步：复制图层样式。在“图层”面板中选中第一个大枣绘制的舌头所在的图层，单击鼠标右键，在弹出的快捷菜单中选择“拷贝图层样式”命令。再用鼠标右键单击刚才绘制的舌头所在的图层，在弹出的快捷菜单中选择“粘贴图层样式”命令，即可复制图层样式，如图9-40所示。

图9-40　复制图层样式

第24步：添加素材。按【Ctrl+O】快捷键，打开“素材文件\第9章\图标.png”文件。选择“移动工具”，将素材拖到新建的文件中，如图9-41所示。

图9-41　添加素材

第25步：旋转文字。选择“横排文字工具”T，设置前景色为白色。在选项栏中选择字体为“幼圆”，大小为36点，设置文字颜色为白色，在图像上输入文字“个大肉厚”，按【Ctrl+Enter】快捷键完成文字的输入。按【Ctrl+T】快捷键旋转文字，按【Enter】键确定，如图9-42所示。

第26步：设置“描边”参数。选中“大枣2”素材所在的图层，单击“图层”面板下方的“添加图层样式”按钮 fx，在弹出的快捷菜单中选择“描边”命令，在弹出的“图层样式”对话框中设置描边大小为

2像素，描边色RGB值为92、146、6，其余参数设置如图9-43所示。

图9-42　旋转文字

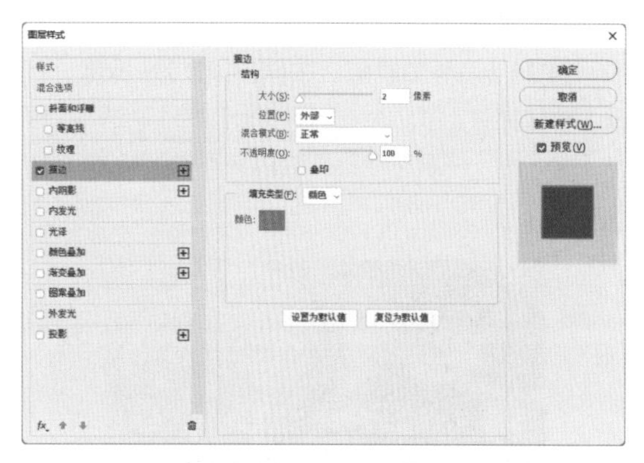

图9-43　设置参数

第27步：设置“投影”参数。再单击“图层样式”对话框左边的“投影”命令，参数设置如图9-44所示。单击“确定”按钮，效果如图9-45所示。

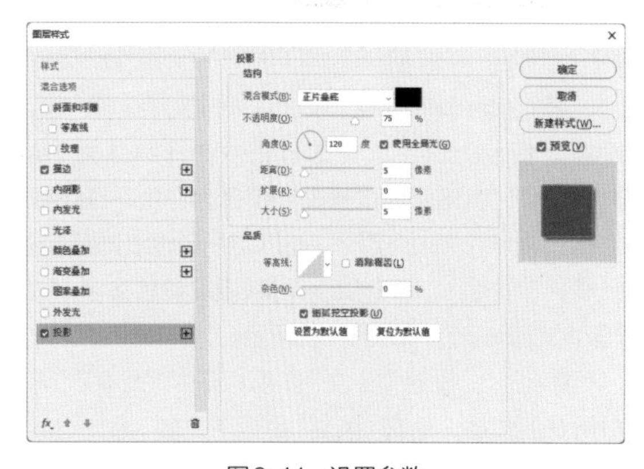

图9-44　设置参数

图9-45　描边文字

第28步：设置混合模式。按【Ctrl+O】快捷键，打开“素材文件\第9章\吊牌.png”文件。选择“移动工具”，将素材拖到新建的文件中。在“图层”面板中设置吊牌的混合模式为“强光”，效果如图9-46所示。

图9-46　设置混合模式

第29步：输入文字。选择“横排文字工具” **T**，在选项栏中选择字体为“微软雅黑”，大小为48点，设置文字颜色RGB值为255、179、54，在图像上输入文字“促销”。再设置文字颜色为白色，大小为30点，在图像上输入文字“和田大枣”，按【Ctrl+Enter】快捷键完成文字的输入，最终效果如图9-47所示。

图9-47　最终效果

案例2：抖音场景类主图设计

案例展示

在Photoshop中制作抖音场景类主图的效果如图9-48所示。

图9-48　案例效果

设计分析

1. 所用工具及知识点

横排文字工具、画笔工具、矩形选框工具、路径的描边、调整大小等。

2. 制作思路与流程

在Photoshop中制作抖音场景类主图的思路与流程如下所示。

①新建文件并导入背景：新建一个宽度为800像素，高度为800像素的主图文件。打开背景素材，拖到新建的文件中。

②绘制背景图形：使用椭圆工具绘制椭圆，复制椭圆路径后，按【Ctrl+T】快捷键，等比例缩小椭圆。

③输入文字：使用文字工具输入文字，使用矩形选框工具制作文字底色，制作出镂空文字的视觉效果。

素材文件：素材文件\第9章\床上用品.jpg
结果文件：结果文件\第9章\抖音场景类主图设计.psd
教学文件：教学文件\第9章\抖音场景类主图设计.mp4

步骤详解

第01步：新建文件。打开Photoshop，按【Ctrl+N】快捷键新建一个图像文件，在“新建”对话框中设置页面的宽度为800像素，高度为800像素，分辨率为72像素/英寸。

第02步：添加素材。按【Ctrl+O】快捷键，打开“素材文件\第9章\床上用品.jpg”文件。选择“移动工具”✥，将素材拖到新建的文件中，如图9-49所示。

图9-49　添加素材

第03步：绘制圆。选择“椭圆工具”○，在选项栏中选择“形状”，设置前景色RGB值为172、23、223，按住【Shift】键绘制一个正圆，如图9-50所示。此时会在“路径”面板中自动生成工作路径。

图9-50　绘制圆

第04步：复制并缩小圆。在“路径”面板中选中生成的路径，按住鼠标左键不放，将其拖到面板下方的“创建新路径”按钮⊞上，复制路径，如图9-51所示。按【Ctrl+T】快捷键，按住【Alt】键，选中左下角的控制点，按住鼠标左键不放向内拖动，等比例调整复制的路径的大小，如图9-52所示。

图9-51　复制路径

图9-52　调整路径的大小

第05步：绘制虚线。选择“画笔工具”，单击选项栏中的“切换画笔设置面板”按钮，在打开的“画笔设置”面板中设置画笔大小为3像素，间距为160%，如图9-53所示。新建图层，设置前景色为白色，单击“路径”面板下方的“用画笔描边路径”按钮○，得到图9-54所示的虚线。

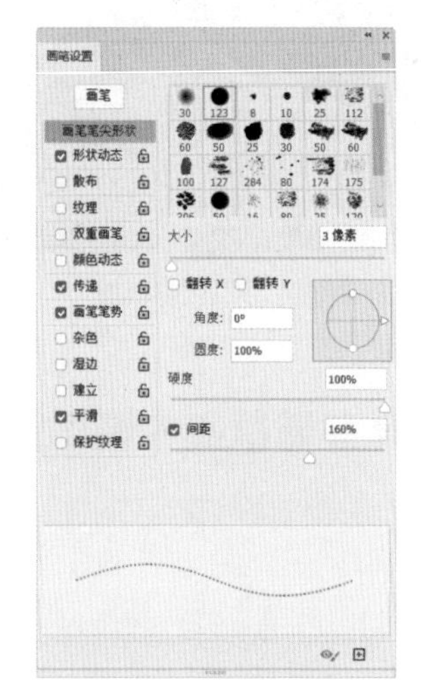

图9-53　设置参数

图9-54　描边路径

第06步：输入文字。选择“横排文字工具”T，在选项栏中选择字体为“Impact”，大小为112点，设置文字颜色为白色，在图像上输入数字“342”。再设置字体为“方正品尚粗黑简体”，大小为53点，在图像上输入文字“年末回馈”，如图9-55所示。

第07步：制作文字镂空效果。选择“矩形选框工具”，绘制选区，新建图层，按【Alt+Delete】快捷键填充前景色。按【Ctrl+D】快捷键取消选区。

选择“横排文字工具”T，在选项栏中选择字体为“方正品尚粗黑简体”，大小为48点，设置文字颜色RGB值为172、23、223，在矩形上输入文字“包邮”，最终效果如图9-56所示。

图9-55 输入文字

图9-56 最终效果

设计师点拨
——主图文字的设计

主图上的文字需要简短有力，因为大多数消费者停留在主图上的时间只有5秒，所以最好选用高清、呈现产品的主图设计，短时间内吸引消费者。

案例3：京东“高冷范”推广图设计

案例展示

在Photoshop中制作京东“高冷范”推广图的效果如图9-57所示。

图9-57 案例效果

设计分析

1. 所用工具及知识点

横排文字工具、单行选框工具、图层样式、多边形选框工具等。

2. 制作思路与流程

在Photoshop中制作京东“高冷范”推广图的思路与流程如下所示。

①新建文件并填充背景：新建一个宽度为750像素，高度为390像素的文件，使用渐变工具填充线性渐变背景。

▼

②导入素材并制作投影效果：导入模特素材，使用图层样式制作投影效果。复制素材后，按【Ctrl+T】快捷键，等比例缩小素材。

▼

③绘制图形并输入文字：使用多边形工具绘制三角形，使用单行选框工具绘制线条，使用文字工具输入文字。

素材文件：素材文件\第9章\绿裙模特.png

结果文件：结果文件\第9章\京东“高冷范”推广图设计.psd

教学文件：教学文件\第9章\京东“高冷范”推广图设计.mp4

步骤详解

第01步：新建文件。打开Photoshop，按【Ctrl+N】快捷键新建一个图像文件，在“新建”对话框中设置页面的宽度为750像素，高度为390像素，分辨率为72像素/英寸。

第02步：填充渐变色。新建图层，选择“渐变工具”■，在选项栏中单击“线性渐变”按钮■，分别设置几个位置点颜色的RGB值为0（217、217、217）、50（227、227、227）、100（217、217、217），如图9-58所示，从左向右拖动光标，填充渐变色，效果如图9-59所示。

图9-58 设置渐变色

图9-59 填充渐变色

第03步：添加素材。按【Ctrl+O】快捷键，打开“素材文件\第9章\绿裙模特.png”文件。选择“移动工具”✥，将素材拖到新建的文件中，如图9-60所示。

图9-60 添加素材

第04步：设置“投影”参数。单击“图层”面板下方的“添加图层样式”按钮 fx，在弹出的快捷菜单中选择“投影”命令，在弹出的“图层样式”对话框中设置不透明度为10%，角度为16度，距离为30像素，大小为18像素，其余参数设置如图9-61所示。单击“确定”按钮，得到图9-62所示的效果。

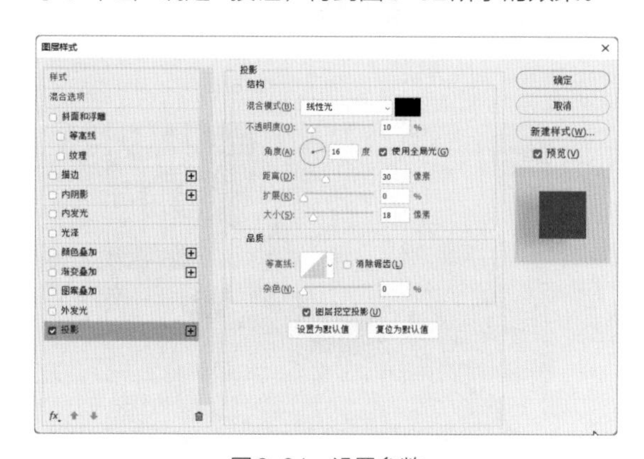

图9-61 设置参数

图9-62 添加投影效果

第05步：复制并缩小模特。按【Ctrl+J】快捷键复制模特，按【Ctrl+T】快捷键，按住【Alt】键，选中左下角的控制点，按住鼠标左键不放向内拖动，等比例调整复制的模特的大小，如图9-63所示。

图9-63　复制并缩小模特

第06步：输入文字。选择“横排文字工具”**T**，在选项栏中选择字体为“方正粗活意简体”，大小为34点，设置文字颜色RGB值为0、170、136，在图像上输入英文“SALES HOT SPRING FRESH”，按【Ctrl+Enter】快捷键完成文字的输入。

第07步：制作斜体字。选中文字，在选项栏中单击“切换字符和段落面板”按钮，在打开的“字符”面板中单击“仿斜体”按钮，如图9-64所示，效果如图9-65所示。

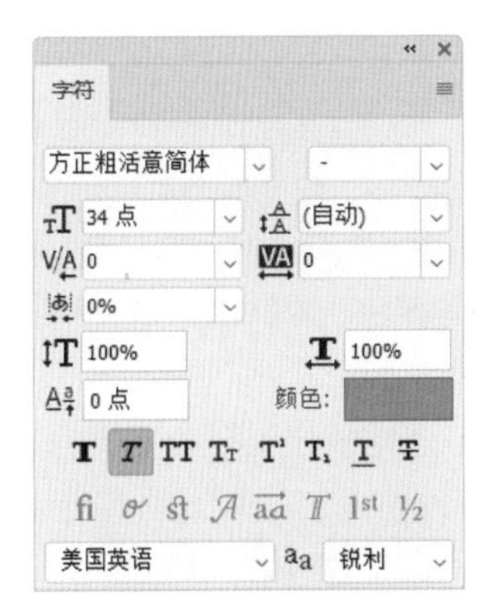

图9-64　单击“仿斜体”按钮

图9-65　倾斜文字

第08步：制作斜体字。选择“横排文字工具”**T**，在选项栏中选择字体为“幼圆”，大小为18点，在图像上输入文字“新春新气象”。选中文字，在“字符”面板中单击“仿斜体”按钮，效果如图9-66所示。

图9-66　倾斜文字

第09步：制作斜体字。再输入文字“优质名媛气质款”，字体为“华文中宋”，大小为34点。选中文字，在“字符”面板中单击“仿斜体”按钮，效果如图9-67所示。

图9-67　倾斜文字

第10步：绘制线条。选择“单行选框工具”，在图像上单击，得到选框。设置前景色RGB值为133、204、194，按【Alt+Delete】快捷键填充前景色。按【Ctrl+D】快捷键取消选区，线条如图9-68所示。

图9-68　绘制线条

第11步：旋转线条。按【Ctrl+T】快捷键将线条旋转一定角度，按【Enter】键确认，如图9-69所示。

图9-69　旋转线条

第12步：复制线条并去色。按【Ctrl+J】快捷键复制线条，选择“移动工具”，将复制的线条移到图9-70所示的位置。按【Ctrl+Shift+U】快捷键，去色后得到灰色线条，如图9-71所示。

图9-70　复制线条

图9-71　去色

第13步：绘制三角形并调整顺序。选择“多边形套索工具”，绘制三角形选区。设置前景色RGB值为69、215、189，按【Alt+Delete】快捷键填充前景色。按【Ctrl+D】快捷键取消选区，如图9-72所示。在“图层”面板中将三角形所在的图层拖到线条图层的下方，调整顺序如图9-73所示。

图9-72　绘制三角形

图9-73　调整顺序

第14步：绘制三角形并调整不透明度。选择“多边形套索工具”，绘制两个小三角形选区。设置前景色RGB值为0、170、136，按【Alt+Delete】快捷键填充前景色。按【Ctrl+D】快捷键取消选区，如图9-74所示。在“图层”面板中设置图层的不透明度为70%，最终效果如图9-75所示。

图9-74　绘制三角形

图9-75　最终效果

设计师点拨
——推广图设计的注意事项

推广图的组成往往包含几大块：文案、模特或商品、背景和装饰元素。要在短短的一个界面中组合这些元素，对设计师来说是不小的挑战，在色彩管控、商品构图和模特展示上，并不是越丰富越好，还要注意推广图的可识别性。

案例4：天猫简约推广图设计

案例展示

在Photoshop中制作天猫简约推广图的效果如图9-76所示。

图9-76　案例效果

设计分析

1. 所用工具及知识点

横排文字工具、图层样式、矩形选框工具、渐变色的填充、钢笔工具、加深工具等。

2. 制作思路与流程

在Photoshop中制作天猫简约推广图的思路与流程如下所示。

①导入背景并绘制底图：打开背景素材，拖到新建的文件中。使用钢笔工具、渐变色的填充绘制底图，使用加深工具增强图形折叠的效果。

②输入文字并绘制图形：使用文字工具输入文字，使用“渐变叠加”图层样式制作文字的渐变效果，使用钢笔工具绘制图标。

③导入素材并制作投影效果：打开背景素材，拖到新建的文件中，使用“投影”图层样式制作产品的投影效果，增强真实感。

素材文件：素材文件\第9章\大海.jpg，吸尘器.png

结果文件：结果文件\第9章\天猫简约推广图设计.psd

教学文件：教学文件\第9章\天猫简约推广图设计.mp4

步骤详解

第01步：新建文件。打开Photoshop，按【Ctrl+N】快捷键新建一个图像文件，在“新建”对话框中设置页面的宽度为1035像素，高度为500像素，分辨率为72像素/英寸。

第02步：添加素材。按【Ctrl+O】快捷键，打开“素材文件\第9章\大海.jpg”文件。选择“移动工具”✥，将素材拖到新建的文件中，如图9-77所示。

图9-77　添加素材

第03步：绘制图形并填充渐变色。选择“钢笔工具”，在选项栏中选择“路径”，绘制图9-78所示的路径。按【Ctrl+Enter】快捷键将路径转换为选区。新建图层，选择“渐变工具”，在选项栏中单击“线性渐变”按钮，分别设置几个位置点颜色的RGB值为0(46、152、223)、100(104、178、230)，从左向右拖动光标，填充渐变色。按【Ctrl+D】快捷键取消选区，效果如图9-79所示。

图9-78　绘制图形

图9-79　填充渐变色

第04步：绘制左边图形。选择“钢笔工具”，在选项栏中选择“路径”，在图形的左边绘制路径。新建图层，设置前景色RGB值为46、152、223，单击“图层”面板下方的“用前景色填充”按钮，填充前景色，如图9-80所示。

第05步：绘制小图形。选择“钢笔工具”，在选项栏中选择“路径”，绘制一个小图形。新建图层，设置前景色RGB值为48、140、211，单击“图层”面板下方的“用前景色填充”按钮，填充前景色，如图9-81所示。

图9-80　绘制左边图形

图9-81　绘制小图形

第06步：加深图形相交处。选择“加深工具”，分别在几个图形相交的边缘处涂抹，制作立体效果，如图9-82所示。

图9-82　加深图形相交处

第07步：设置“投影”参数。在“图层”面板中选中最上面的图形，按两次【Ctrl+E】快捷键，合并三个图层。单击“图层”面板下方的“添加图层样式”按钮fx，在弹出的快捷菜单中选择“投影”命令，在弹出的“图层样式”对话框中设置不透明度为54%，角度为40度，距离为9像素，大小为16像素，其余参数设置如图9-83所示。单击“确定”按钮，得到图9-84所示的效果。

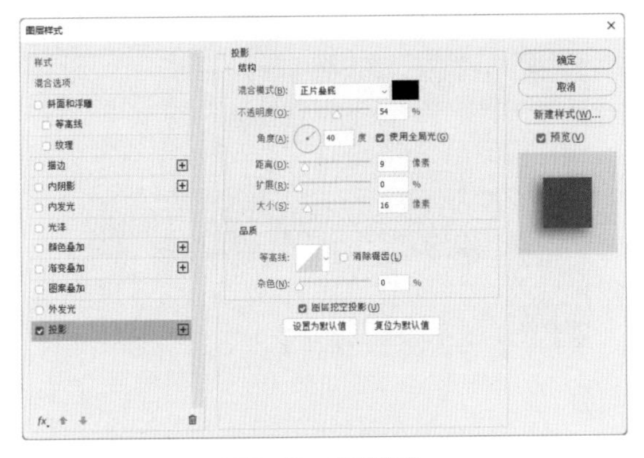

图9-83　设置参数

图9-84　添加投影效果

技能拓展——使用快捷键快速合并图层

图层创建完成后，可以合并不再需要编辑的图层，以缩小图像文件的大小。在合并图层时，顶部图层上的图像将替换它所覆盖的底部图层上的任何图像；在合并后的图层中，所有透明区域的重叠部分会继续保持透明。按【Shift+E】快捷键可以向下合并图层，按【Shift+Ctrl+Alt+E】快捷键可以盖印所有可见图层。

第08步：输入文字。选择“横排文字工具”**T**，在选项栏中选择字体为“方正品尚粗黑简体”，大小为45点，在图像上输入文字，按【Ctrl+Enter】快捷键完成文字的输入，如图9-85所示。

图9-85　输入文字

第09步：设置“投影”参数。单击“图层”面板下方的“添加图层样式”按钮 *fx*，在弹出的快捷菜单中选择“投影”命令，在弹出的“图层样式”对话框中设置不透明度为75%，角度为40度，距离为5像素，大小为5像素，阴影色RGB值为56、148、210，其余参数设置如图9-86所示。

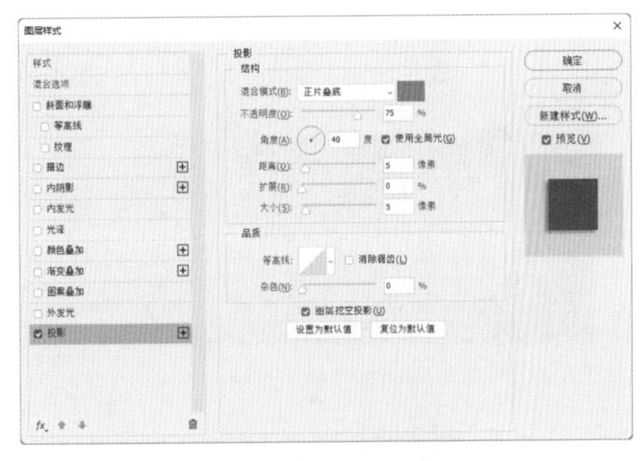

图9-86　设置参数

第10步：设置“渐变叠加”参数。再单击“图层样式”对话框左边的“渐变叠加”命令，分别设置几个位置点颜色的RGB值为0（212、169、236）、25（129、225、244）、50（255、255、255）、75（129、225、244）、100（255、255、255），其余参数设置如图9-87所示。单击“确定”按钮，效果如图9-88所示。

第11步：输入文字。选择“横排文字工具”**T**，在选项栏中选择字体为“黑体”，大小为16点，设置文字颜色为白色，在图像上输入文字，按【Ctrl+Enter】快捷键完成文字的输入，如图9-89所示。

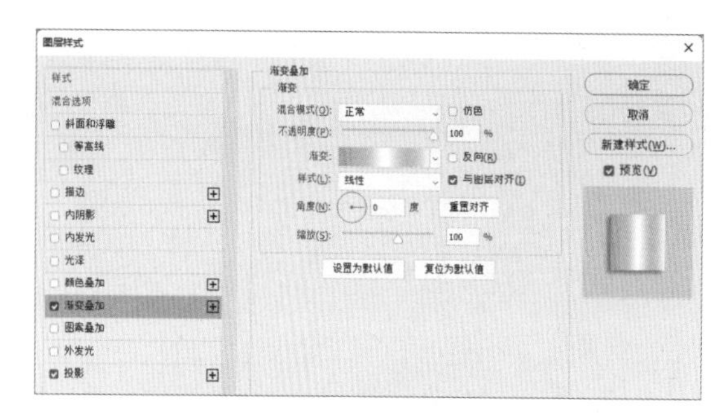

图9-87　设置参数

图9-88　添加渐变叠加效果

图9-89　输入文字

第12步：绘制矩形。选择“矩形选框工具”，绘制矩形。设置前景色RGB值为1、81、156，按【Alt+Delete】快捷键填充前景色。按【Ctrl+D】快捷键取消选区，如图9-90所示。

图9-90　绘制矩形

第13步：复制并调整矩形高度。按【Ctrl+J】快捷键复制矩形，按【Ctrl+T】快捷键调整矩形的高度，按【Enter】键确认，如图9-91所示。

图9-91　复制并调整矩形高度

第14步：输入文字。选择“横排文字工具”T，在选项栏中选择字体为“黑体”，大小为35点，在矩形上输入文字，按【Ctrl+Enter】快捷键完成文字的输入，如图9-92所示。

图9-92　输入文字

第15步：绘制花纹。选择“钢笔工具”，在选项栏中选择“路径”，绘制花纹路径。新建图层，设置前景色RGB值为204、220、235，单击“图层”面板下方的“用前景色填充”按钮●，填充前景色，如图9-93所示。

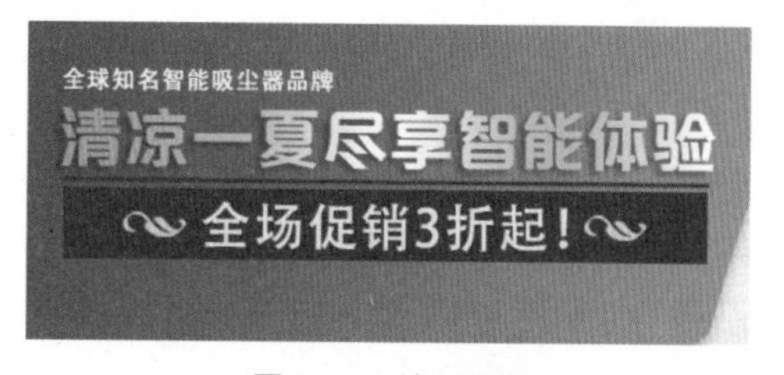

图9-93　绘制花纹

第16步：输入文字。选择“横排文字工具”T，在选项栏中选择字体为“黑体”，在矩形下方输入文字，按【Ctrl+Enter】快捷键完成文字的输入，如图9-94所示。

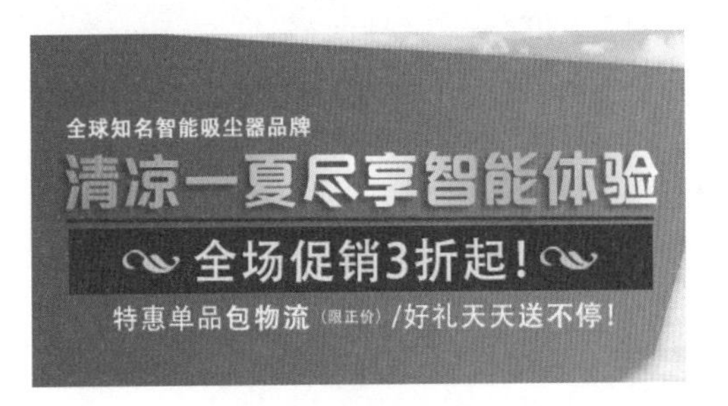

图9-94　输入文字

第17步：添加素材。按【Ctrl+O】快捷键，打开“素材文件\第9章\吸尘器.png”文件。选择“移动工具”，将素材拖到新建的文件中，如图9-95所示。

图9-95　添加素材

第18步：设置“投影”参数。选中蓝色吸尘器所在的图层，单击“图层”面板下方的“添加图层样式”按钮 fx，在弹出的快捷菜单中选择“投影”命令，在弹出的“图层样式”对话框中设置不透明度为30%，角度为40度，距离为4像素，大小为5像素，其余参数设置如图9-96所示。单击“确定”按钮，效果如图9-97所示。

第19步：粘贴图层样式。用鼠标右键单击“图层”面板中蓝色吸尘器所在的图层，在弹出的快捷菜单中选择“拷贝图层样式”命令。再分别用鼠标右键单击两个红色吸尘器所在的图层，在弹出的快捷菜单中选择“粘贴图层样式”命令，最终效果如图9-98所示。

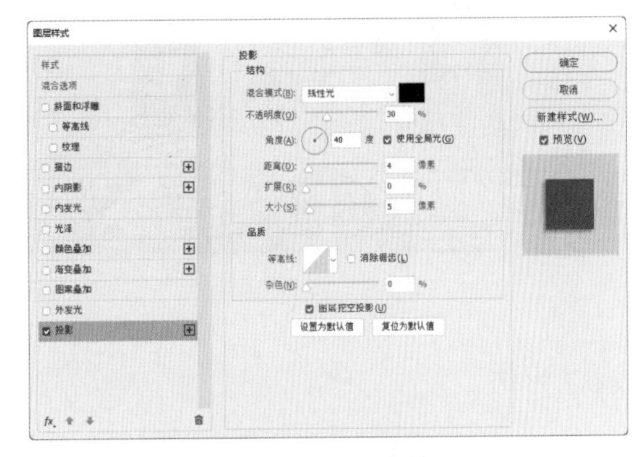

图9-96　设置参数

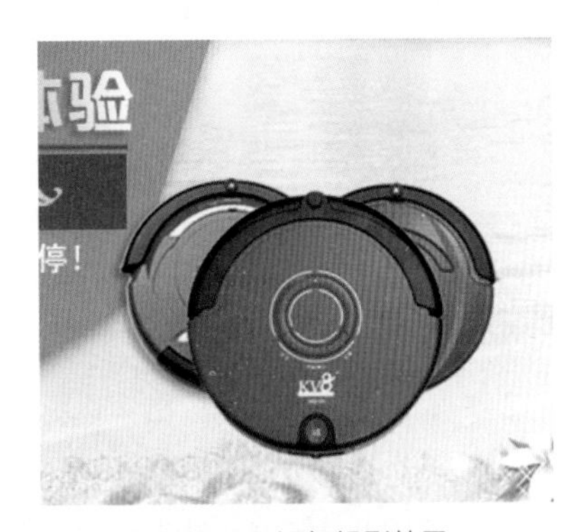

图9-97　添加投影效果

图9-98　最终效果

案例5：小红书时尚推广图设计

案例展示

在Photoshop中制作小红书时尚推广图的效果如图9-99所示。

图9-99　案例效果

设计分析

1. 所用工具及知识点

横排文字工具、矩形选框工具、多边形选框工具、钢笔工具、图形的复制等。

2. 制作思路与流程

在Photoshop中制作小红书时尚推广图的思路与流程如下所示。

①制作背景：新建文件，将背景填充为灰色。使用钢笔工具、路径的描边、多边形工具、矩形选框工具等绘制山和公路。

②制作路标：使用多边形工具绘制路标。使用文字工具输入文字，栅格化文字后使用"扭曲"命令改变文字效果。

③绘制云朵并添加素材：使用钢笔工具绘制云朵，填充前景色。绘制好云朵里面的线条后，为其描边。最后打开模特、细节素材，拖到新建的文件中。

素材文件：素材文件\第9章\模特1. png，模特2. png，太阳. png，细节1.png，细节2.png

结果文件：结果文件\第9章\小红书时尚推广图设计.psd

教学文件：教学文件\第9章\小红书时尚推广图设计.mp4

步骤详解

第01步：新建文件并填色。打开Photoshop，按【Ctrl+N】快捷键新建一个图像文件，在"新建"对话框中设置页面的宽度为900像素，高度为500像素，分辨率为72像素/英寸。设置前景色RGB值为231、240、251，按【Alt+Delete】快捷键填充前景色，如图9-100所示。

图9-100　新建文件并填色

第02步：绘制山。选择"钢笔工具"，在选项栏中选择"路径"，绘制图9-101所示的路径。新建图层，设置前景色RGB值为48、184、164，单击"图层"面板下方的"用前景色填充"按钮●，填充前景色，如图9-102所示。

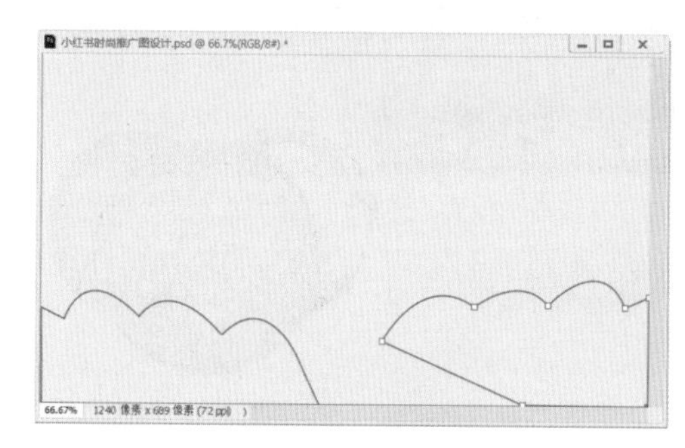

图9-101　绘制路径

图9-102　填色

第03步：绘制公路。选择"钢笔工具"，在选项栏中选择"路径"，绘制图9-103所示的路径。新建图层，设置前景色RGB值为78、99、129，单击"图层"面板下方的"用前景色填充"按钮●，填充前景色，如图9-104所示。

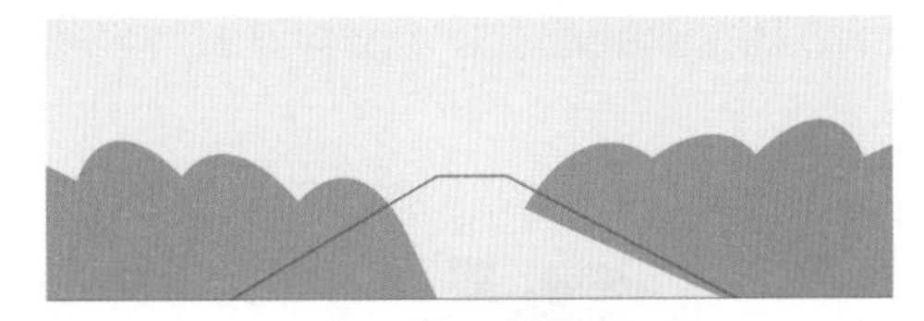
图9-103　绘制路径

图9-104　填色

第04步：绘制线条。选择“钢笔工具”，在选项栏中选择“路径”，绘制图9-105所示的路径。

图9-105　绘制路径

第05步：描边线条。选择“画笔工具”，设置画笔大小为3像素。新建图层，设置前景色RGB值为231、240、251，单击“路径”面板下方的“用画笔描边路径”按钮，效果如图9-106所示。

图9-106　描边路径

第06步：绘制公路边线。选择“多边形套索工具”，绘制图9-107所示的选区。设置前景色为白色，按【Alt+Delete】快捷键填充前景色。按【Ctrl+D】快捷键取消选区，如图9-108所示。

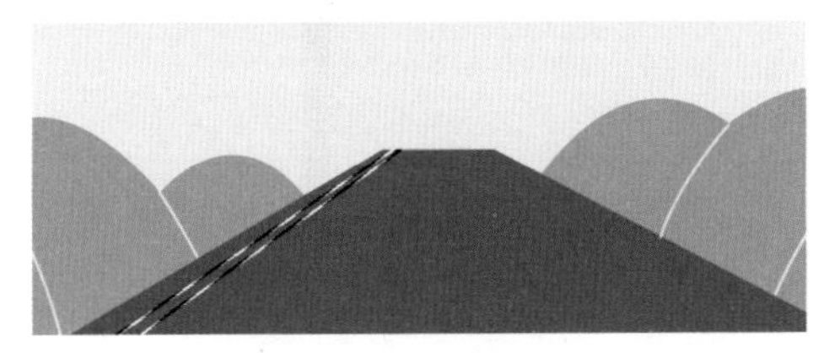
图9-107　绘制选区

图9-108　填色

第07步：复制公路边线。按【Ctrl+J】快捷键复制白色图形，按【Ctrl+T】快捷键，用鼠标右键单击白色图形，在弹出的快捷菜单中选择“水平翻转”命令，将翻转后的图形移到图9-109所示的位置。

图9-109　复制公路边线

第08步：绘制公路中间标记线。选择“矩形选框工具”，绘制矩形选区，设置前景色为白色，按【Alt+Delete】快捷键填充前景色。按【Ctrl+D】快捷键取消选区，如图9-110所示。

图9-110　绘制公路中间标记线

第09步：删除多余部分。选择“矩形选框工具”，在选项栏中单击“添加到选区”按钮，在矩形下方绘制几个小选区。按【Delete】键删除选区内的图形，按【Ctrl+D】快捷键取消选区，效果如图9-111所示。

第10步：制作中间的虚线。选择“横排文字工具”**T**，设置前景色为黑色。在选项栏中选择字体为“黑体”，大小为7点，在矩形中间输入虚线，按【Ctrl+Enter】快捷键完成文字的输入，如图9-112

所示。

图9-111　删除多余部分

图9-112　制作中间的虚线

第11步：绘制指示牌立杆。选择“多边形套索工具”，绘制多边形选区。设置前景色RGB值为89、73、63，按【Alt+Delete】快捷键填充前景色。按【Ctrl+D】快捷键取消选区，线条如图9-113所示。

图9-113　绘制指示牌立杆

第12步：绘制指示牌。选择“多边形套索工具”，绘制多边形选区。设置前景色RGB值为0、52、102，按【Alt+Delete】快捷键填充前景色。按【Ctrl+D】快捷键取消选区，线条如图9-114所示。

图9-114　绘制指示牌

第13步：描边指示牌。单击“图层”面板下方的“添加图层样式”按钮 fx，在弹出的快捷菜单中选择“描边”命令，在弹出的“图层样式”对话框中设置描边大小为3像素，描边色为白色，其余参数设置如图9-115所示。单击“确定”按钮，效果如图9-116所示。

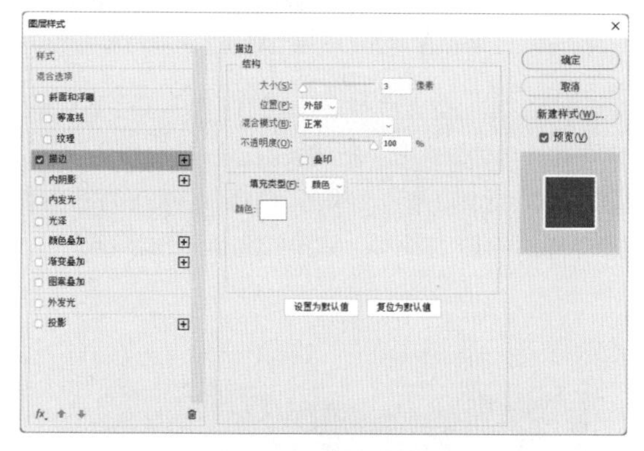

图9-115　设置参数

图9-116　描边指示牌

第14步：输入文字。选择“横排文字工具”T，在图像上输入文字“左向尚时”，在选项栏中选择字体为“方正超粗黑简体”，设置文字颜色为白色。按【Ctrl+Enter】快捷键完成文字的输入，如图9-117所示。

图9-117 输入文字

第15步：制作文字透视效果。在“图层”面板中文字所在的图层单击鼠标右键，在弹出的快捷菜单中选择“栅格化文字”命令。按【Ctrl+T】快捷键，用鼠标右键单击文字，在弹出的快捷菜单中选择“扭曲”命令，拖动四角的点，调整文字，如图9-118所示，最后按【Enter】键确认。

图9-118 制作文字透视效果

第16步：绘制向右的箭头。用相同的方法制作向右的箭头，设置箭头颜色RGB值为236、18、96，文字为“休闲向右”，如图9-119所示。

第17步：添加素材。按【Ctrl+O】快捷键，打开“素材文件\第9章\太阳.png”文件。选择“移动工具”✥，将素材拖到新建的文件中，如图9-120所示。

图9-119 绘制向右的箭头

图9-120 添加素材

第18步：绘制云朵。选择“钢笔工具”，在选项栏中选择“路径”，绘制图9-121所示的路径。新建图层，设置前景色RGB值为53、108、184，单击“图层”面板下方的“用前景色填充”按钮●，填充前景色，如图9-122所示。

图9-121 绘制路径

图9-122 填色

第19步：绘制云朵里面的路径并设置“模拟压力”。选择“钢笔工具”，新建路径，在选项栏中选择“路径”，绘制云朵里面的路径。单击“路径”面板右上角的☰按钮，在弹出的快捷菜单中选择“描边路径”命令，在弹出的“描边路径”对话框中选中“模拟压力”复选框，如图9-123所示。

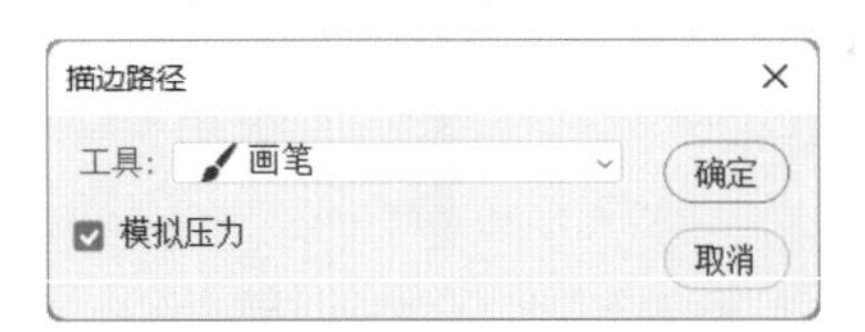

图9-123 选中“模拟压力”复选框

第20步：描边路径。选择“画笔工具”，设置画笔大小为4像素。新建图层，设置前景色为白色，单击“路径”面板下方的“用画笔描边路径”按钮○，效果如图9-124所示。

图9-124 描边路径

第21步：添加素材。按【Ctrl+O】快捷键，打开“素材文件\第9章\模特1.png、模特2.png”文件。选择“移动工具”，将素材拖到新建的文件中，如图9-125所示。

图9-125 添加素材

第22步：添加素材。按【Ctrl+O】快捷键，打开“素材文件\第9章\细节1.png、细节2.png”文件。选择“移动工具”，将素材拖到新建的文件中，最终效果如图9-126所示。

图9-126 最终效果

学习小结

设计师在进行主图和推广图的设计构思时，要注意结合店铺商品的特点，通过发掘商品优点，使顾客有更好的购物体验。本章详细地介绍了拼多多、抖音、京东、天猫、小红书等平台的主图和推广图设计，希望读者学习后，可以设计出能满足消费者审美需求的作品。

第10章　移动端网店装修设计

本章导读

在电商飞速发展的今天，通过手机端进行商品选购及下单的比重越来越大。因此，移动端网店装修设计也越来越重要。在装修移动端网店时，设计的核心是把握流量，增强买家体验权重。所以，一个高视觉的移动端装修策划，对于一个店铺的运营是非常重要的。

知识要点

- 移动端网店装修的重要意义
- 移动端网店首页装修的要点
- 无线消费者行为习惯分析
- 移动端网店装修设计案例

行业知识链接

主题1：移动端网店装修的重要意义

如今的智能化让生活更加以人为中心，更加不受束缚，消费模式也因为手机这块小小的屏幕发生了重构。继传统的线下购物、PC网络购物之后，随时随地移动购物已迅速成为人们喜爱的消费方式之一。

随着无线手机营销的快速发展，无线端成交占比已大大超过了PC端，成了商家们最为重视的发展领域。与PC网络购物相比，人们越来越习惯于可随时便捷购物的移动端。如拼多多、抖音、小红书等的用户基本都是移动端购物。

所谓三分长相七分打扮，只有独具匠心的移动端网店装修才能打动顾客，增加网店销售力。好的移动端网店装修至少能够带来以下四个方面的收益：增加顾客在网店的停留时间、增加产品的转化率、增强网店的形象、打造网店强势品牌。

主题2：无线消费者行为习惯分析

在开始无线端装修前，首先要分析无线端客户的购物行为习惯，通过手机页面展示，来引导客户进行购买消费。无线消费者的行为习惯有以下两点。

1. 时间碎片化

绝大部分客户都是利用闲散的时间来浏览手机上的购物软件，可能在咖啡店，也可能在午休时间或等人的时候，看的时间可能不会太长。这就要求店铺在设计无线页面的时候要简洁明了，突出产品卖点和优势，让消费者第一眼就能看明白，并且有继续浏览的欲望。

2. 快速浏览

相比在PC端的浏览速度，无线端的浏览速度会更快。客户在使用无线终端时的视觉相对PC端较短，注意力集中时间会缩短。这就要求店铺在设计无线页面的时候要抓住视觉冲击元素，抢夺客户的眼球，使其关注到宝贝并增加停留时长。

主题3：移动端网店首页装修的要点

在设计无线端首页的装修之前应该有一个整体的规划。由于手机屏幕的限制，页面中的内容不宜太多太杂，为了发挥其最大的作用，装修要做到以下几点。

1. 简洁明了

手机淘宝首页受手机屏幕尺寸的限制，放置的内容不如PC端店铺首页多。如果不能合理地、简洁地安排首页的内容，买家看了半天也看不到想看的，就会直接退出店铺。图10-1所示为简洁干净的移动端网店首页装修。

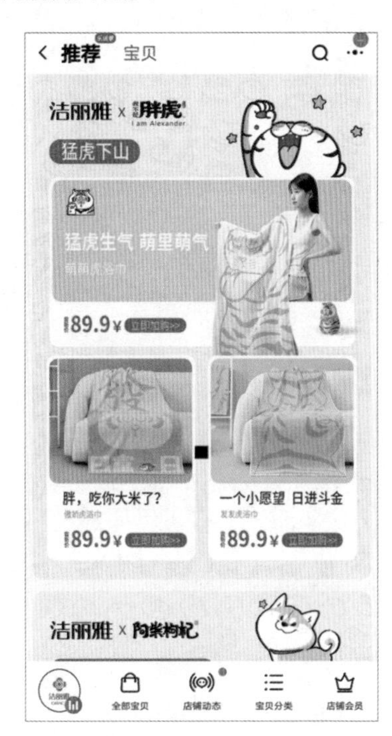

图10-1　简洁干净的移动端网店首页装修

2. 展示优惠活动

首页是第一视觉冲击点，不仅在设计上要有吸引力，适当的优惠也能吸引较多的买家。这就要求在首页上，要适当地呈现店铺的促销和优惠活动等，如图10-2所示。

图10-2　呈现优惠活动

3. 注重细节设计

由于手机屏幕太小，对于服装等有模特展示的产品，为了能看清产品，在进行详情页装修设计时，应多用局部细节图。同时还要注重图文搭配，文字不能太小，也不能繁杂。

（1）图文搭配的排列技巧。

图文搭配就涉及了排版的问题，排版是为了统一文字和图片的位置，优秀的排版能使整个页面都富有创造性。在无线端设计中，由于整体面积较小，图文排版要能让画面看起来大气，避免因杂乱而产生廉价感。

（2）选取半身图或局部特写图。

无线端的页面大多是以豆腐块的形式展现，范围有限，因此在选择图片时可以尽量使用半身图或局部特写图，避免视觉上的不清晰。再适当地穿插一些全景图或全身图，有意识地调整页面的节奏，使整个页面更加和谐活泼，如图10-3所示。

4. 用色不宜过多

在设计学中有一条“七秒钟定律”，即人关注一个商品的时间通常为7秒钟，而这7秒钟的时间内70%的人确定购买的第一要素是色彩。在装修设计中，同一板块内最好不要超过三种颜色。这三种颜色分别作为主色、辅助色和点缀色。当然，也可以多使用万能搭配色，如黑色、白色、灰色等，它们与任何颜色搭配，都比较和谐且容易突出效果。图10-4所示为简洁的用色。

图10-3　特写图

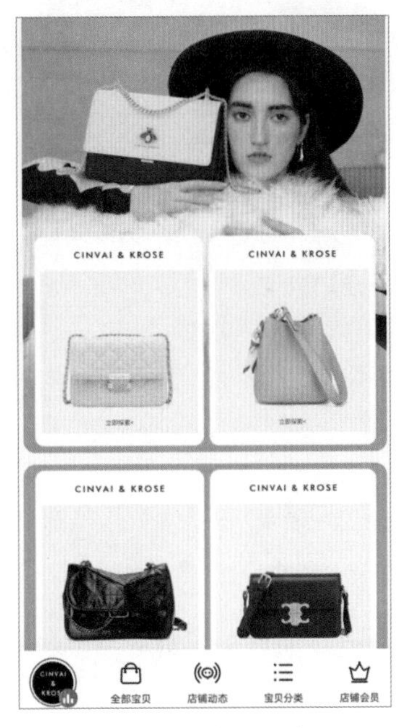

图10-4　简洁的用色

实战训练

案例1：淘宝产品轮播图设计

案例展示

在Photoshop中制作淘宝产品轮播图的效果如图10-5所示。

图10-5　案例效果

设计分析

1. 所用工具及知识点

多边形套索工具、横排文字工具、钢笔工具、渐变色的填充、字间距的调整、图层样式、图层蒙版等。

2. 制作思路与流程

在Photoshop中制作淘宝产品轮播图的思路与流程如下所示。

①制作第一幅轮播图：导入背景素材，使用图层蒙版制作渐隐效果。使用钢笔工具绘制不规则的文字背景，使用文字工具输入文字。

②制作第二幅轮播图：使用多边形套索工具绘制背景，使用钢笔工具绘制边框，复制文字并使用文字工具输入文字。

素材文件：素材文件\第10章\天空.jpg，帐篷png，枕头.png

结果文件：结果文件\第10章\淘宝产品轮播图设计.psd

教学文件：教学文件\第10章\淘宝产品轮播图设计.mp4

步骤详解

第01步：新建文件。打开Photoshop，按【Ctrl+N】快捷键新建一个图像文件，在“新建”对话框中设置页面的宽度为950像素，高度为500像素，分辨率为72像素/英寸。

第02步：添加素材。按【Ctrl+O】快捷键，打开“素材文件\第10章\天空.jpg”文件。选择“移动工具”✥，将素材拖到新建的文件中，如图10-6所示。

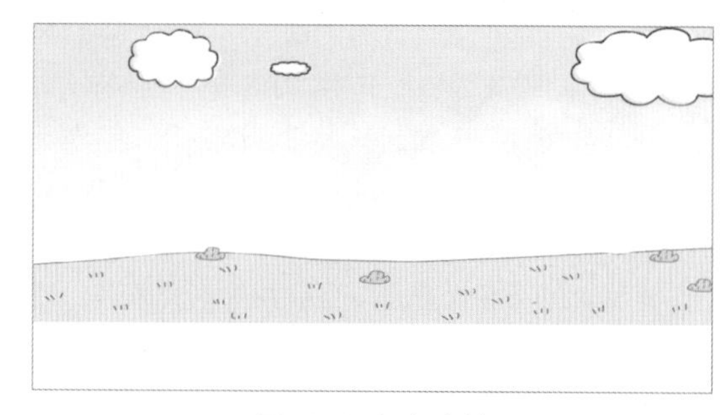

图10-6　添加素材

第03步：制作素材下方的渐隐效果。单击“图层”面板下方的“添加蒙版”按钮◘，选择“渐变工具”▣，设置颜色为白色到黑色的渐变色，再在选项栏中单击“线性渐变”按钮▣，在素材上从上向下垂直拖动光标，释放鼠标后得到图10-7所示的效果。

图10-7　制作渐隐效果

第04步：添加素材。按【Ctrl+O】快捷键，打开“素材文件\第10章\帐篷.png”文件。选择“移动工具”✣，将素材拖到新建的文件中，如图10-8所示。

图10-8　添加素材

第05步：绘制图形。选择“钢笔工具”，在选项栏中选择“路径”，在文件的左上角绘制路径。新建图层，设置前景色RGB值为0、0、0，单击“图层”面板下方的“用前景色填充”按钮●，填充前景色，如图10-9所示。

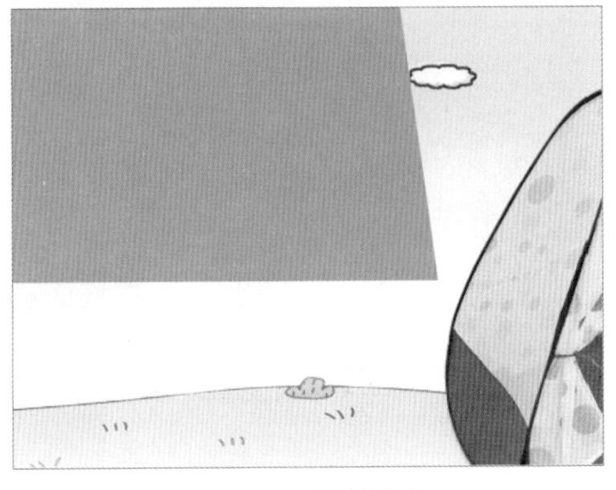

图10-9　绘制图形

第06步：输入文字。选择“横排文字工具”T，在选项栏中选择字体为“本墨锋悦粗体”，在图像上输入文字。再在下面输入一行小字，字体为“等线”，大小为22点，如图10-10所示。

图10-10　输入文字

第07步：调整字间距。选择“横排文字工具”T，在文字“新”的前面单击，按住鼠标左键不放，拖动光标选中文字“新品首发”，按住【Alt】键的同时，按向左的方向键，调整文字的间距。再用相同的方法调整文字“折尝鲜”的间距，如图10-11所示。

图10-11　调整字间距

技能拓展
——如何调整字间距

选中文字后，按【Alt+←】快捷键，可以细微缩小字间距；按【Alt+→】快捷键，可以细微增大字间距。文字排列不整齐时，可以使用此方式细调字间距。

第08步：绘制直线。选择“钢笔工具”，在选项栏中选择“形状”，设置描边色为白色，描边宽度为3像素，按住【Shift】键绘制一条直线，如图10-12所示。

图10-12 绘制直线

第09步：绘制渐变矩形。新建图层，选择“矩形选框工具”，绘制矩形选区。选择“渐变工具”，在选项栏中单击“线性渐变”按钮，分别设置几个位置点颜色的RGB值为0（245、95、4）、100（232、56、12），按住【Shift】键，从上向下拖动光标，填充渐变色。按【Ctrl+D】快捷键取消选区，如图10-13所示。

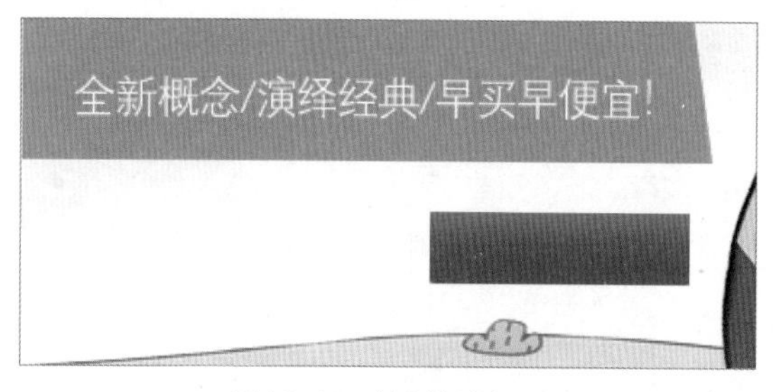

图10-13 绘制渐变矩形

第10步：添加投影效果。单击“图层”面板下方的“添加图层样式”按钮 *fx*，在弹出的快捷菜单中选择“投影”命令，在弹出的“图层样式”对话框中设置不透明度为75%，角度为120度，距离为2像素，大小为5像素，其余参数设置如图10-14所示。单击“确定”按钮，得到图10-15所示的效果。

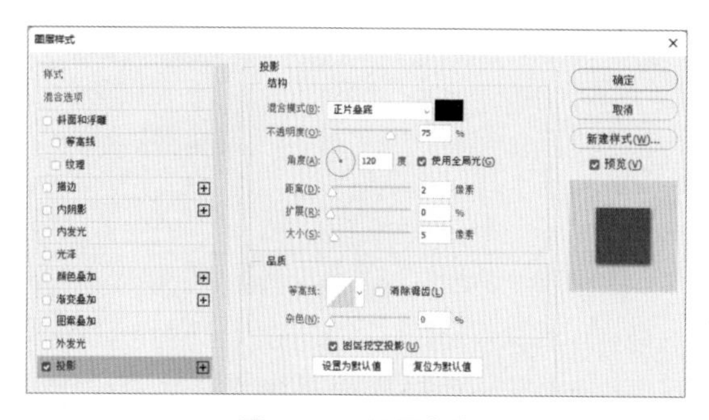

图10-14 设置参数

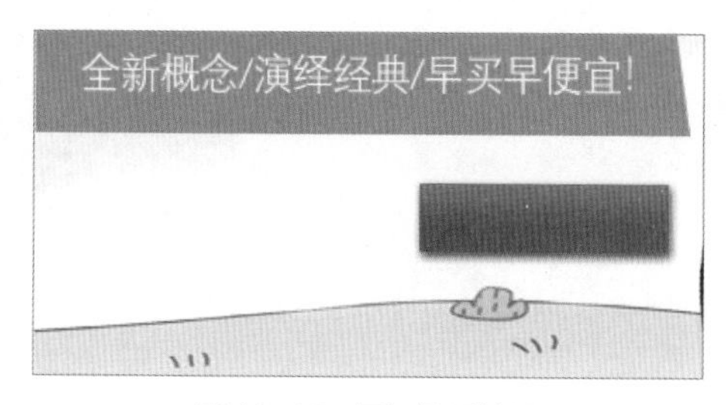

图10-15 添加投影效果

第11步：输入文字。选择“横排文字工具” **T**，在选项栏中选择字体为“黑体”，设置文字颜色为白色，在矩形上输入文字，如图10-16所示。再设置文字颜色为黑色，在矩形左边输入文字，如图10-17所示。

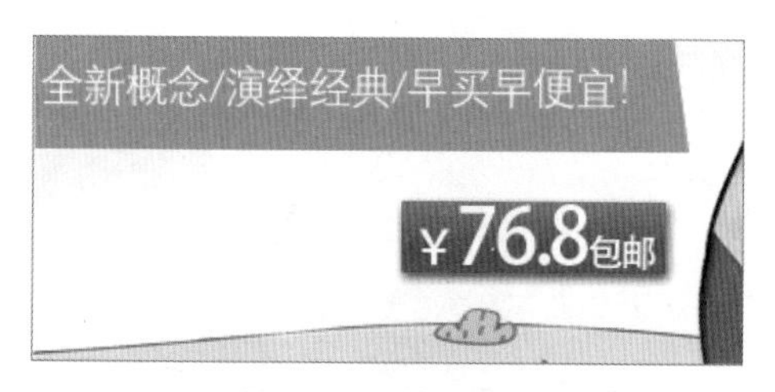

图10-16 输入文字

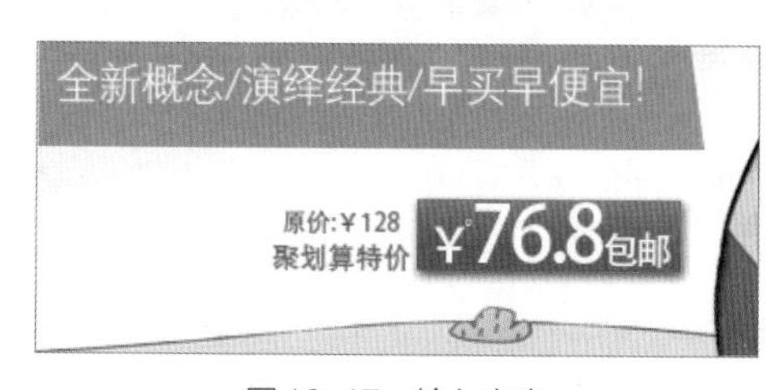

图10-17 输入文字

第12步：输入文字。选择“横排文字工具” **T**，在选项栏中选择字体为“微软雅黑”，大小为26点，在图像上输入文字，如图10-18所示。

图10-18 输入文字

第13步：新建文件。打开Photoshop，按【Ctrl+N】快捷键新建一个图像文件，在“新建”对话框中设置页面的宽度为950像素，高度为500像素，分辨率为72像素/英寸。

第14步：绘制图形。选择“多边形套索工具”，绘制三个多边形选区。分别设置前景色RGB值为蓝色26、152、172，黄色255、234、55，粉色255、133、151，按【Alt+Delete】快捷键填充前景色。按【Ctrl+D】快捷键取消选区，如图10-19所示。

图10-19　绘制图形

第15步：绘制边框图形。选择“钢笔工具”，在选项栏中选择“路径”，绘制图10-20所示的路径，按【Ctrl+Enter】快捷键将路径转换为选区。

图10-20　绘制路径

第16步：为边框填色。新建图层，设置前景色为白色，按【Ctrl+Shift+I】快捷键反选选区，按【Alt+Delete】快捷键填充前景色。按【Ctrl+D】快捷键取消选区，填充前景色，如图10-21所示。

第17步：添加素材。按【Ctrl+O】快捷键，打开“素材文件\第10章\枕头.png”文件。选择“移动工具”，将素材拖到新建的文件中，如图10-22所示。

图10-21　填色

图10-22　添加素材

第18步：复制文字和直线。按【Ctrl+O】快捷键，打开“结果文件\第10章\帐篷轮播图.psd”文件。选择“移动工具”，在选项栏中选择“自动选择”选项，按住【Shift】键，单击图10-12中的文字和直线，将它们拖到“帐篷轮播图.psd”文件的左上角，如图10-23所示。

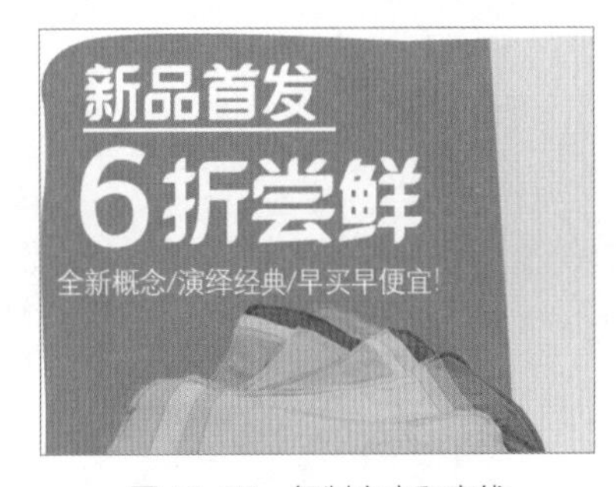

图10-23　复制文字和直线

第19步：输入文字。选择“横排文字工具”T，在选项栏中选择字体为“微软雅黑”，大小为24点，在文件的底部输入文字，如图10-24所示。

图10-24　输入文字

第20步：输入文字。选择“横排文字工具”T，在选项栏中选择字体为“方正超粗黑简体”，大小为145点，在图像上输入英文“NEW”。在选项栏中选择字体为“微软雅黑”，大小为26点，在下面再输入两行文字，如图10-25所示。

图10-25　输入文字

第21步：输入文字。选择“横排文字工具”T，在选项栏中选择字体为“微软雅黑”，大小为30点，设置填充色RGB值为26、152、172，在图像上输入文字“酷爽价”。再在选项栏中选择字体为“Impact”，大小为48点，设置填充色RGB值为217、33、36，在图像上输入数字“34.9”，最终效果如图10-26所示。

图10-26　最终效果

设计师点拨
——儿童商品颜色的选择

设计师在进行设计时，颜色的选择是至关重要的，不同类型的商品应选用不同的颜色。如本例的产品轮播图，因商品是儿童用品，在颜色的选择上，选用了高明度、高纯度的颜色，整体色彩鲜艳活泼。

案例2：拼多多首页设计

案例展示

在Photoshop中制作拼多多首页的效果如图10-27所示。

图10-27　案例效果

设计分析

1. 所用工具及知识点

横排文字工具、钢笔工具、剪贴蒙版的创建、矩形选框工具、渐变色的填充、组的创建与复制等。

2. 制作思路与流程

在Photoshop中制作拼多多首页的思路与流程如下所示。

①制作海报：导入素材，使用文字工具输入文字，调整文字的属性，使用矩形工具绘制矩形，使用多边形工具绘制多边形。

②制作第一组主图：使用矩形选框工具绘制矩形，复制多个矩形。创建组，使用文字工具输入文字，使用多边形套索工具绘制多边形，复制多个组。

③制作第二、三组主图：导入素材，为部分素材创建剪贴蒙版，使素材的版面一致。复制多个组，使用文字工具修改组中的文字。

素材文件：素材文件\第10章\模特1.jpg，模特2.jpg，模特3. jpg，窗户背景.png，灰色背景.jpg，模糊背景.png，女包1.png，女包2.png，女包3.png，女包4.png，女包5.png，女包6.png，女包7.png，女包8.png，女包9.png，女包10.png，女包11.png

结果文件：结果文件\第10章\拼多多首页设计.psd

教学文件：教学文件\第10章\拼多多首页设计.mp4

步骤详解

第01步：新建文件。打开Photoshop，按【Ctrl+N】快捷键新建一个图像文件，在"新建"对话框中设置页面的宽度为790像素，高度为3130像素，分辨率为72像素/英寸。

第02步：添加素材。按【Ctrl+O】快捷键，打开"素材文件\第10章\模特1.jpg"文件。选择"移动工具"，将素材拖到新建的文件中。

第03步：输入文字。选择"横排文字工具"T，在选项栏中选择字体为"黑体"，大小为25点，在素材的上方输入文字并设置文字颜色，如图10-28所示。

图10-28　输入文字

第04步：输入文字。选择"横排文字工具"T，在选项栏中设置文字颜色RGB值为207、176、102，字体为“黑体”，输入图10-29所示的三行文字。

图10-29　输入文字

第05步：绘制矩形并输入文字。选择“矩形工具”，在选项栏中选择“形状”，设置填充色RGB值为207、176、102，在第二行文字的下方绘制矩形。选择“横排文字工具”T，在选项栏中选择字体为“黑体”，大小为16点，在矩形上输入文字“2折封顶 1件全国”。

第06步：绘制三角形。选择“多边形工具”，在选项栏中选择“形状”，设置“边”为3。按住【Shift】键的同时拖动鼠标，在价格前面绘制向左的三角形，如图10-30所示。

图10-30　绘制三角形

第07步：创建组并输入文字。单击“图层”面板下方的“创建新组”按钮，创建组1。选择“横排文字工具”T，在选项栏中设置字体为“黑体”，大小为45点。再在下面输入一行小字，大小为13点，如图10-31所示。

图10-31　创建组并输入文字

第08步：绘制直线。选择“钢笔工具”，在选项栏中选择“形状”，设置描边色RGB值为157、157、157，描边宽度为2像素，按住【Shift】键，绘制图10-32所示的直线。

图10-32　绘制直线

第09步：绘制矩形并设置渐变色。选择“矩形选框工具”，绘制矩形选框。新建图层，选择“渐变工具”，在选项栏中单击“线性渐变”按钮，分别设置几个位置点颜色的RGB值为0（250、248、249）、100（224、221、222），如图10-33所示。

图10-33　设置渐变色

第10步：填充渐变色。从左上角向右下角拖动光标，填充渐变色。按【Ctrl+D】快捷键取消选区，如图10-34所示。

图10-34　填充渐变色

第11步：复制矩形。按【Ctrl+J】快捷键复制五个渐变矩形，选择“移动工具”，排列成图10-35所示的阵形。

图10-35　复制矩形

第12步：添加素材。按【Ctrl+O】快捷键，打开“素材文件\第10章\女包1.png”文件。选择“移动工具”，将素材拖到新建的文件中，如图10-36所示。

图10-36　添加素材

第13步：创建组并输入文字。单击“图层”面板下方的“创建新组”按钮，创建组2。选择“横排文字工具”T，在选项栏中选择字体为“黑体”，在矩形左上方输入文字，在文字的第二行输入省略号，如图10-37所示。

图10-37　创建组并输入文字

第14步：绘制矩形。选择“矩形选框工具”，在文字的左边绘制小矩形选框。设置前景色RGB值为227、30、65，按【Alt+Delete】快捷键填充前景色。按【Ctrl+D】快捷键取消选区。

第15步：绘制图标并输入文字。选择“钢笔工具”，在选项栏中选择“形状”，设置填充色RGB值为227、30、65，绘制一个箭头图标。选择“横排文字工具”T，在选项栏中选择字体为“黑体”，大小为10点，设置填充色为白色，在箭头图标上输入文字，如图10-38所示。

图10-38　绘制图标并输入文字

第16步：绘制图形并设置渐变色。选择“多边形套索工具”，绘制多边形选区。新建图层，选择“渐变工具”，在选项栏中单击“线性渐变”按钮，分别设置几个位置点颜色的RGB值为0（211、13、47）、100（241、48、100），如图10-39所示。

第17步：填充渐变色。按住【Shift】键，在选区内从上向下拖动光标，填充渐变色。按【Ctrl+D】

快捷键取消选区，如图10-40所示。

图10-39　设置渐变色

图10-40　填充渐变色

第18步：添加投影效果。单击“图层”面板下方的“添加图层样式”按钮 fx，在弹出的快捷菜单中选择“投影”命令，在弹出的“图层样式”对话框中设置不透明度为100%，角度为144度，距离为3像素，大小为5像素，其余参数设置如图10-41所示。单击“确定”按钮，得到图10-42所示的效果。

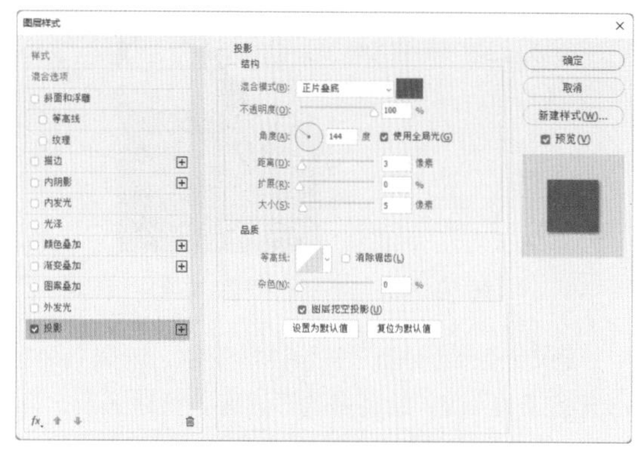

图10-41　设置参数

图10-42　添加投影效果

第19步：输入文字。选择“横排文字工具” T，在选项栏中选择字体为“黑体”，大小为16点，在图像上输入文字“热销爆款”，如图10-43所示。

图10-43　输入文字

第20步：复制组并修改文字。在“图层”面板中选中组2，按住鼠标左键不放，将组1拖到面板下方的“创建新图层”按钮上，复制组，生成组2拷贝。用相同的方法再复制四个组，选择“移动工具”，移动复制的组的位置。选择“横排文字工具” T，修改复制的组中文字的内容，如图10-44所示。

图10-44　复制组并修改文字

第21步：复制组并修改文字。在“图层”面板中选中组1，按住鼠标左键不放，将组1拖到面板下方的“创建新图层”按钮⊞上，复制组，生成组1拷贝。选择“移动工具”✣，移动复制的组的位置。再复制组2中右上角的图形和文字。选择“横排文字工具”T，改变文字的内容，如图10-45所示。

图10-45　复制组并修改文字

第22步：添加素材。按【Ctrl+O】快捷键，打开“素材文件\第10章\模特2.jpg”文件。选择“移动工具”✣，将素材拖到新建的文件中。

第23步：输入文字。选择“横排文字工具”T，在选项栏中设置文字颜色RGB值为173、226、219，选择字体为“华文中宋”，大小为27点，在图像上输入文字“复古新款 时尚抢先”，如图10-46所示。

图10-46　输入文字

第24步：复制并修改文字。复制组2中左边后两行的文字的图标，选中它们所在的图层，单击“图层”面板下方的“创建新组”按钮□，创建组3。在“图层”面板中双击图标的图层缩略图，在打开的“拾色器对话框”中修改颜色RGB值为227、30、65。选择“横排文字工具”T，改变文字的内容，如图10-47所示。

图10-47　复制并修改文字

第25步：绘制矩形。设置前景色RGB值为218、218、218，选择“矩形选框工具”⬚，在素材的右边绘制选区，新建图层，按【Alt+Delete】快捷键填充前景色。按【Ctrl+D】快捷键取消选区，如图10-48所示。

图10-48　绘制矩形

第26步：添加素材。按【Ctrl+O】快捷键，打开“素材文件\第10章\女包2.png、窗户背景.png”文件。选择“移动工具”✣，将素材拖到新建的文件中，如图10-49所示。

图10-49　添加素材

第27步：复制组并修改文字。在“图层”面板中选中组3，按住鼠标左键不放，将组3拖到面板下方的“创建新图层”按钮⊞上，复制组，生成组3拷贝。选择“横排文字工具”T，改变文字的内容，如图10-50所示。

图10-50　复制组并修改文字

第28步：添加素材。按【Ctrl+O】快捷键，打开“素材文件\第10章\灰色背景.jpg、女包3.png”文件。选择“移动工具”✥，将素材拖到新建的文件中。

第29步：复制组并修改文字。在“图层”面板中选中组3，按住鼠标左键不放，将组3拖到面板下方的“创建新图层”按钮⊞上，复制组，生成组3拷贝2。选择“横排文字工具”T，改变文字的内容，如图10-51所示。

图10-51　复制组并修改文字

第30步：添加素材。按【Ctrl+J】快捷键，复制素材“灰色背景”。按【Ctrl+O】快捷键，打开“光盘\素材文件\第10章\女包4.png”文件。选择“移动工具”✥，将素材拖到新建的文件中。

第31步：复制组并修改文字。在“图层”面板中选中组3，按住鼠标左键不放，将组3拖到面板下方的“创建新图层”按钮⊞上，复制组，生成组3拷贝3。选择“横排文字工具”T，改变文字的内容，如图10-52所示。

图10-52　复制组并修改文字

第32步：添加素材并创建剪贴蒙版。复制前面绘制的灰色矩形，按【Ctrl+O】快捷键，打开“素材文件\第10章\模糊背景.png”文件。选择“移动工具”✥，将素材拖到复制的灰色矩形的上方。在“图层”面板中素材的图层名称上单击鼠标右键，在弹出的快捷菜单中选择“创建剪贴蒙版”命令，效果如图10-53所示。

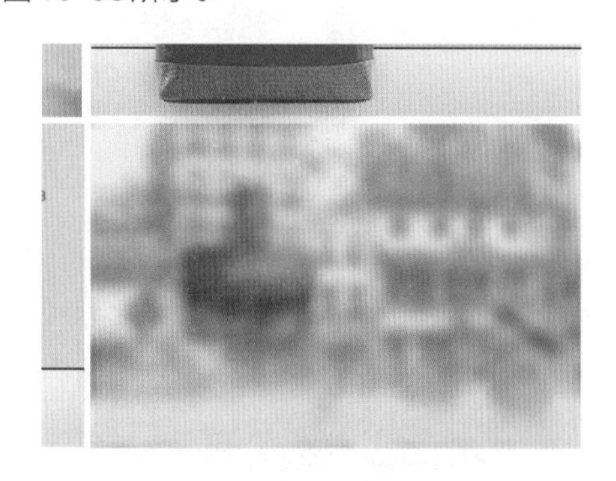

图10-53　添加素材并创建剪贴蒙版

第33步：添加素材。按【Ctrl+O】快捷键，打开“素材文件\第10章\女包5.png”文件。选择“移动工具”✥，将素材拖到新建的文件中。

第34步：复制组并修改文字。在“图层”面板中选中组3，按住鼠标左键不放，将组3拖到面板下方的“创建新图层”按钮⊞上，复制组，生成组3拷贝4。选择“横排文字工具”T，改变文字的内容，如图10-54所示。

图10-54　复制组并修改文字

第35步：添加素材。按【Ctrl+O】快捷键，打开“素材文件\第10章\模特3. jpg”文件。选择“移动工具”，将素材拖到新建的文件中。

第36步：复制组并修改文字。在“图层”面板中选中组3，按住鼠标左键不放，将组3拖到面板下方的“创建新图层”按钮上，复制组，生成组3拷贝5。选择“横排文字工具” T，改变文字的内容，如图10-55所示。

图10-55　复制组并修改文字

第37步：绘制矩形并填充渐变色。选择“矩形选框工具”，绘制矩形选框。新建图层，选择“渐变工具”，在选项栏中单击“径向渐变”按钮，分别设置几个位置点颜色的RGB值为0（253、253、253）、100（222、222、222），如图10-56所示。从中心向右拖动光标，填充渐变色。按【Ctrl+D】快捷键取消选区。

图10-56　设置渐变色

第38步：复制矩形。按【Ctrl+J】快捷键复制矩形，选择“移动工具”，移动复制的矩形，如图10-57所示。

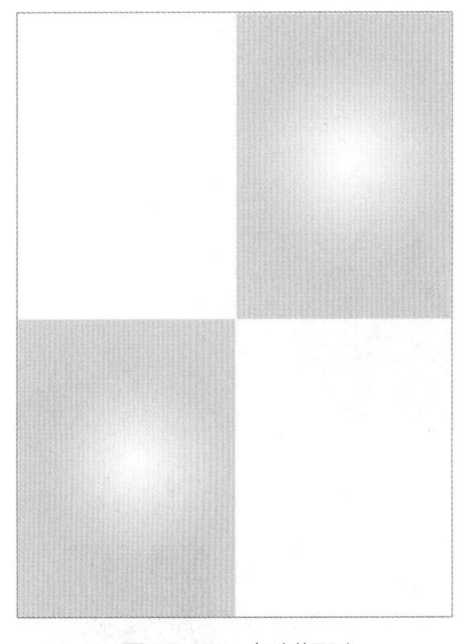

图10-57　复制矩形

第39步：添加素材。按【Ctrl+O】快捷键，打开“素材文件\第10章\女包6.png、女包7.png”文件。选择“移动工具”，将素材拖到新建的文件中。

第40步：复制组并修改文字。在“图层”面板中选中组3，按住鼠标左键不放，将组3拖到面板下方的“创建新图层”按钮上，复制组，生成组3拷贝6和组3拷贝7。选择“横排文字工具” T，改变文字的内容，如图10-58所示。

图10-58　复制组并修改文字

第41步：添加素材。按【Ctrl+O】快捷键，打开“素材文件\第10章\女包8.png、女包9.png”文件。选择“移动工具”✥，将素材拖到新建的文件中，如图10-59所示。

图10-59　添加素材

第42步：添加素材。按【Ctrl+J】快捷键，复制素材“灰色背景”，选择“移动工具”✥，移动复制的素材。按【Ctrl+O】快捷键，打开“素材文件\第10章\女包10.png”文件。选择“移动工具”✥，将素材拖到新建的文件中。

第43步：复制组并修改文字。在“图层”面板中选中组3，按住鼠标左键不放，将组3拖到面板下方的“创建新图层”按钮⊞上，复制组，生成组3拷贝8。选择“横排文字工具”T，改变文字的内容，如图10-60所示。

图10-60　复制组并修改文字

第44步：绘制矩形。设置前景色RGB值为39、32、26，选择“矩形选框工具”⬚，在素材的右边绘制选区，新建图层，按【Alt+Delete】快捷键填充前景色。按【Ctrl+D】快捷键取消选区。

第45步：添加素材。按【Ctrl+O】快捷键，打开“素材文件\第10章\女包11.png”文件。选择“移动工具”✥，将素材拖到新建的文件中。

第46步：复制组并修改文字。在“图层”面板中选中组3，按住鼠标左键不放，将组3拖到面板下方的“创建新图层”按钮⊞上，复制组，生成组3拷贝9。选择“横排文字工具”T，改变文字的内容，如图10-61所示。案例最终效果如图10-62所示。

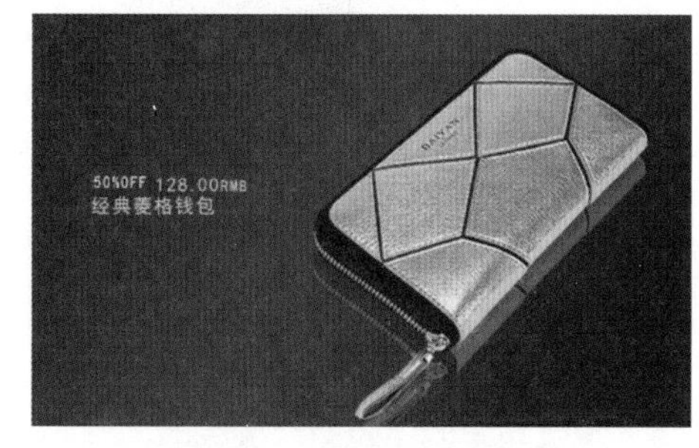

图10-61　复制组并修改文字

图10-62　最终效果

案例3：京东详情页设计

案例展示

在Photoshop中制作京东详情页的效果如图10-63所示。

图10-63　案例效果

设计分析

1. 所用工具及知识点

横排文字工具、竖排文字工具、钢笔工具、椭圆工具、图层样式、圆角矩形工具、组的创建与复制等。

2. 制作思路与流程

在Photoshop中制作京东详情页的思路与流程如下所示。

①制作详情页的第一、二部分：使用钢笔工具、“高斯模糊”命令、图层混合模式制作背景，使用文字工具、钢笔工具、椭圆工具制作文字和图形。

②制作详情页的第三、四部分：复制组并修改文字，作为每一部分的标题。使用圆角矩形工具和矩形工具绘制图形，使用文字工具输入文字。

③制作详情页的第五、六部分：复制组并修改文字，导入素材作为背景，使用图层样式的“描边”命令制作素材的描边效果，使用文字工具输入文字。

素材文件：素材文件\第10章\背景.jpg，红酒背景.jpg，酒桶.png，桌面摆饰.psd，葡萄1.png，葡萄2.jpg，葡萄3.jpg，农场.jpg，木纹.png，酒瓶.png，酒杯.png，黑白背景.jpg，素材1.jpg，素材2.jpg，素材3.jpg，冰川.jpg，葡萄酒.jpg，葡萄藤.jpg，葡萄与酒杯.jpg

结果文件：结果文件\第10章\京东详情页设计.psd

教学文件：教学文件\第10章\京东详情页设计.mp4

步骤详解

第01步：新建文件。打开Photoshop，按【Ctrl+N】快捷键新建一个图像文件，在“新建”对话框中设置页面的宽度为790像素，高度为5660像素，分辨率为72像素/英寸。

第02步：绘制路径并转换为选区。选择“钢笔工具”，绘制图10-64所示的路径。按【Ctrl+Enter】快捷键将路径转换为选区。

图10-64　绘制路径

第03步：设置渐变色。新建图层，选择“渐变工具”，在选项栏中单击“线性渐变”按钮，分别设置几个位置点颜色的RGB值为0（0、0、0）、100（103、4、37），如图10-65所示。

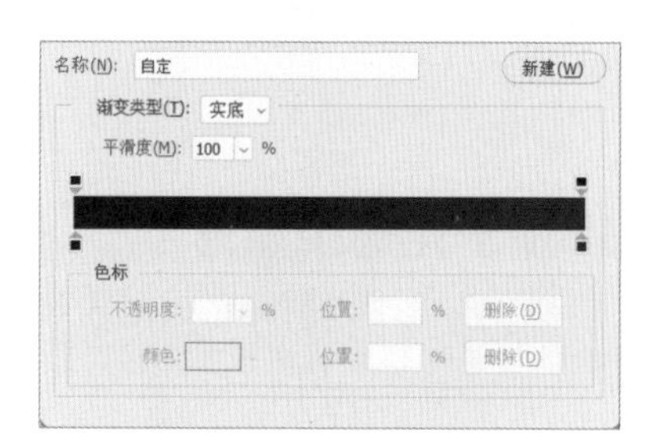

图10-65　设置渐变色

第04步：填充渐变色。从左下角向右上角拖动光标，填充渐变色。按【Ctrl+D】快捷键取消选区，如图10-66所示。

图10-66　填充渐变色

第05步：模糊图形。执行“滤镜→模糊→高斯模糊”命令，打开“高斯模糊”对话框，设置半径为64像素，如图10-67所示。单击“确定”按钮，得到图10-68所示的效果。

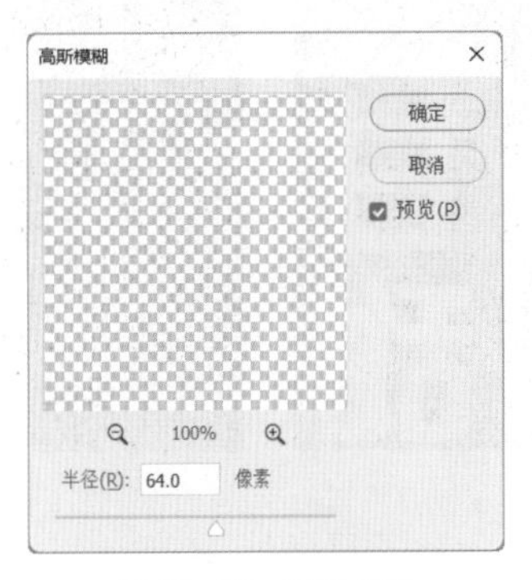

图10-67　设置参数

图10-68　模糊图形

第06步：添加素材。按【Ctrl+O】快捷键，打开“素材文件\第10章\红酒背景.jpg”文件。选择“移动工具”，将素材拖到新建的文件中，如图10-69所示。

图10-69　添加素材

第07步：设置混合模式。在“图层”面板中设置图层的混合模式为“叠加”，图像效果如图10-70所示。

图10-70　设置混合模式

第08步：添加素材。按【Ctrl+O】快捷键，打开“素材文件\第10章\酒桶.png”文件。选择“移动工具”，将素材拖到新建的文件中，如图10-71所示。

图10-71　添加素材

第09步：添加素材。按【Ctrl+O】快捷键，打开“素材文件\第10章\桌面摆饰.psd”文件。选择“移动工具”，将素材拖到新建的文件中，如

图10-72所示。

图10-72　添加素材

第10步：输入文字。选择“直排文字工具”，在选项栏中选择字体为“方正品尚中黑简体”，大小为130点，在图像上输入文字，如图10-73所示。

图10-73　输入文字

第11步：绘制并复制圆。选择“椭圆工具”，在选项栏中选择“形状”，设置描边色为白色，描边宽度为2像素，按住【Shift】键绘制一个正圆。按【Ctrl+J】快捷键复制圆，选择“移动工具”，移动复制的圆，如图10-74所示。

第12步：输入文字。选择“直排文字工具”，在选项栏中选择字体为“黑体”，大小为40点，在圆内输入文字。再设置大小为15点，输入两列小字，如图10-75所示。

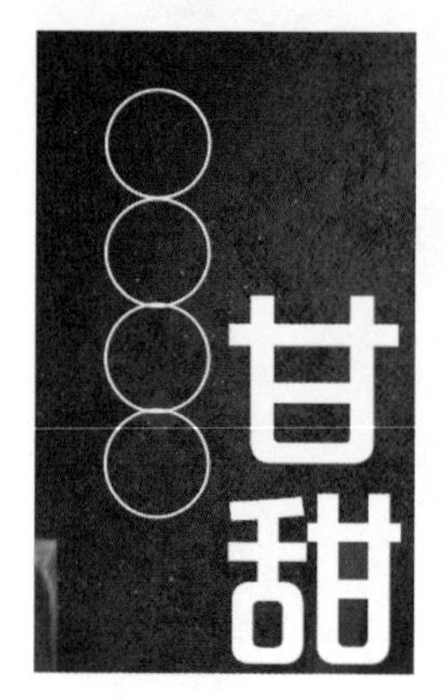

图10-74　绘制并复制圆　　图10-75　输入文字

第13步：绘制圆和直线。选择“椭圆工具”，在选项栏中选择“形状”，设置描边宽度为2像素，按住【Shift】键绘制正圆。选择“钢笔工具”，在选项栏中选择“形状”，设置描边宽度为1像素，绘制直线。

第14步：复制圆和直线。按住【Shift】键，同时选中圆和直线。按【Ctrl+J】快捷键，复制圆和直线。按【Ctrl+T】快捷键，等比例缩小复制的圆和直线。选择“移动工具”，移动复制的圆和直线，如图10-76所示。

图10-76　复制圆和直线

第15步：添加素材。按【Ctrl+O】快捷键，打开“素材文件\第10章\葡萄1.png”文件。选择“移动工具”，将素材拖到新建的文件中，如图10-77所示。

图10-77　添加素材

第16步：绘制矩形。单击“图层”面板下方的“创建新组”按钮，创建组1。新建图层，选择“矩形工具”，在选项栏中选择“形状”，设置填充色RGB值为51、42、61，拖动光标，绘制图10-78所示的矩形。

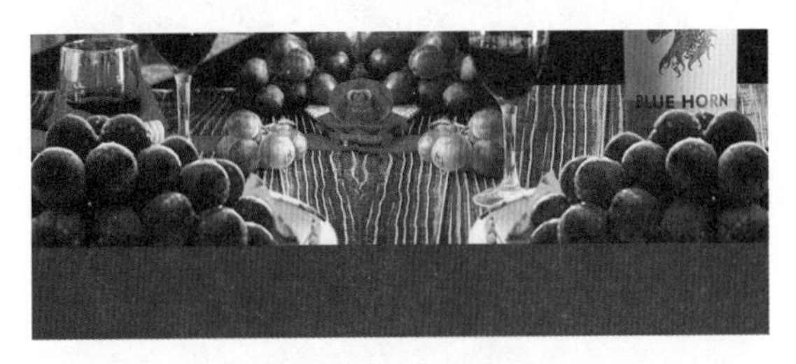

图10-78　绘制矩形

第17步：绘制矩形。选择“矩形工具”，在选项栏中选择“形状”，设置描边宽度为1像素，绘制图10-79所示的矩形。

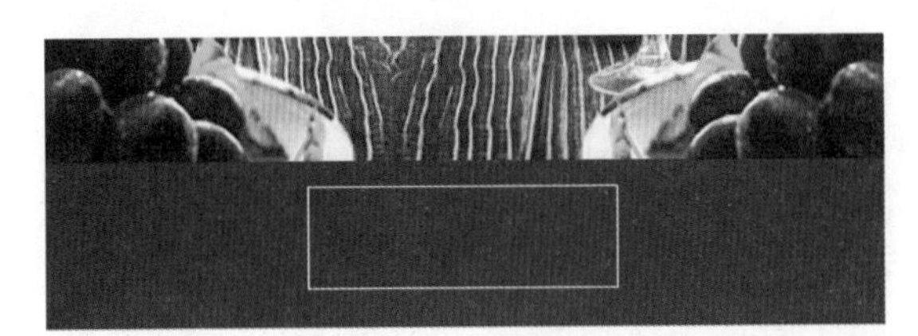

图10-79　绘制矩形

第18步：隐藏图形。单击“图层”面板下方的“添加蒙版”按钮，选择“画笔工具”，设置前景色为黑色，在矩形中间单击，隐藏中间的图形，如图10-80所示。

第19步：输入文字。选择“横排文字工具”T，在选项栏中选择字体为“黑体”，大小为40点，在图像上输入英文。再设置大小为18点，在下面输入一行中文，如图10-81所示。

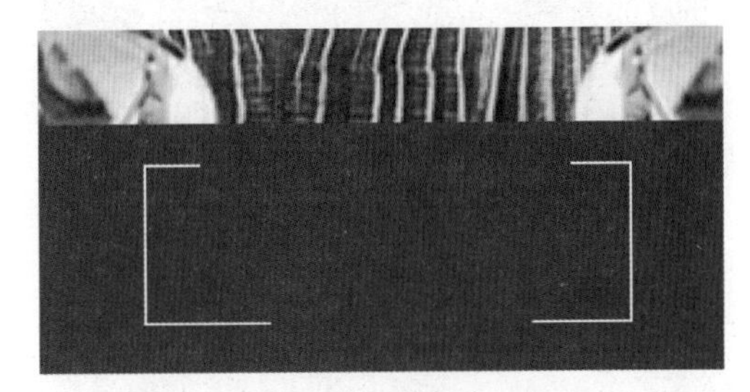

图10-80　隐藏中间的图形

图10-81　输入文字

第20步：添加素材。按【Ctrl+O】快捷键，打开“素材文件\第10章\农场.jpg”文件。选择“移动工具”，将素材拖到新建的文件中，如图10-82所示。

图10-82　添加素材

第21步：绘制矩形。设置前景色RGB值为54、72、12，选择“矩形选框工具”，在素材上面绘制选区，新建图层，按【Alt+Delete】快捷键填充前景色。按【Ctrl+D】快捷键取消选区，如图10-83所示。

图10-83 绘制矩形

第22步：调整不透明度并输入文字。在矩形的“图层”面板中设置图层的不透明度为35%，效果如图10-84所示。选择“横排文字工具”T，在选项栏中选择字体为“方正品尚中黑简体”，大小为63点，在图像上输入文字“原瓶进口”。再设置文字大小为42点，输入第二行文字“阿根廷”。

图10-84 调整不透明度

第23步：绘制矩形并输入文字。设置前景色为白色，选择“矩形选框工具”，绘制选区，新建图层，按【Alt+Delete】快捷键填充前景色。按【Ctrl+D】快捷键取消选区。选择“横排文字工具”T，在选项栏中选择字体为“黑体”，大小为22点，设置文字颜色为黑色，在矩形上输入文字，如图10-85所示。

第24步：添加素材。按【Ctrl+O】快捷键，打开“素材文件\第10章\木纹.png、酒瓶.png、酒杯.png”文件。选择“移动工具”，将素材拖到新建的文件中，如图10-86所示。

图10-85 绘制矩形并输入文字

图10-86 添加素材

第25步：复制组并修改文字。在“图层”面板中选中组1，按住鼠标左键不放，将组1拖到面板下方的“创建新图层”按钮上，复制组，生成组1拷贝。选择“横排文字工具”T，改变文字的内容，如图10-87所示。

图10-87 复制组并修改文字

第26步：输入文字。选择“横排文字工具”T，在选项栏中选择字体为“黑体”，大小为46点，在图像上输入文字。再设置大小为28点，输入第二行文字。再设置字体为“方正兰亭超细黑简体”，大小为130点，输入第三行文字，如图10-88所示。

图10-88　输入文字

第27步：输入文字。选择“横排文字工具”T，在选项栏中设置文字颜色RGB值为128、173、82，选择字体为“黑体”，大小为35点，在图像上输入文字“海德隆”。再设置字体为“黑体”，大小为22点，在右边输入两行小字，如图10-89所示。

图10-89　输入文字

第28步：绘制圆角矩形并输入文字。选择“圆角矩形工具”，在选项栏中选择“形状”，设置半径为35像素，填充色RGB值为115、85、148，绘制一个圆角矩形。选择“直排文字工具”IT，在选项栏中选择字体为“黑体”，大小为40点，输入文字。再设置大小为24点，输入一列小字，如图10-90所示。

第29步：复制素材。按【Ctrl+J】快捷键，复制前面的矩形。选择“移动工具”，移动复制的素材到图10-91所示的位置。

第30步：复制矩形并绘制图形。按【Ctrl+J】快捷键，复制组1中的矩形。按【Ctrl+T】快捷键，调整矩形的高度。选择“移动工具”，移动复制的矩形。选择“钢笔工具”，在选项栏中选择“形状”，设置填充色RGB值为51、42、61，绘制图10-92所示的图形。

图10-90　绘制圆角矩形并输入文字

图10-91　复制素材

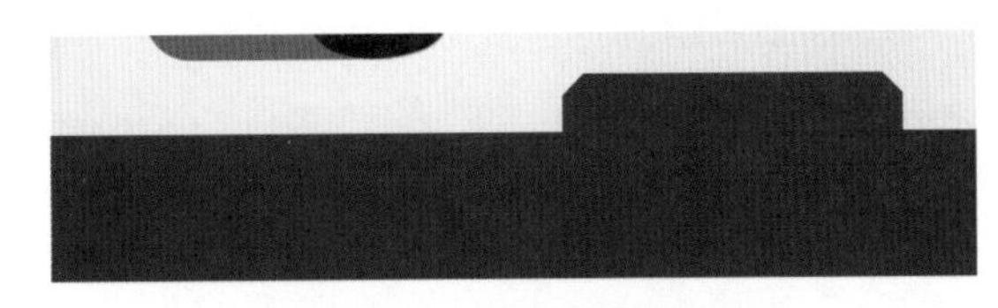

图10-92　复制矩形并绘制图形

第31步：输入文字。选择“横排文字工具”T，在选项栏中设置文字颜色RGB值为218、228、131，选择字体为“黑体”，大小为50点，在图像上输入文字“古老传承”。再设置文字颜色RGB值为250、255、211，字体为“等线”，大小为28点，输入第二行文字。再设置字体为“黑体”，大小为12点，输入第三行文字。再设置字体为“黑体”，大小为15点，输入两行小字，如图10-93所示。

图10-93　输入文字

第32步：添加素材。按【Ctrl+O】快捷键，打开“素材文件\第10章\黑白背景.jpg”文件。选择“移动工具”，将素材拖到新建的文件中。

第33步：绘制矩形。选择“矩形工具”，在选项栏中选择“形状”，设置描边宽度为1像素，描边色为白色，绘制图10-94所示的矩形。

图10-94　绘制矩形

第34步：添加素材并绘制矩形。按【Ctrl+O】快捷键，打开"素材文件\第10章\素材1.jpg、素材2.jpg、素材3.jpg"文件。选择"移动工具"，将素材拖到新建的文件中。选择"矩形工具"，在选项栏中选择"形状"，设置描边色为白色，在左下角绘制矩形，如图10-95所示。

图10-95　添加素材并绘制矩形

第35步：绘制矩形并输入文字。选择"矩形工具"，在选项栏中选择"形状"，设置填充色为黑色，绘制矩形。在矩形的"图层"面板中设置图层的不透明度为76%。选择"横排文字工具"T，在选项栏中选择字体为"方正品尚粗黑简体"，大小为20点，在矩形上输入文字。再设置大小为15点，输入第二行文字，如图10-96所示。

图10-96　绘制矩形并输入文字

第36步：输入文字。选择"横排文字工具"T，在选项栏中设置文字颜色为黑色，选择字体为"黑体"，大小为36点，在图像上输入文字"高品质酿造"。再设置大小为16点，输入三行小字，最后一行文字颜色RGB值为127、160、42。

第37步：绘制直线。选择"钢笔工具"，在选项栏中选择"形状"，设置描边宽度为1像素，描边色为黑色，按住【Shift】键绘制直线，如图10-97所示。

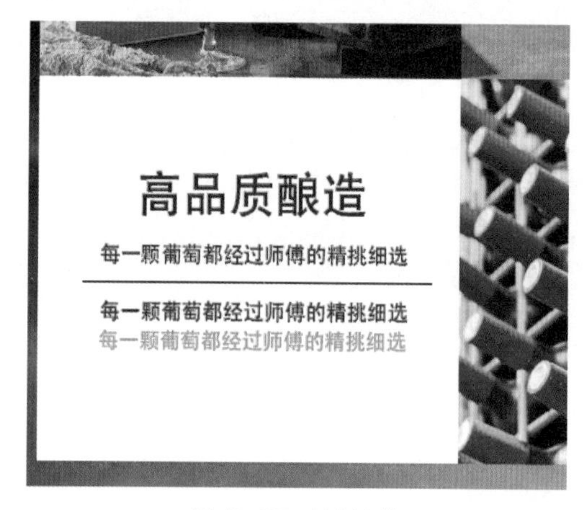

图10-97　绘制直线

第38步：复制组并修改文字。在"图层"面板中选中组1，按住鼠标左键不放，将组1拖到面板下方的"创建新图层"按钮上，复制组，生成组1拷贝2。选择"横排文字工具"T，改变文字的内容。

第39步：绘制矩形。设置前景色为任意色，选择"矩形选框工具"，在素材上面绘制选区，新建图层，按【Alt+Delete】快捷键填充前景色。按【Ctrl+D】快捷键取消选区，如图10-98所示。

图10-98　绘制矩形

第40步：添加素材并创建剪贴蒙版。按【Ctrl+O】快捷键，打开“素材文件\第10章\冰川.jpg”文件。选择“移动工具”，将素材拖到新建的文件中。在“图层”面板中素材的图层名称上单击鼠标右键，在弹出的快捷菜单中选择“创建剪贴蒙版”命令，效果如图10-99所示。

图10-99　添加素材并创建剪贴蒙版

第41步：绘制矩形并添加素材。选择“矩形工具”，在选项栏中选择“形状”，设置填充色RGB值为51、42、61，在图像左边绘制矩形。按【Ctrl+O】快捷键，打开“素材文件\第10章\葡萄酒.jpg”文件。选择“移动工具”，将素材拖到新建的文件中，如图10-100所示。

图10-100　绘制矩形并添加素材

第42步：绘制并复制矩形。选择“矩形工具”，在选项栏中选择“形状”，设置填充色为白色，在图像左边绘制矩形。按【Ctrl+J】快捷键复制矩形。选择“移动工具”，向下移动复制的矩形，如图10-101所示。

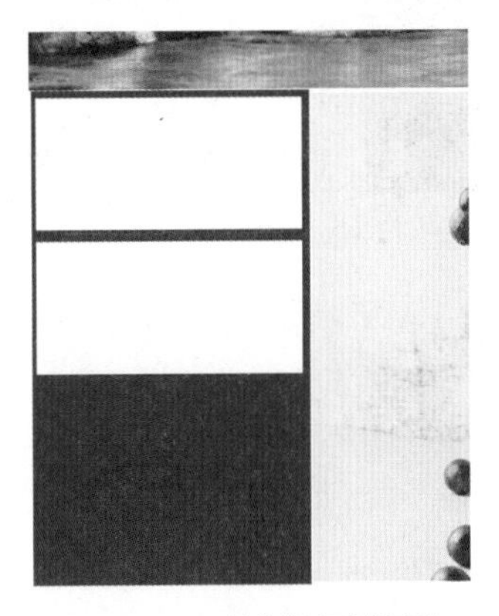

图10-101　绘制并复制矩形

第43步：绘制透明矩形。选择“矩形工具”，在选项栏中选择“形状”，设置填充色RGB值为51、42、61，在图像右边绘制矩形。在矩形的“图层”面板中设置图层的不透明度为60%，效果如图10-102所示。

图10-102　绘制透明矩形

第44步：输入文字。选择“横排文字工具”T，在选项栏中选择字体为“黑体”，在矩形上输入文字，如图10-103所示。

图10-103　输入文字

第45步：复制组并修改文字。在“图层”面板中选中组1，按住鼠标左键不放，将组1拖到面板下方的“创建新图层”按钮⊞上，复制组，生成组1拷贝3。选择“横排文字工具”T，改变文字的内容，如图10-104所示。

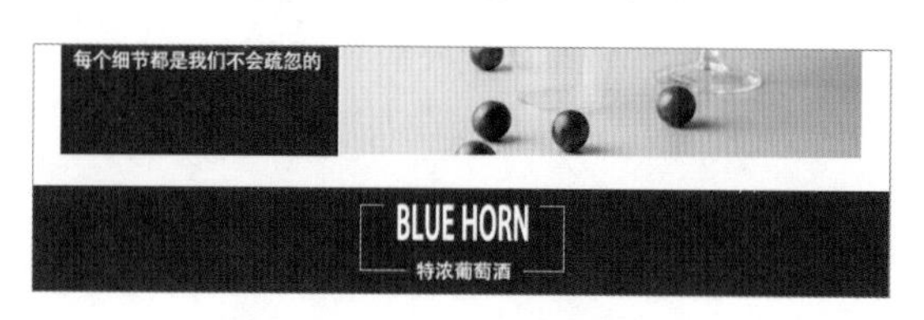

图10-104　复制组并修改文字

第46步：添加素材并绘制矩形。按【Ctrl+O】快捷键，打开“素材文件\第10章\葡萄藤.jpg”文件。选择“移动工具”✥，将素材拖到新建的文件中。选择“矩形工具”□，在选项栏中选择“形状”，设置填充色RGB值为90、73、63，在素材上绘制一个小矩形，如图10-105所示。

图10-105　添加素材并绘制矩形

第47步：输入文字。选择“横排文字工具”T，在选项栏中选择字体为“黑体”，大小为16点，在矩形上输入文字。再设置大小为15点，按住鼠标左键不放，拖出一个文本框，输入文字，如图10-106所示。

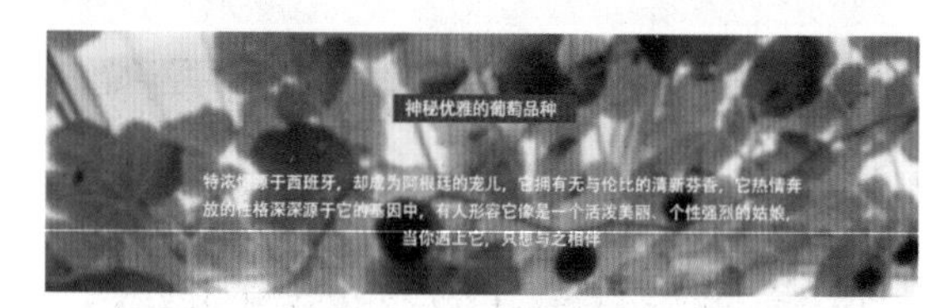

图10-106　输入文字

第48步：添加素材。按【Ctrl+O】快捷键，打开“素材文件\第10章\葡萄2.jpg、葡萄3.jpg”文件。选择“移动工具”✥，将素材拖到新建的文件中，如图10-107所示。

图10-107　添加素材

第49步：为素材描边。单击“图层”面板下方的“添加图层样式”按钮fx，在弹出的快捷菜单中选择“描边”命令，在弹出的“图层样式”对话框中设置描边大小为4像素，描边色为白色，其余参数设置如图10-108所示。

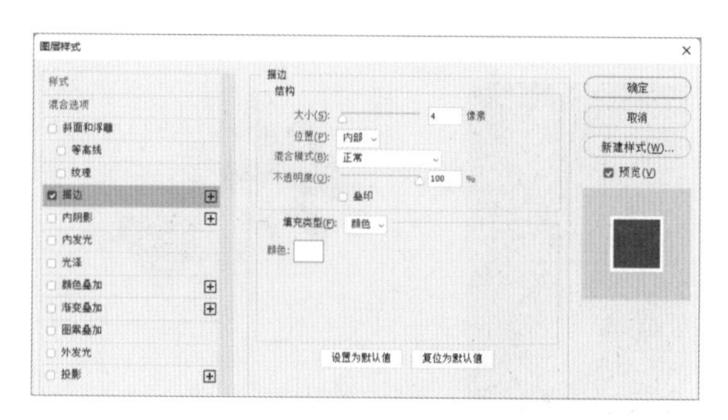

图10-108　设置参数

第50步：粘贴图层样式。用鼠标右键单击“图层”

面板中“葡萄2”素材所在的图层，在弹出的快捷菜单中选择“拷贝图层样式”命令。再用鼠标右键单击“葡萄3”素材所在的图层，在弹出的快捷菜单中选择“粘贴图层样式”命令，描边效果如图10-109所示。

图10-109　添加描边效果

第51步：复制组并修改文字。在“图层”面板中选中组1，按住鼠标左键不放，将组1拖到面板下方的“创建新图层”按钮⊞上，复制组，生成组1拷贝4。选择“横排文字工具”T，改变文字的内容，如图10-110所示。

图10-110　复制组并修改文字

第52步：添加素材并绘制矩形。按【Ctrl+O】快捷键，打开“素材文件\第10章\背景.jpg”文件。选择“移动工具”✥，将素材拖到新建的文件中。选择“矩形工具”□，在选项栏中选择“形状”，设置填充色RGB值为229、229、229，在素材上绘制一个矩形，如图10-111所示。

图10-111　添加素材并绘制矩形

第53步：输入文字。选择“横排文字工具”T，在选项栏中选择字体为“黑体”，大小为18点，在图像上输入文字，如图10-112所示。

产品名称：卡维纳108圣乔斯特浓情半甜白

葡萄品种：特浓情

原产地：阿根廷

酒精度/净含量：13.5%Vol/750mL

美食搭配：适合配家禽类菜肴或者海鲜，比如龙虾、扇贝

最佳饮用温度：10℃

图10-112　输入文字

第54步：添加素材。按【Ctrl+O】快捷键，打开“素材文件\第10章\葡萄与酒杯.jpg”文件。选择“移动工具”✥，将素材拖到新建的文件中。再复制前面的“酒瓶”素材，放到矩形的右边，如图10-113所示。案例最终效果如图10-114所示。

图10-113　添加素材

图10-114　最终效果

学习小结

电商发展到今天，移动端网店装修设计对网店产品销售的重要性已不言而喻。本章介绍了无线端网店的装修设计，希望读者学习后，可以多看无线端优秀店铺的作品，多进行实践操作，从而能学习到移动端网店装修设计的经验与心得。

附录A Photoshop中宝贝图片构图与画面优化实战

在拍摄宝贝图片时，由于摄影师的拍摄技术或被拍摄者自身条件等多方面的限制，使拍摄出来的图片出现构图不当、倾斜、模糊等瑕疵。这时就需要对宝贝图片进行修饰、美化处理。附录A介绍了Photoshop中宝贝图片构图与画面优化的方法，希望读者学习后能快速掌握这些方法和技巧。

案例1：使用裁剪工具修改宝贝图片

案例展示

如果宝贝拍摄的背景范围太大，可以使用Photoshop中的裁剪工具裁剪，处理前后效果对比如图A-1所示。

图A-1　处理前后效果对比

步骤详解

第01步：裁剪出需要的区域。按【Ctrl+O】快捷键，打开“素材文件\附录A\便利贴.jpg”文件，如图A-2所示。选择“裁剪工具”，按住鼠标左键进行拖动，裁剪出需要的区域，如图A-3所示。

图A-2　打开素材

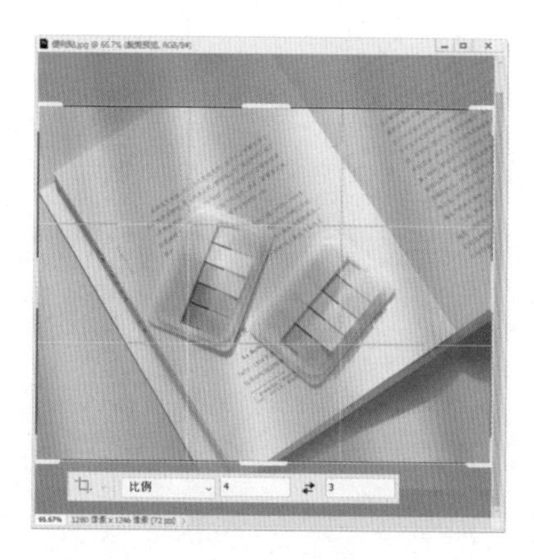

图A-3　裁剪出需要的区域

第02步：打开“图像大小”对话框。按【Enter】键确定，裁剪后的宝贝图片如图A-4所示。执行“图像→图像大小”命令，打开“图像大小”对话框，如图A-5所示。

图A-4　裁剪后的宝贝图片

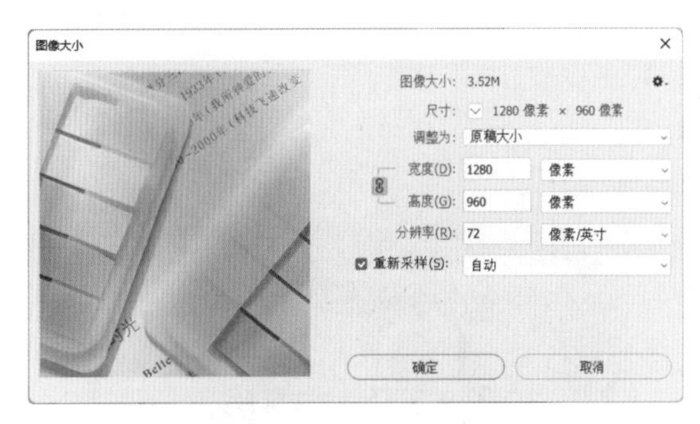

图A-5　“图像大小”对话框

第03步：调整宽度与高度。设置“宽度”为750像素，高度随之改变，完成后单击“确定”按钮，如图A-6所示，即可将宝贝图片宽度改变为750像素。

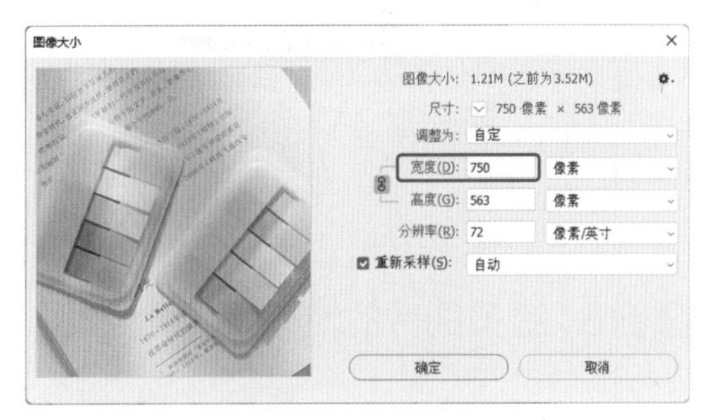

图A-6　设置“宽度”

技能拓展
——如何能快速处理多张宝贝图片的尺寸呢?

详情页有大量的图片要处理尺寸，如果一张张地修改，工作量过大。使用批处理便可以一次性处理几十张甚至几百张图片的尺寸，使其宽度相同。

案例2：校正拍摄倾斜的宝贝图片

案例展示

由于拍摄角度的问题，有时宝贝图片拍出来是倾斜的，这时可以使用Photoshop中的标尺工具快速将其拉直，处理前后效果对比如图A-7所示。

图A-7　处理前后效果对比

步骤详解

第01步：用标尺工具拖动。按【Ctrl+O】快捷键，打开“素材文件\附录A\背包.jpg”文件，如图A-8所示。选择“标尺工具”，沿宝贝边缘水平拖动一条直线，如图A-9所示。

图A-8　打开素材

图A-9　拖动一条直线

第02步：将宝贝拉直并裁剪。单击选项栏中的“拉直图层”按钮，将宝贝拉直，如图A-10所示。选择“裁剪工具” 口，在宝贝中拖出图A-11所示的选区。

图A-10　将宝贝拉直

图A-11　拖出选区

第03步：裁剪宝贝。按【Enter】键确定，裁剪后的宝贝图片如图A-12所示。

图A-12　裁剪后的宝贝图片

案例3：宝贝图片的清晰度优化处理

案例展示

如果宝贝图片有一些模糊，可以使用Photoshop中的锐化滤镜进行处理，但对太过模糊的图片不适用，处理前后效果对比如图A-13所示。

图A-13　处理前后效果对比

步骤详解

第01步：打开素材。按【Ctrl+O】快捷键，打开“素材文件\附录A\饭盒.jpg”文件，如图A-14所示。

图A-14　打开素材

第02步：调整宝贝图片的清晰度。执行“滤镜→锐化→USM锐化”命令，打开“USM锐化”对话框，设置参数如图A-15所示，单击“确定”按钮。宝贝图片的清晰度优化处理后的效果如图A-16所示。

图A-15　设置参数

图A-16　清晰度优化处理

案例4：宝贝图片的降噪优化处理

案例展示

如果宝贝图片中的杂点过多，可以使用Photoshop中的高斯模糊滤镜进行处理，处理前后效果对比如图A-17所示。

图A-17　处理前后效果对比

步骤详解

第01步：设置高斯模糊参数。按【Ctrl+O】快捷键，打开“素材文件\附录A\香水.jpg”文件，如图A-18所示。执行“滤镜→模糊→高斯模糊”命令，打开“高斯模糊”对话框，设置参数如图A-19所示，单击“确定”按钮。

图A-18　打开素材

图A-19　设置参数

第02步：降噪优化处理。宝贝图片降噪优化处理后的效果如图A-20所示。

图A-20　降噪优化处理

案例5：去除宝贝图片中的多余对象

案例展示

如果宝贝图片中有多余的对象，可以使用Photoshop中的污点修复画笔工具进行处理，处理前后效果对比如图A-21所示。

图A-21　处理前后效果对比

步骤详解

第01步：使用污点修复画笔工具。按【Ctrl+O】快捷键，打开"素材文件\附录A\沙发椅.jpg"文件，如图A-22所示。选择"污点修复画笔工具"，将光标放到要去除的物件中，按住鼠标左键进行拖动，如图A-23所示。

图A-22　打开素材

图A-23　拖动鼠标

第02步：去除多余的物件。释放鼠标后，多余的物件被去除，如图A-24所示。

图A-24　多余的物件被去除

案例6：虚化宝贝的背景，突出宝贝

案例展示

虚化的背景可以突出宝贝，处理前后效果对比如图A-25所示。

图A-25　处理前后效果对比

步骤详解

第01步：沿风扇绘制路径。按【Ctrl+O】快捷键，打开“素材文件\附录A\风扇.jpg”文件，如图A-26所示。选择“钢笔工具”，在选项栏中选择“路径”，沿风扇绘制路径，如图A-27所示。

图A-26　打开素材

图A-27　绘制路径

第02步：将风扇复制到新图层。按【Ctrl+Enter】快捷键将路径转换为选区，如图A-28所示。按【Ctrl+J】快捷键复制选区内的图像，自动得到一个新的图层1，如图A-29所示。

图A-28　将路径转换为选区

第03步：设置高斯模糊参数。复制“背景”图层，生成“背景拷贝”图层，如图A-30所示。执行“滤镜→模糊→高斯模糊”命令，打开“高斯模糊”对话框，设置参数如图A-31所示，单击“确定”按钮。

图A-29　得到一个新的图层1　图A-30　生成“背景拷贝”图层

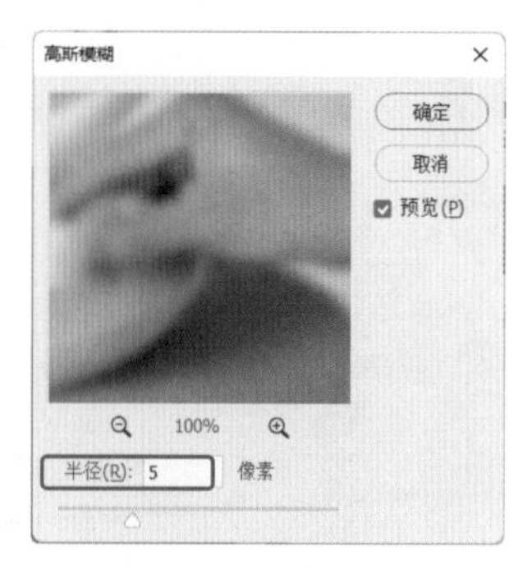

图A-31　设置参数

第04步：添加蒙版。模糊后的图片如图A-32所示。单击“图层”面板下方的“添加蒙版”按钮◘，为图层1添加蒙版，如图A-33所示。

图A-32　模糊后的图片

图A-33　添加蒙版

第05步：制作背景模糊效果。选择“渐变工具”，设置颜色为白色到黑色的渐变色，模仿拍照的视角，在图A-34所示的位置从下斜向上拖动光标，得到图A-35所示的效果。

图A-34　拖动光标

图A-35　模糊后的图片

案例7：模特美白处理

案例展示

如果模特的皮肤不够白，需要使用Photoshop中的“色阶”命令、图层蒙版等对其进行处理，处理前后效果对比如图A-36所示。

图A-36　处理前后效果对比

步骤详解

第01步：复制图像。按【Ctrl+O】快捷键，打开“素材文件\附录A\美白模特.jpg”文件。按【Ctrl+J】快捷键复制图像，生成图层1。隐藏图层1，选中“背景”图层，如图A-37所示。

图A-37　打开素材

第02步：调整色阶。执行“图像→调整→色阶”命令，打开“色阶”对话框，参数设置如图A-38所示，单击“确定”按钮。

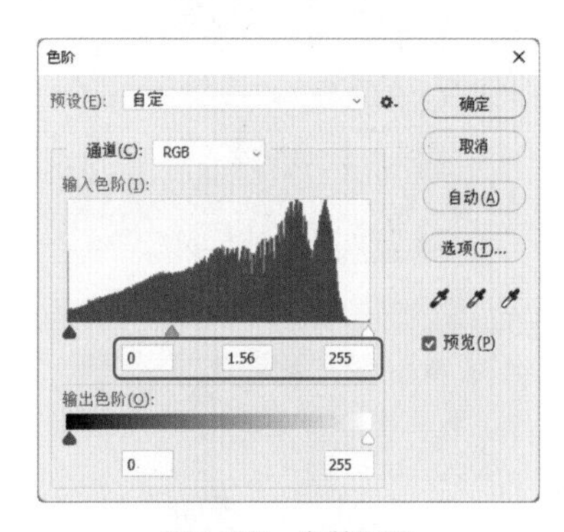

图A-38　参数设置

第03步：添加蒙版。此时整张图片变亮，如图A-39所示。显示图层1，单击“图层”面板下方的“添加蒙版”按钮，为图层1添加蒙版，如图A-40所示。

图A-39　整张图片变亮　图A-40　为图层1添加蒙版

第04步：露出变白的皮肤。选择“画笔工具”，在选项栏中选择画笔为柔边，设置前景色为黑色，在皮肤上拖动，隐藏图层1中的皮肤，如图A-41所示，最终效果如图A-42所示。

图A-41　在皮肤上拖动

图A-42　最终效果

案例8：模特人物身材处理

案例展示

有时为了突出衣服的穿着效果，需要对模特的身材进行微处理，处理前后效果对比如图A-43所示。

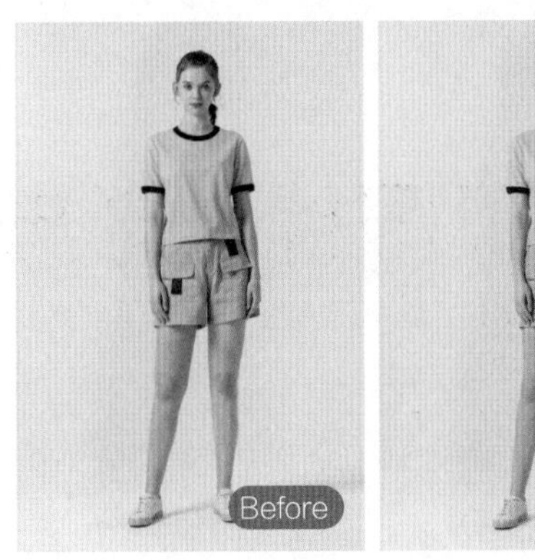

图A-43　处理前后效果对比

步骤详解

第01步：打开“液化”对话框。按【Ctrl+O】快捷键，打开“素材文件\附录A\模特.jpg”文件，如图A-44所示。执行“滤镜→液化”命令，打开“液化”对话框，如图A-45所示。

图A-44　打开素材

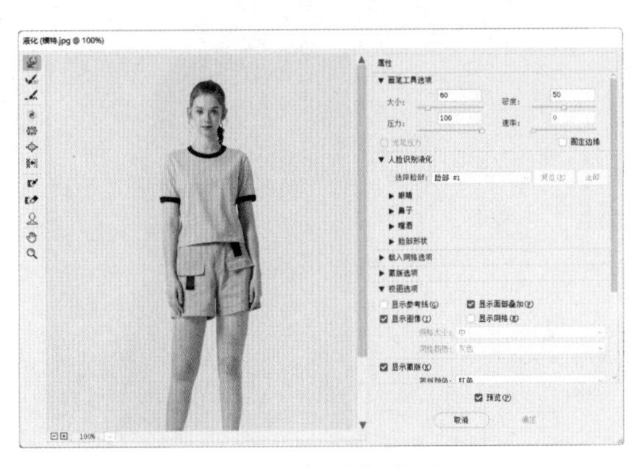

图A-45　“液化”对话框

第02步：用画笔工具给模特瘦身。变换画笔大小，在模特腰部、手臂、腿等处向内拖动，给模特瘦身，如图A-46所示。单击“确定”按钮，得到图A-47所示的效果。

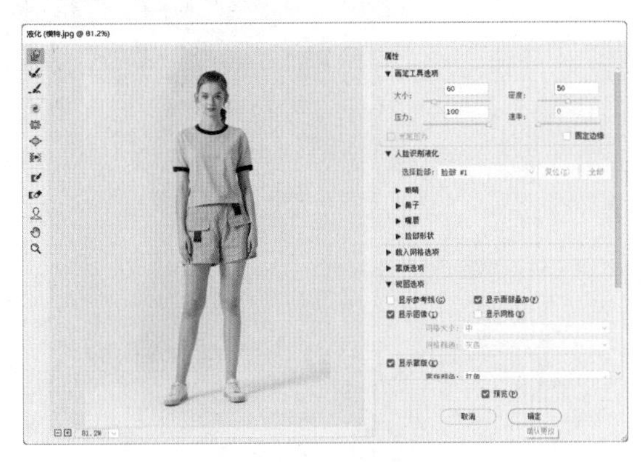

图A-46　给模特瘦身

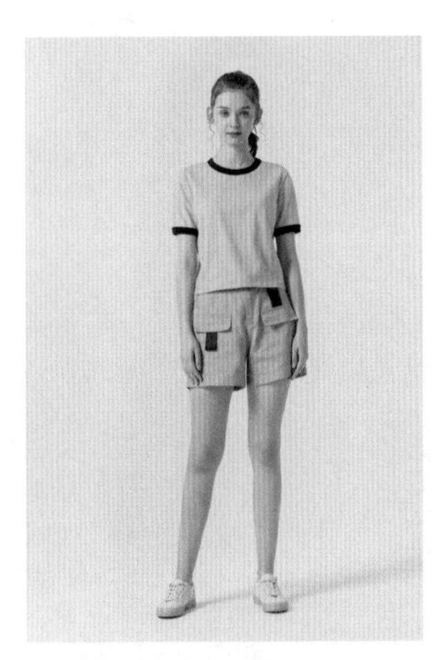

图A-47　瘦身后的效果

附录B　Photoshop中宝贝图片光影与色彩优化实战

在拍摄宝贝图片时，由于摄影师的拍摄技术或被拍摄者自身条件等多方面的限制，使拍摄出来的图片出现曝光不足、曝光过度、逆光等瑕疵。这时就需要对宝贝图片进行修饰、美化处理。附录B介绍了Photoshop中宝贝图片光影与色彩优化的方法，希望读者学习后能快速掌握这些方法和技巧。

案例1：修复曝光不足的宝贝图片

案例展示

宝贝图片偏暗，会看不清楚，无法识别细节。使用Photoshop可以轻松修复这类问题，修复曝光不足的宝贝图片前后效果对比如图B-1所示。

图B-1　处理前后效果对比

步骤详解

第01步：调整亮度/对比度。按【Ctrl+O】快捷键，打开“素材文件\附录B\游泳包.jpg”文件，如图B-2所示。执行“图像→调整→亮度/对比度”命令，打开“亮度/对比度”对话框，设置“亮度”为8，单击“确定”按钮，如图B-3所示。

图B-2　打开素材

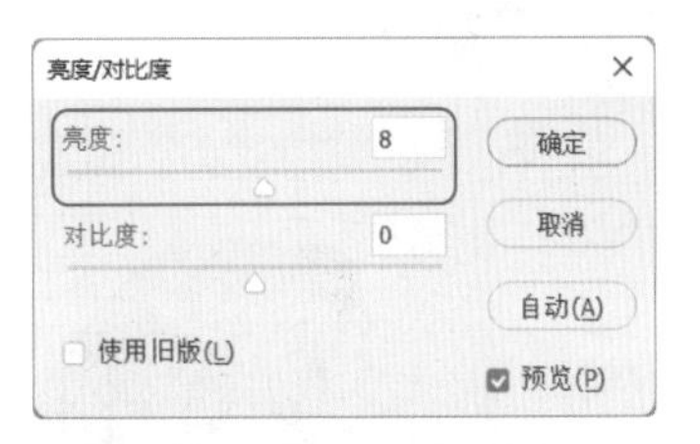

图B-3　设置“亮度”

第02步：调整色阶。通过前面的操作，提高图片整体亮度，效果如图B-4所示。执行“图像→调整→色阶”命令，打开“色阶”对话框，设置参数如图B-5所示，单击“确定”按钮。

图B-4　提高图片整体亮度

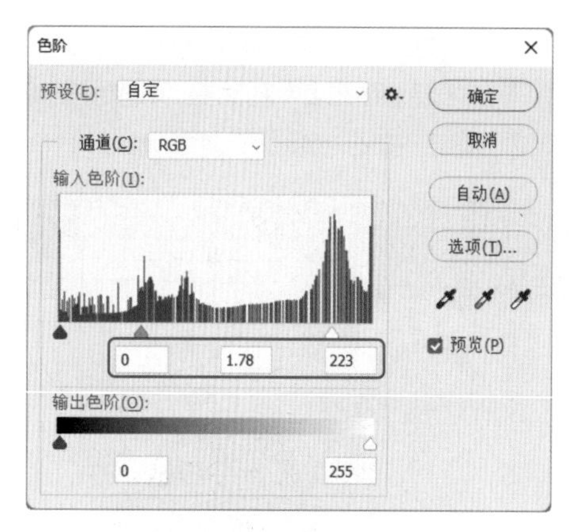

图B-5 设置参数

第03步：调亮图片。通过前面的操作，整体画面更加明亮，最终效果如图B-6所示。

图B-6 最终效果

案例2：修复曝光过度的宝贝图片

案例展示

拍摄宝贝图片时，有时会因阳光过于明媚或室内光的原因，导致产品局部出现过亮的问题。本例将对图片进行曝光减弱，处理前后效果对比如图B-7所示。

图B-7 处理前后效果对比

步骤详解

第01步：调整亮度/对比度。按【Ctrl+O】快捷键，打开“素材文件\附录B\鼠标.jpg”文件，如图B-8所示。执行“图像→调整→亮度/对比度”命令，打开“亮度/对比度”对话框，设置“亮度”为-10，单击“确定”按钮，如图B-9所示。

图B-8 打开素材

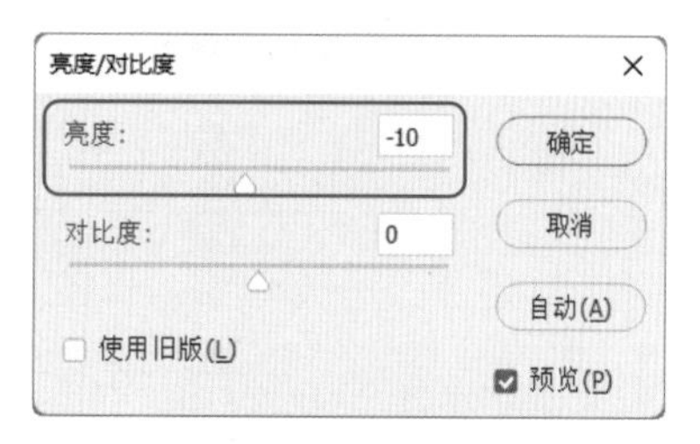

图B-9 设置“亮度”

第02步：调整曲线。通过前面的操作，宝贝图片效果如图B-10所示。执行“图像→调整→曲线”命令，打开“曲线”对话框，向下拖动曲线，单击“确定”按钮，如图B-11所示。

图B-10　亮度减少

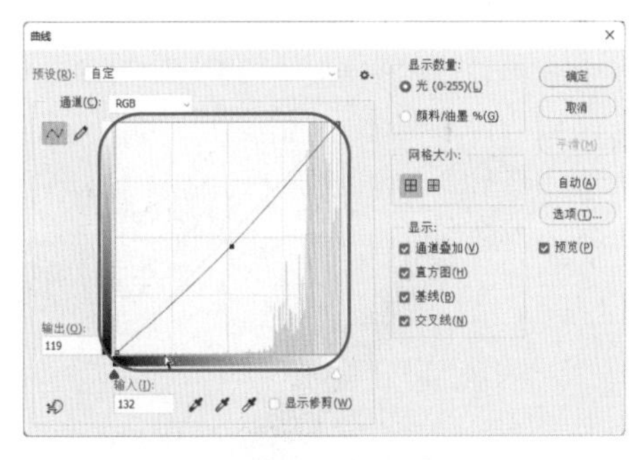

图B-11　向下拖动曲线

第03步：调暗宝贝图片。通过前面的操作，调暗宝贝图片，最终效果如图B-12所示。

图B-12　最终效果

案例3：修复逆光的宝贝图片

案例展示

拍摄宝贝或模特时，如果其背对光源，就会出现逆光现象。该现象的主要问题是主体偏暗，背景明亮，逆光可以在Photoshop中进行修复，处理前后效果对比如图B-13所示。

图B-13　处理前后效果对比

步骤详解

第01步：打开素材。按【Ctrl+O】快捷键，打开“素材文件\附录B\音响.jpg”文件，如图B-14所示。

图B-14　打开素材

第02步：调亮阴影区域。执行“图像→调整→阴影/高光”命令，打开“阴影/高光”对话框，设置阴影“数量”为55%，单击“确定”按钮，如图B-15所示。通过前面的操作，调亮阴影区域，效果如图B-16所示。

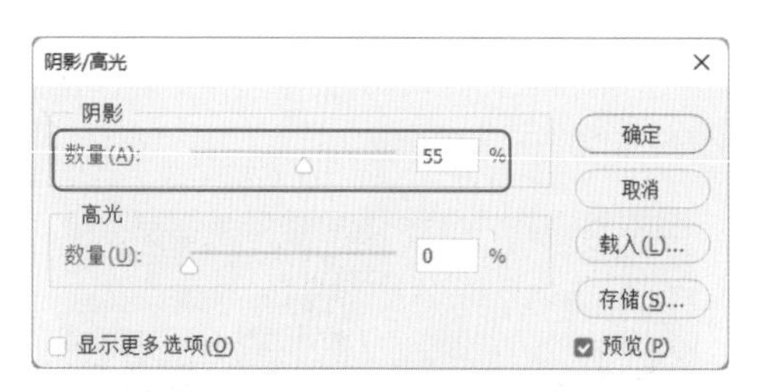

图B-15　设置阴影“数量”

图B-16　调亮阴影区域

第03步：调整色阶。执行“图像→调整→色阶”命令，打开“色阶”对话框，设置参数如图B-17所示。单击“确定”按钮，最终效果如图B-18所示。

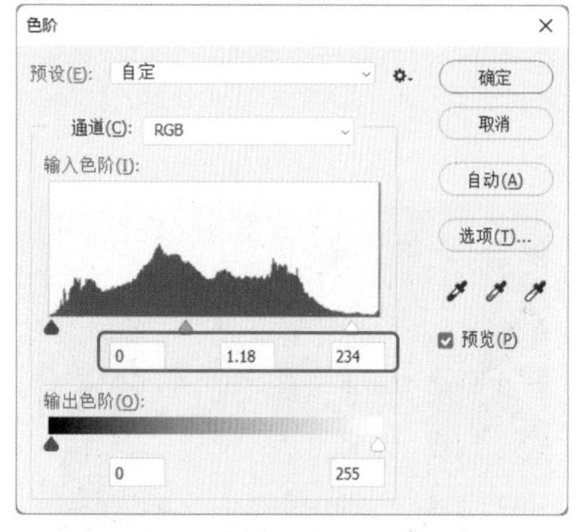

图B-17　设置参数

图B-18　最终效果

案例4：调出暖色调的宝贝图片

案例展示

平淡的图像不能带给人太多的视觉感受，如果对图像进行一些艺术处理，会得到意想不到的视觉效果，本例处理前后效果对比如图B-19所示。

图B-19　处理前后效果对比

步骤详解

第01步：打开素材。按【Ctrl+O】快捷键，打开“素材文件\附录B\吉他.jpg”文件，如图B-20所示。

图B-20　打开素材

第02步：设置渐变色。新建图层1。选择“渐变工具”，在选项栏中单击“点按可编辑渐变”按钮，在打开的“渐变编辑器”对话框中单击橙色箭头，选择图B-21所示的色块，单击“确定”按钮。从左上角向右下角拖动光标，如图B-22所示。

图B-21　单击“蓝，红，黄渐变”渐变

图B-22　拖动光标

第03步：设置混合模式与不透明度。释放鼠标后填充渐变色，如图B-23所示。设置图层1的混合模式为正片叠底、不透明度为35%，最终效果如图B-24所示。

图B-23　填充渐变色

图B-24　最终效果

案例5：调出浪漫紫色调的宝贝图片

案例展示

本例使用通道相互之间替换颜色，再通过调色的方法调出唯美颜色，处理前后效果对比如图B-25所示。

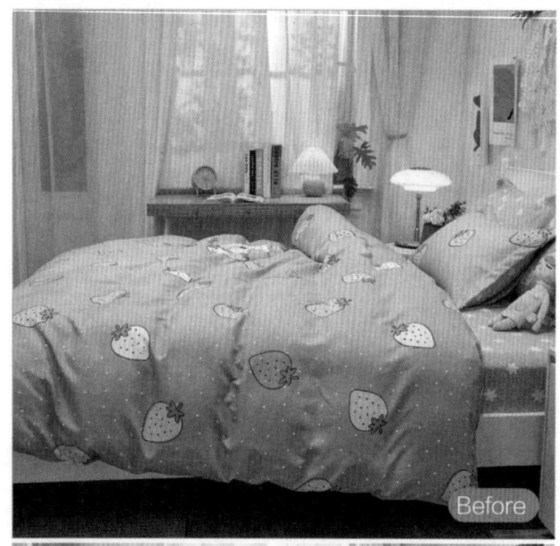

图B-25 处理前后效果对比

步骤详解

第01步：复制“红通道”。按【Ctrl+O】快捷键，打开“素材文件\附录B\床上用品.jpg”文件，如图B-26所示。切换到“通道”面板，选择“红通道”。按【Ctrl+A】快捷键全选图像，按【Ctrl+C】快捷键复制选区图像，如图B-27所示。

图B-26 打开素材

图B-27 复制“红通道”

第02步：粘贴通道图像。选择“蓝通道”，按【Ctrl+V】快捷键粘贴，如图B-28所示。取消选区，选择“RGB通道”，切换到“图层”面板，如图B-29所示。

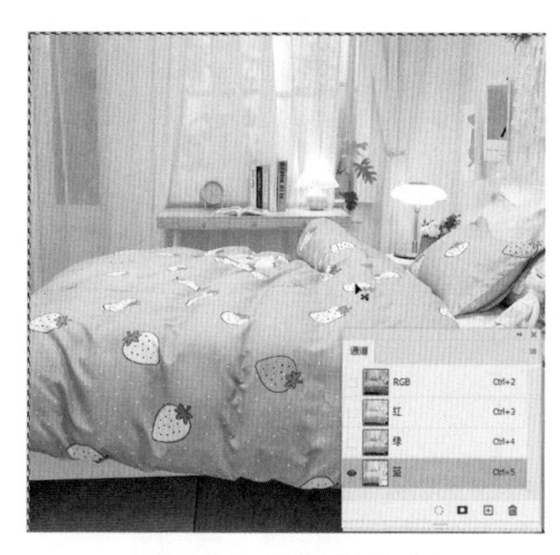

图B-28 粘贴“红通道”

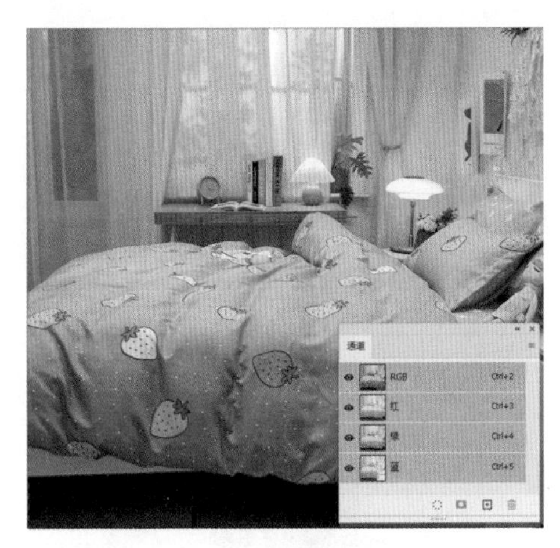

图B-29　替换颜色效果

第03步：调整色彩平衡。按【Ctrl+B】快捷键打开“色彩平衡”对话框，选中“中间调”单选按钮，设置参数如图B-30所示，效果如图B-31所示。

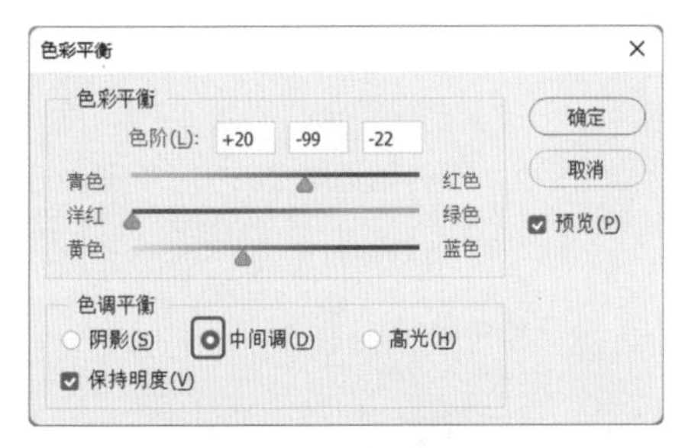

图B-30　设置参数

图B-31　调出紫色调

第04步：调淡色调。选中“高光”单选按钮，设置参数如图B-32所示。单击“确定”按钮，最终效果如图B-33所示。

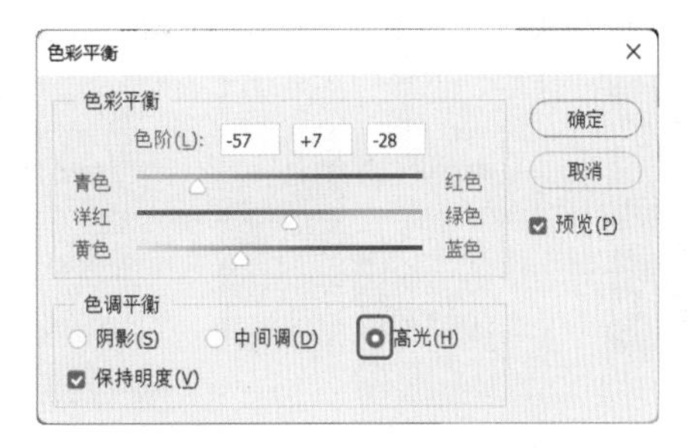

图B-32　设置参数

图B-33　最终效果

设计师点拨

——调出其他色调的宝贝图片

用本例相同的方法，可以调出不同色调的宝贝图片。在选择色调时，应从宝贝的特点出发，如食品类的用橙色色调，科技类的用蓝色色调。

案例6：校正偏色的宝贝图片

案例展示

本例介绍处理偏色宝贝图片的方法，主要使用“照片滤镜”命令，设置的颜色为所偏颜色的互补色，处理前后效果对比如图B-34所示。

图B-34　处理前后效果对比

步骤详解

第01步：打开素材。按【Ctrl+O】快捷键，打开“素材文件\附录B\保温杯.jpg”文件，如图B-35所示。

第02步：选择“照片滤镜”命令。单击“图层”面板下方的“创建新的填充或调整图层”按钮◐，在弹出的快捷菜单中选择“照片滤镜”命令，如图B-36所示。

图B-35　打开素材　　图B-36　选择“照片滤镜”命令

第03步：选择滤镜颜色。单击图B-37所示的色块，观察到图片偏黄，在打开的“属性”面板中选择图片滤镜的颜色为黄色的互补色蓝色，如图B-38所示。

图B-37　选择图片滤镜的颜色

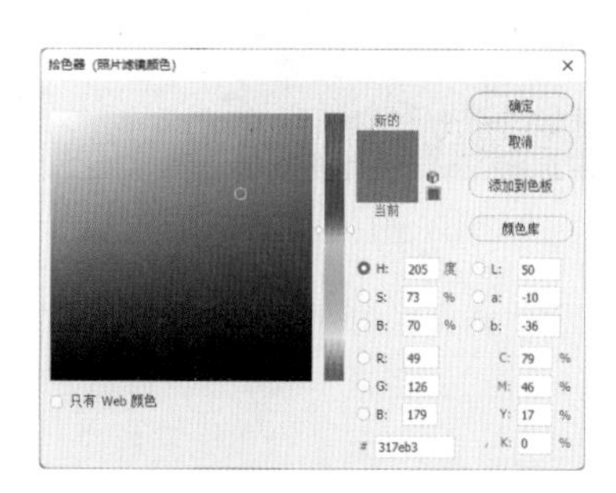

图B-38　设置颜色

第04步：改变滤镜颜色。设置“密度”为50%，如图B-39所示。最终效果如图B-40所示。

图B-39　设置“密度”

图B-40　最终效果

设计师点拨
——为什么有时会拍出偏色的宝贝图片

偏色与否是评判淘宝商品图片的一个重要标准，如果图片色彩与收到的实物不符，挑剔的买家肯定是不买账的。商品的真实色彩以自然光下肉眼可见为准，淘宝图片上的颜色应当与人眼看到的颜色一致，避免交易纠纷。但商品在拍摄时因为镜头或光色混合等原因，图片不能还原商品真实色彩，此时就需要校正图片颜色。校色之前，先要明白偏色的原因何在，这样才能有针对性地解决问题，原因主要有以下三种。

（1）测光不准，导致曝光不准。

（2）环境色的影响。

（3）相机色温与照明光线的色温不相符。

明白基本原理，想要最大程度地避免图片偏色，就要做到拍摄前尽量避开以上情况。

案例7：更改宝贝图片的颜色

案例展示

本例从一个主图制作的案例出发，介绍快速调出不同颜色的宝贝的方法，处理前后效果对比如图B-41所示。

图B-41　处理前后效果对比

步骤详解

第01步：沿T恤绘制路径。按【Ctrl+O】快捷键，打开“素材文件\附录B\T恤.jpg”文件，如图B-42所示。选择“钢笔工具”，沿T恤绘制路径，如图B-43所示。

图B-42　打开素材

图B-43　绘制路径

第02步：设置“色相/饱和度”。按【Ctrl+Enter】快捷键将路径转换为选区，如图B-44所示。执行“图像→调整→色相/饱和度”命令，打开“色相/饱和度”对话框，设置参数如图B-45所示，单击“确定”按钮。

图B-44　将路径转换为选区

图B-45　设置参数

第03步：改变颜色。调整颜色后的T恤如图B-46所示。按【Ctrl+D】快捷键取消选区，如图B-47所示。

图B-46　改变颜色

图B-47　取消选区